兴调查研究之风 走科学发展之路

——安徽省道路运输业发展若干问题研究

安徽省公路学会公路运输管理专业委员会
安徽省道路运输管理局
编

人民交通出版社
China Communications Press

内容提要

本书由安徽省公路学会公路运输管理专业委员会和安徽省道路运输管理局针对本省当前道路运输行业发展所做的11个课题研究汇编而成，内容涉及：道路运输业转变发展方式、构建综合运输体系、道路运输文化品牌建设、智能运输发展、道路运输节能减排、城乡道路客运一体化发展、合肥经济圈道路客运发展、政府购买城市公交服务、道路货运发展与管理、江南集中区物流园建设等。

各课题的研究对象均是当前安徽省道路运输发展的重点问题，课题组对其现状进行了最新阐述，并剖析了发展中存在的问题，结合安徽省道路运输发展实际提出了针对性的意见和建议。这些研究成果对理清安徽省道路运输重点领域的发展和管理思路、推动道路运输行业科学发展具有重要的指导意义。

本书适合道路运输行业管理人员参考阅读。

图书在版编目（CIP）数据

兴调查研究之风　走科学发展之路：安徽省道路运输业发展若干问题研究 / 安徽省公路学会公路运输管理专业委员会，安徽省道路运输管理局编. ——北京：人民交通出版社，2013.7

ISBN 978-7-114-10759-7

Ⅰ. ①兴…　Ⅱ. ①安…②安…　Ⅲ. ①道路运输—交通运输业—经济发展—研究—安徽省　Ⅳ. ①F512.754

中国版本图书馆CIP数据核字（2013）第149906号

Xing Diaocha Yanjiu Zhifeng　Zou Kexue Fazhan Zhilu

——Anhui Sheng Daolu Yunshuye Fazhan Ruogan Wenti Yanjiu

书　　名：兴调查研究之风　走科学发展之路

——安徽省道路运输业发展若干问题研究

著 作 者：安徽省公路学会公路运输管理专业委员会　安徽省道路运输管理局

责任编辑：钟　伟

出版发行：人民交通出版社

地　　址：（100011）北京市朝阳区安定门外外馆斜街3号

网　　址：http://www.ccpress.com.cn

销售电话：（010）59757973

总 经 销：人民交通出版社发行部

经　　销：各地新华书店

印　　刷：北京交通印务实业公司

开　　本：787×1092　1/16

印　　张：17

字　　数：377千

版　　次：2013年7月　第1版

印　　次：2013年7月　第1次印刷

书　　号：ISBN 978-7-114-10759-7

定　　价：50.00元

编委会

编写组

主　　编： 魏士彬

副 主 编： 徐学林　程伟力

主要成员：（按拼音字母顺序排列）

曹道宏　陈　理　陈孟勇　程伟力　高　健　惠肖林
贾雪枫　匡安乐　李登科　骆　燕　毛百慧　施溢源
王　兵　王方茂　王洪安　王剑峰　王　琳　魏海英
温耀斌　肖　赟　徐学林　许张红　喻兴建　郑宏富
张　军　翟　魁　张作博　朱德秀　朱路明　张　翔

序

道路运输业是国民经济的基础性、先导性产业。随着我省“美好安徽”建设速度加快，对道路运输业提出了新的、更高的要求。这要求我们必须要密切关注行业发展趋势，深入研究和探讨道路运输行业结构优化、产业升级、效益提高、质量提升、能耗降低、安全环保等深层次问题。

2011 年，安徽省公路学会公路运输管理专业委员会遴选了道路运输行业转变发展方式、节能减排、综合运输体系、公共运输、物流发展、货物运输、区域运输、服务均等化（服务质量）、文化建设、智能运输以及货运发展战略 11 个方向的研究课题，成立了专题研讨小组。省运管局高度重视，积极支持，鼓励局机关的同志参与。各研究组针对 11 项专题进行了深入的调查、分析和研究，提交了正式的研究成果，并根据专家意见进行了修改完善。各专题研究涉及了国内外发展现状、问题及原因、先进做法、理论探讨、发展思路、政策建议、保障措施等内容，具有很强的指导性和借鉴意义。

为了方便全行业参考和查阅课题研究成果，为我省道路运输行业发展提供智力支持，安徽省公路学会公路运输管理专业委员会将研究报告汇编出版。这是行业努力的结果，是集体智慧的结晶。希望全行业特别是道路运输行业管理部门要充分吸收此次课题研究的成果,结合实际,相互学习,汲取经验,多方联动,采取切实有效措施,努力解决新形势下道路运输行业发展所面临的突出问题,使此次课题研究的成果能够迅速转化为促进我省道路运输业科学发展的动力。

当前,我省正处于转型发展、加速崛起的关键时期,加快发展现代交通运输业、构建综合运输体系的任务更加紧迫。道路运输工作和行业管理部门使命光荣,任重道远!在上级部门和厅党组的正确领导下,只要我们求真务实、开拓创新,就一定能够开创现代道路运输业发展的新局面,不断为打造“三个强省”,建设美好安徽作出新的更大贡献。

目 录

道路运输业转变发展方式探讨

陈孟勇，喻兴建，郑宏富

【摘要】道路运输业是国民经济的重要基础产业，其发展方式不仅关系到行业自身的发展，而且通过基础产业所具有的较强的后向关联效应影响国民经济的持续、健康发展。长期以来，道路运输业的增长以低水平的简单数量扩张为主，要素生产率提高对增长的贡献度较小。本课题通过对道路运输转变发展方式的必要性与影响因素的分析，阐述我国道路运输业发展方式转变过程中的实际问题，并提出转变发展方式的目标与途径。

【关键词】道路运输；发展方式；转变

1 转变经济发展方式概述

我国国民经济增长长期依赖于投资驱动，粗放型特征明显。在此大背景下，这种粗放型发展方式占用和消耗了过多的资源，造成规模和数量的简单扩张。“十二五”规划重点指出加快转变经济发展方式，本节主要明确转变发展方式的由来及其相关定义。

1.1 经济增长方式

经济增长方式是指经济增长的方法、路径、手段等。从要素构成分析，经济增长的因素分为两类：一类是劳动、资本、土地等生产要素投入量的增加；另一类是技术进步、产业结构优化、教育、管理方法等全要素生产率的提高。我们把经济增长依赖生产要素在原有基础上投入的数量扩张称为粗放型的经济增长方式，而把经济增长主要依靠全要素生产率的提高称为集约型的经济增长方式。

1.2 经济发展方式

经济发展方式是在经济增长方式的基础上提出的一个全新的概念。经济发展方式，是实现经济发展的方法、手段和模式，其中不仅包括经济增长方式，而且包括结构、运行质量、经济效益、收入分配、环境保护、城市化程度、工业化水平以及现代化进程等诸多方面的内容。经济发展方式是包括生产、分配、交换、消费等要素状况的一个大系统，经济增长方式涉及的主要是生产，是经济发展方式这个大系统中的一个分支系统。经济发展方式是区别于传统经济增长方式的一种全新的提法，它是实现经济增长与发展的途径和手段。

1.3　经济发展方式转变的内涵

在对经济发展方式分析的基础上,经济发展方式的转变显得尤为迫切和紧要,党的十七大报告明确把以往"转变经济增长方式"改为"转变经济发展方式",不仅仅只是一个词汇的改变,说明我们的发展内涵已经发生了重大变化,"十二五"规划建议最鲜明的特征就是其所提出的制定"十二五"规划的主题和主线。主题就是科学发展,主线就是加快转变经济发展方式,这也是这次规划建议最突出的精神实质。转变经济发展方式则是一个综合的转变过程,无论内涵还是外延都要比前者更全面、更科学、更合理。转变经济发展方式,不仅要突出经济领域中"数量"的变化,更要强调和追求经济运行中"质量"的提升和"结构"的优化。应综合全面考虑可持续性、经济结构调整、优化和产业升级,就业、消费、分配等一系列社会需要等。经济发展方式具有广泛的含义,转变经济发展方式的目标,既包含了经济增长目标,还包含了更为广泛的目标。转变经济发展方式有利于解决当前面临的一些深层次矛盾,也有利于经济增长方式的根本转变,体现了科学发展观的内在要求。

总而言之,转变经济发展方式要比转变经济增长方式的内涵丰富得多,外延宽泛得多,提出的要求高得多。

1.4　道路运输转变发展方式的内涵

道路运输业的发展方式是经济发展方式的一部分,是指道路运输业发展的"源泉结构"和动力机制。道路运输在行业发展实践过程中,经历了多种发展方式,从增长源泉的角度可以分为粗放型和集约型两类。道路运输业的每种发展方式都对应一定的经济社会发展阶段、发展理念以及资源环境背景,都有其在特定背景下的合理性,同时每种发展方式自身也都存在不足或弊端。因此有必要研究各种发展方式的特点,分析其利弊,为我国道路运输业发展方式的选择提供借鉴。

1.4.1　技术进步推动型的发展方式

技术进步可以提高要素使用效率,直接引起"源泉结构"的变动,是道路运输行业由粗放型向集约型转变的直接动力。道路运输业的技术进步可以降低运输成本、提高运输效率、促进能源节约、改善运输服务、保障运输安全、提高交通运输管理能力等。道路运输业的技术进步包括两个步骤:第一是开发新技术;第二是推广应用新技术。

1.4.2　基础设施推动型的发展方式

道路运输基础设施包括线路及配套设施、客货运站场等,这些设施是道路运输活动开展的基础。在道路运输基础设施建设中,新线路的修建提高了通达深度,扩大了运输网络;线路技术等级的提高增大了可通行量,提高了行驶速度;客货运站场的建设则促进了客货流的集散。

这种发展方式的优点之一是后向关联效应强。道路修通后运输成本的下降会促进运输流量的增长,带动相关产业和区域经济的扩张。在道路运输瓶颈存在的情况下,投资修建道路基础设施往往是最佳选择。这种发展方式的优点之二是前向关联效应明显,可以带动建材等上游产业的发展,增加就业岗位,在国内需求不足的情况下,可以作为国家的宏观调控手段。但是,也存在一些制约条件,一是资金问题,二是道路的修建占用大量土地,可能对沿线的地质环境和生态环境造成破坏。

1.4.3 规模经济推动型的发展方式

规模经济推动是指依靠企业经营规模扩大带来的成本降低、服务提高、创新能力增强的优势来促进道路运输业的发展。《道路运输条例》第六条明确提出国家鼓励道路运输企业实行规模化、集约化经营,这为道路运输业实行规模化发展提供了法规基础。利用规模经济推动发展是道路运输业发展的重要方式,这是与道路运输行业特殊的技术经济特点密切相关的。普通的道路运输服务在资金、技术和人员素质方面的要求不高,进入门槛很低,所以在市场的自发状态下,初期企业规模都很小,市场集中度低,带来较混乱的竞争行为和较差的市场绩效。在市场竞争和产业政策的推动下,大型道路运输企业主导行业发展的市场结构会逐渐形成,规模经济得以实现,这是被发达国家的道路运输产业发展实践所证明了的。值得一提的是,大型道路运输企业主导行业发展的同时并不排斥中小型道路运输企业。大型道路运输企业利用自身的网络化和信息化优势,可以通过服务外包等形式,把中小型道路运输企业零散的运力资源整合起来,实现大中小型道路运输企业紧密结合,发挥各自优势的市场格局。

道路运输规模经济发展方式的优点如下:第一,有利于技术进步。规模较大的运输企业资金实力和抗市场风险能力较强,因此具有较强的技术创新能力和动力,而只有不断的技术创新才能促进道路运输产业升级和更好地满足经济社会发展的运输需求。第二,有利于道路运输业网络化优势的发挥。道路运输业具有较强的网络性特征,经营网点的增多有利于车辆的组织调度、设备使用效率的提高和交易成本的降低。第三,有利于形成良好的市场秩序和有效竞争态势。企业规模的扩大有利于非价格竞争手段的增加,避免低集中度的市场结构下的过度竞争和无效竞争。

道路运输规模经济的发展方式也有可能带来一些负面影响,如易引起垄断,道路运输业的区域性较强,我国的道路运输业还承担着吸纳就业人口的社会任务,规模经济易减少岗位。需要指出的是规模经济的发展是一个缓慢的过程,从实证来看发达国家道路运输业集中度的提高都经历了漫长的过程,因此在采用规模化的产业政策推动我国道路运输行业结构发展时,应该尊重道路运输业发展规律,而不能急于求成。

1.4.4 市场需求拉动的发展方式

市场需求拉动是指运输需求的数量增长和结构变化促使运输供给的数量增长和结构变化,这种发展方式反映了市场的资源配置作用和行业在市场机制作用下自然演进的规律。在市场经济体制下,道路运输服务的提供是围绕需求而进行的,客货运输需求的增长促进道路运输企业增加运力,从而实现客货运量和周转量增长,而客货运输需求结构的改变则促进道路运输企业顺应需求方的变化,改善运输产品结构,提高运输产品质量,最终促进了产业结构的变化和产业的高级化。在市场机制正常运行的情况下,客货运输需求方的变化信息会被价格信号传递给客货运输供给方,从而促使运输企业采取措施以适应市场需求。

一方面,市场需求的增长和结构的升级有利于道路运输业供给规模的扩大和产业结构的升级;另一方面,市场需求在发展过程中具有波动性,而波动性的存在对道路运输企业的抗风险能力、市场适应能力提出了更高的要求，因此不利于道路运输企业的稳定发展，而道路运输企业的不稳定发展会通过道路运输服务的波动对国民经济的发展产生负面影响。因此，为了促进道路运输服务的稳定性，国家在必要时应给予道路运输企业一定的政策支持。

1.4.5　政策推动的道路运输业发展方式

道路运输政策是政府综合管理部门和道路运输主管部门为了道路运输业的长远发展而制定的协调和干预道路运输活动的经济政策的总和。道路运输政策主要包括：行业发展规划政策、技术进步政策、节能和可持续发展政策、组织结构和装备结构调整政策、市场培育和发展政策、市场进入和退出政策等。与道路基础设施的建设相比，道路客货运输的发展属于市场主导型，但是行业主管部门的政策引导可以为其发展创造相应的发展环境。

依靠产业政策推动道路运输的发展也存在一些弊端，容易造成无效干预和过分干预，从而抑制或扭曲市场机制配置资源的作用。这是因为产业政策的制定和实施实际上也是政府权力集中的过程，而政府权力的集中增加了“政府失灵”发生的概率，“政府失灵”的原因和表现有：信息不充分，对行业发展状况的把握不够全面准确；政策制定的责任软约束和成本软约束造成政策失误；出于部门利益考虑过度干涉行业发展；政策缺乏可操作性等。

正因为道路运输政策具有利弊两面性，所以在不同的时期和不同的道路运输业发展阶段，道路运输政策的宽严程度有很大差别。每个阶段都对应着不同的市场竞争环境，道路运输政策并不总是和道路运输业行业发展状况相匹配的，即道路运输政策的出台和实施存在着滞后性，道路运输政策的过分宽松或过分严格所引起的弊端总是在持续一段时间之后才能引起人们的关注并最终导致政策的转变。

1.4.6　道路运输企业自主发展的发展方式

企业自主发展的道路运输业发展方式是相对于政府主导的道路运输业发展方式而言的。在对这种发展方式的认识上还应该注意几个问题：第一，道路运输企业的自主发展需要更加完善的道路运输市场环境，完善的市场环境包括健全的市场法规、规范的竞争秩序等。第二，道路运输企业在自主发展的同时并不排斥政策的规制作用，尤其是在全球经济普遍放松经济规制的同时，社会规制反而得到加强。道路运输业的社会规制是指：为了保护道路运输生产者和消费者的安全、健康等方面的权益，以及为了实现可持续发展目标等，针对道路运输服务制定的一系列标准、禁止和限制规定等。第三，道路运输企业规模和实力的不断提高，自主创新能力的不断增强是企业自主发展的关键。因此企业自主创新是道路运输业产业结构升级到较高阶段的产物，在道路运输企业普遍弱小的情况下，还是应该注重产业政策的扶持，为其自主创新能力的增强创造条件。

2　道路运输业发展方式现状分析

道路运输业发展方式是道路运输业发展的一个方面，探讨道路运输业发展方式问题时需要以道路运输业发展为依据，但不能泛泛地谈论“发展现状”，而应该结合发展现状的探讨突出“方式”研究。

在探讨我国道路运输业发展方式时，应避免对道路运输业的发展现状作全面的描述，而应该注重探讨道路运输业发展现状背后的源泉和动力问题。在研究道路运输业发展方式问题时始终注意两个角度:第一,行业增长的源泉构成角度即要素和要素生产率角度,这是从行业内部考察;第二,道路运输业发展的外部动力角度,即研究是哪种力量以何方式在促使道路运输业发展。从这两个角度研究我国道路运输业发展方式可以得出结论为:我国道路运输业的发展方式是市场需求拉动型、政府推动型、基础设施建设带动型和技术进步促进型的混合,从整体上看道路运输业的发展还是一种以物质资源消耗为主,技术进步、行业创新和从业人员素质提高对道路运输业发展的促进作用有待提高。

2.1 基础设施规模的迅速扩张带动了道路运输业的发展

道路运输业发展的投资不仅包括发展客货运输的直接投资,而且也应该包括道路运输基础设施的投资,因为道路运输的发展离不开基础设施建设。道路运输基础设施投资在当前我国道路运输业总投资中占有很大比例,因此其投资数量和投资效率对道路运输业发展方式具有重要影响。我国道路运输业的发展具有典型的基础设施投资带动型特征,这是由我国客货运输需求的快速增长和基础设施的瓶颈制约所决定的。图 1、图 2 表明了我国、我省道路基础设施建设的一些基本情况。

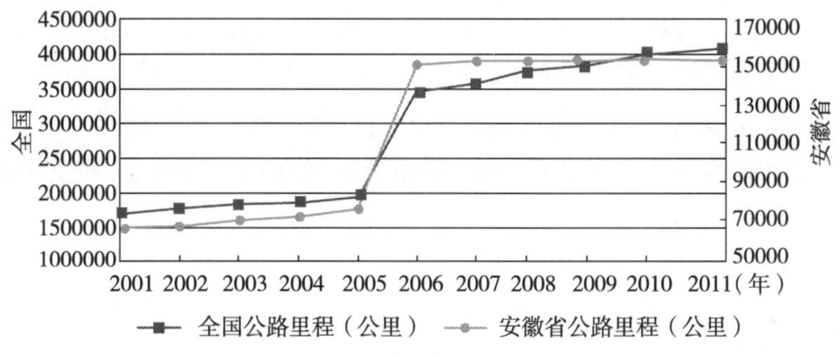

图 1 公路里程增长数据

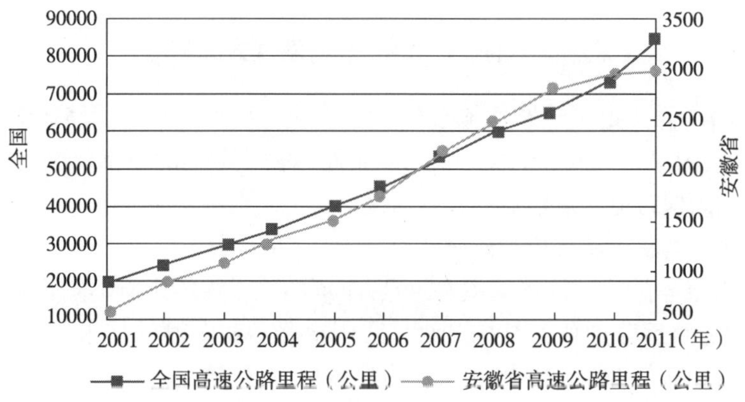

图 2 高速公路里程增长数据

安徽省公路、高速公路里程除基本与全国增长趋势保持一致,2006 年公路网里程较 2005 年出现了大幅度增速,主要是由于该年将村道纳入了公路网里程统计范围内,导致公路网里程数据增加幅度较大;2006—2011 年安徽省公路网里程继续保持低速增长,说明安徽省的公路建设稳步进行,公路网规模稳步提升（图 3）。

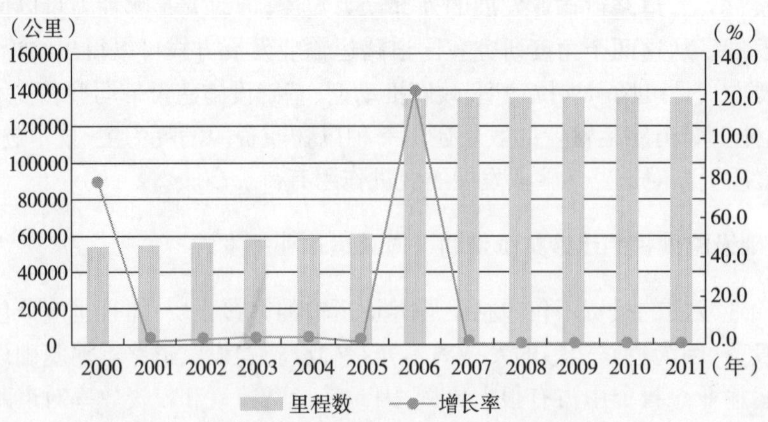

图 3　安徽省农村公路里程及增长率变化情况

总体来说,我国道路基础设施建设的投资规模和公路里程的扩张速度十分迅速。其中对道路运输业发展方式转变有重要意义的是农村公路建设和高速公路建设。农村公路投资额逐年稳定大幅增长,这表明国家对发展农村经济和农村道路运输的重视,而农村公路建设促使农村潜在的道路客货运输需求显现出来,使得运力分布的范围更广泛而且更加均匀,这种变化促进道路运输服务的均等化。而高速公路里程也在持续高速增长,高速公路的使用大大提升了道路运输的服务品质和竞争力,是道路运输业新的增长点,对于道路运输产业结构升级具有重要影响。

这种发展方式尽管以扩大投资为主,具有某些粗放型的特征,但这是道路运输业发展必经的一个阶段,因此不能简单否定。值得注意的是,应该注重道路基础设施建设的集约化发展,道路网规划和修建应该与运输发展规划紧密结合起来,使道路基础设施的投资获得较高的经济和社会效益。

2.2　要素生产率提高对发展的促进作用较低,发展方式粗放

技术水平的高低决定了道路运输业的生产效率。技术进步是道路运输业提高生产效率,变粗放式发展为集约式发展的关键。可从道路运输业车辆的技术状况、道路运输业的能耗状况等几个方面探讨道路运输业的技术状况。

2.2.1　运输工具技术状况有待进一步提升

车辆是运输服务供给所依赖的主要工具,车辆的技术性能影响运输作业效率和服务质量,直接关系到道路运输产业的结构升级。我国道路运输车辆的技术状况特点是:运输效率较高的大型营运车辆和专用运输车辆所占比重较少,运输市场中还有相当多的技术水平低、服役时间长的老旧车辆在从事营运。但是,从近年的数据可以看出车型结构也在逐渐调整优化。表 1 中的数据反映了我国道路运输车辆结构调整的部分状况（为避免概念混淆,本文对历年统计口径不一致的客运车辆数据和一部分货运车辆数据不作引用,只对同一口

径的数据作分析)。

由表1中数据可见,专用载货汽车和集装箱车的数量、集装箱运输量和集装箱运输货运量都有较大增长,但专用载货汽车和集装箱车的数量相对于营运载货汽车总量所占比例还很小,而发达国家道路货物运输市场中专用车和集装箱车都占有很高的比重,这说明我国道路货运业车型结构还要经历一个长期的调整过程。

我国道路货运业车型结构　　表1

年份	2001	2002	2003	2004	2005	2006	2007	2008	2009	2010	2011
营运载货汽车(万辆)	509.3	536.8	572.45	628.09	604.82	640.66	684.49	760.97	906.56	1050.19	1263.75
专用载货汽车(万辆)	12.6	16.5	19.22	23.16	24.54	—	36.49	40.79	47.29	53.77	63.05
集装箱车(万辆)	2.6	3.3	4.08	5.19	5.60	5.87	—	—	—	—	—
集装箱运输量(万标准箱)	1115	1403	1663	2087	2465	3518	4616	—	5282	—	—
比上年增长率(%)	19.7	25.8	18.5	25.5	18.1	42.7	31.2	—	-21.9	—	—
集装箱运输货运量(万吨)	12365	14960	16847	23660	27060	36748	53182	—	59588	—	—
比上年增长率(%)	19.9	21.1	12.6	40.4	14.4	35.8	44.7	—	-16.6	—	—

2001—2011年全国、安徽省营运货车数量变化情况,2000—2011年安徽省营运载货汽车平均吨位变化情况如图4、图5所示。

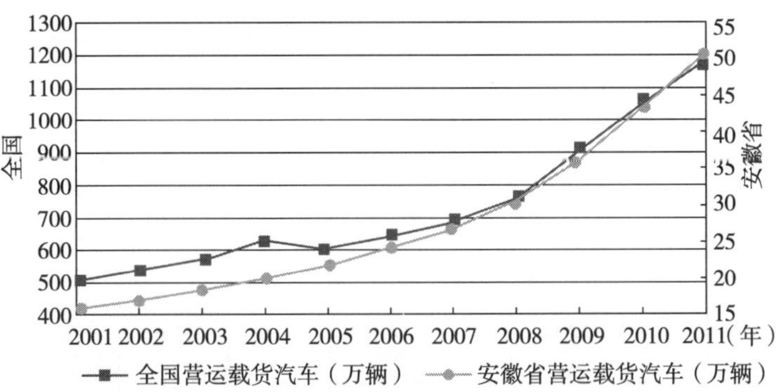

图4　2001—2011年营运车辆变化情况

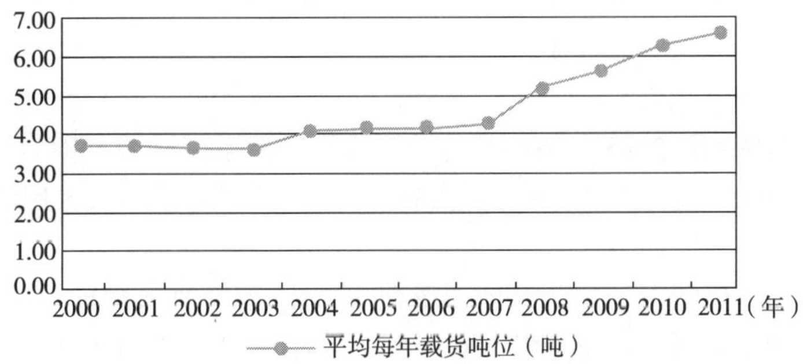

图5　2000—2011年安徽道路运输营运货车平均吨位数变化情况

从图 4 可以看出,安徽省基本与全国车辆变化保持一致,安徽省营运货车平均吨位数,表明了营运货车向重型化发展的趋势明显,且“十一五”期间发展迅速。

2.2.2 道路运输业的能源利用效率较低

道路运输业是能源消耗型行业,每年消耗的成品油约占全社会消耗总量的 28%。该行业的能源消耗主要是运输车辆的燃油消耗,燃油消耗作为运输作业中主要的变动成本项目,其使用效率对运输总成本有很大影响。而我国人均石油拥有量仅为世界的 11%,随着经济的快速增长石油进口量逐年大幅增加,能源形势严峻,因此,节能降耗被作为道路运输业发展方式转变的重点。道路运输业能源消耗的影响因素包括车辆技术、运输组织及公路配套设施等三个方面。而我国的车辆结构中老旧车辆比重大,节能型车辆比重低;道路客货运输组织化程度低,营运客车客位利用率和营运货车吨位利用率不高;公路里程中二级及二级以上高等级公路比例低。这些方面的状况共同作用使得我国的道路运输行业能源利用效率低下,据统计,我国各类汽车平均每百公里油耗比发达国家高 20% 以上,其中载货汽车运输的百公里油耗较国际平均水平高出近 50%。

2.2.3 市场需求和政策共同促进道路运输业发展,但企业自主发展动力不足

我国经济的快速发展拉动了客货运输需求的增加,从而使得道路客货运输的供量迅速增长。由表 2 中数据可见我国道路客货运输的增长速度很快。

我国道路运输业客货运量和周转量 表 2

年份	2001	2002	2003	2004	2005	2006	2007	2008	2009	2010	2011
客运量(亿人次)	140.3	147.5	146.4	162.5	169.74	186.05	205.07	268.21	277.91	305.27	328.62
旅客周转量(亿人公里)	7207.1	7805.8	7695.6	8748.4	9292.08	10130.85	11506.77	12476.11	13511.44	15020.81	16760.25
货运量(亿吨)	105.6	111.6	116.0	124.5	134.18	146.63	163.94	191.68	212.78	244.81	282.0
货物周转量(亿吨公里)	6330.4	6782.5	7099.5	7840.9	8693.19	9754.25	11354.69	32868.19	37188.82	43389.67	51374.7

由于统计口径的变化,2008 年道路旅客运输量两项指标较 2007 年有较大幅度的增长。2008—2011 年保持逐年稳步增长趋势,安徽省、全国道路客运量和旅客周转量变化情况如图 6、图 7 所示。

与道路客运量变化情况一样,2008 年道路货物运输量两项指标较 2007 年有较大幅度的增长(图 8、图 9)。全国、安徽省 2008—2011 年保持逐年稳步增长趋势,且增速高于 2001—2007 年增速。

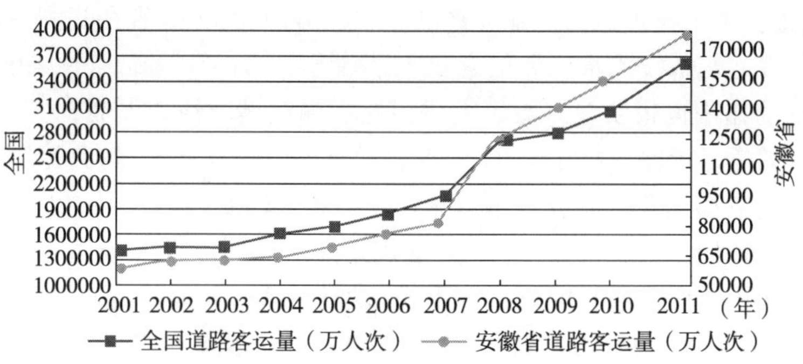

图 6　2001—2011 年道路客运量变化情况

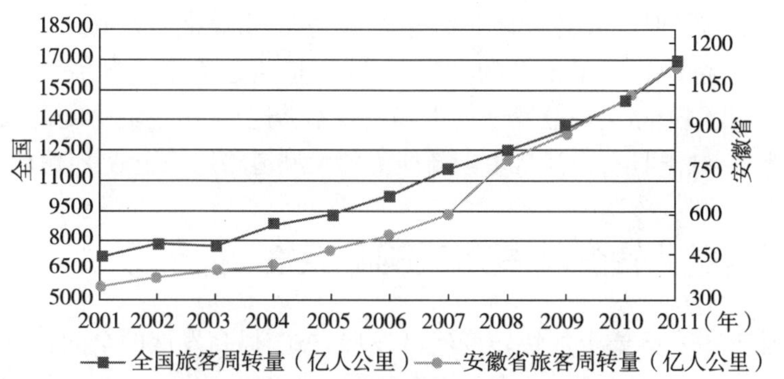

图 7　2001—2011 年道路客运周转量变化情况

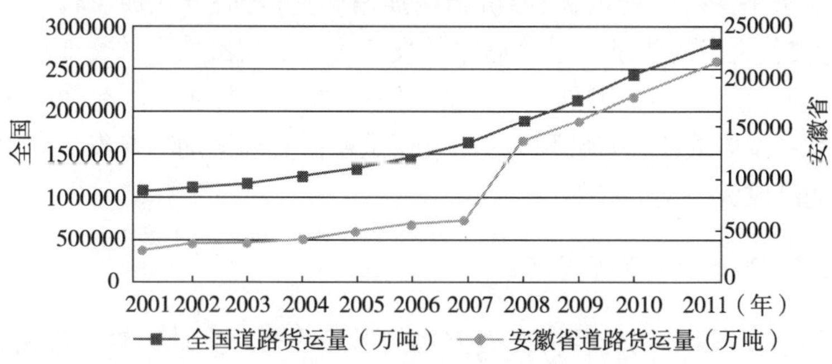

图 8　2001—2011 年道路货运量变化情况

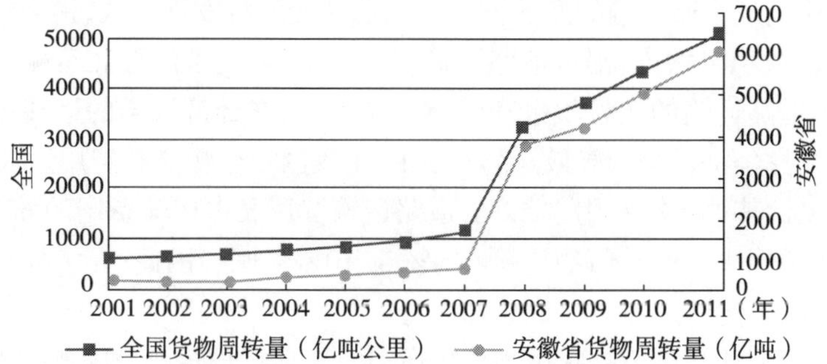

图 9　2001—2011 年道路货运周转量变化情况

我国道路运输市场需求量的增长促进道路运输业的数量增长和规模扩大，同时市场需求结构的改变也促进了我国道路运输业产业结构的升级，具体表现在我国道路运输业基础设施技术水平、载运装备技术水平和信息化水平等方面都有所提高。除去市场需求的拉动作用，政府的推动作用也很明显。为了促进道路运输业健康快速发展，国家出台了许多有关的产业政策，如道路运输业技术进步政策、道路运输业节能政策、道路运输市场结构政策等。其中，许多政策都包含有促进道路运输业发展方式转变的内容，如2011年交通运输部发布的《交通运输“十二五”发展规划》。该规划强调，“十二五”交通运输发展要以科学发展为主题、以加快转变交通发展方式为主线、以交通运输结构调整为主攻方向、以科技进步和创新为重要支撑、以保障和改善民生为根本出发点和落脚点、以建设资源节约型环境友好型交通运输行业为着力点、以改革开放为强大动力，积极推进现代交通运输业的发展，这些政策与规划的实施是促进道路运输业发展方式转变的重要推动力量。

在市场需求的拉动和政策推动的情况下，我国道路运输企业自主发展的趋势并不明显。其原因包括：我国道路运输业发展的市场法规不够健全、市场集中度过低和产品差异化太弱造成无效竞争、缺乏具有很强自主创新能力的大型道路运输企业集团等。

3　道路运输业转变发展方式的必要性

党的十七届五中全会要求加快转变经济发展方式，提高发展的全面性、协调性、可持续性，实现经济社会又好又快发展。“十二五”期间，随着城镇化、区域发展战略的实施，国民经济和人民生活水平保持快速增长，经济结构加速调整，发展方式加快转变，这将对道路运输发展提出了更新、更高的要求。道路运输的发展正处于政策效应的交变期、交通需求的旺盛期、税费改革的过渡期、运输发展的转型期和深层次矛盾凸显期。在新的历史起点上，无论是落实国家经济发展战略，资源环境的约束还是遵循交通运输自身发展规律，加快道路运输发展方式转变已成为历史的必然。

3.1　外部发展环境的客观要求

（1）落实科学发展观，转变经济发展方式的形势需要。交通运输与经济社会发展密不可分。不同的经济发展阶段的产业结构、生产力布局和人们的生活方式都决定了运输需求的数量和质量，决定了交通运输的发展方式。当前转变经济发展方式，提高经济运行效率，以及降低物流成本、稳定物价，都对道路运输的组织结构、装备配置和运输组织提出了更高要求。当前我国道路运输的运输质量和整体效率不高，在经济社会的运转成本中所占比例偏高，尚不足以支撑经济社会的高效运转。2011年我国社会物流总费用达8.4万亿元，占国内生产总值17.8%，其中运输费用占52%，道路运输费用又占运输费用的60%以上，而发达国家物流总费用占国民生产总值的比例在9%～10%之间。因此，经济社会的转型发展需要道路运输提供新的支撑。

（2）构建“两型社会”，节能减排的形势所迫。交通运输行业是国务院确定的节能减排重点行业之一，而道路运输又是交通运输行业的能源消耗大户，道路运输的石油消耗量占各种运输方式总和的50%以上。2011年年底，全国道路运输车辆保有量为1263.75万辆，仅占全国机动车保有量的5.6%，但道路运输业所消耗的成品油却占全国总量的30%左右，与国外先进水平相比差距很大，我国平均油耗要高10% ~ 25%。同时因为运输效率、规模化组织化和集约化程度不高，道路运输行业空驶率比发达国家高10% ~ 20%。当前我国运输需求旺盛，面对增量存量的双重压力，道路运输节能减排任务更加繁重。

（3）建设综合运输体系的新要求。发展现代综合运输体系，就是推进各种运输方式的有机衔接，实现交通运输资源的优化配置，发挥各种运输方式的比较优势和组合效率，这符合世界交通发展的普遍规律，也是发展现代道路运输业的必由之路。在综合运输体系中，道路运输是一种特定的运输方式，因其具有通达率高、覆盖面广、组织多样、时效性好等比较优势及技术特征，在综合运输体系的建设和发展进程中呈现出极强的基础性、先导性、开放性和不可替代性，成为构建综合运输体系的基础和纽带，发挥着有效衔接和促进良性互动的骨干作用。虽然道路运输的发展总体适应了经济社会发展的需要，但仍是综合运输体系中发展相对滞后的行业，在基础设施的布局、运输装备结构及运输组织等方面与其他运输方式尚不能实现物理和逻辑上的一体化，综合运行效率和综合服务能力受到制约。

3.2 道路运输业发展阶段特征的内在要求

道路运输的发展规律与经济社会的发展规律是一致的，不同的发展阶段有着相适应的发展方式。在过去几十年的改革与发展中，道路运输行业生产力迅速发展，在综合运输体系中的地位得到稳固，运输结构得到优化，道路运输供给基本满足了需求，道路运输的发展方式基本适应了这一时期的要求。

但随着经济社会的发展，综合运输体系建设进程加快，建设资源节约型、环境友好型行业的要求更高，以及政策体系的变化，道路运输行业面临着新的发展机遇和新的挑战，传统的发展方式在新的阶段呈现出新的不适应性。一是道路运输结构不合理，有效供给能力不足。具体表现在组织化程度不高，缺乏引领行业发展的龙头企业，行业在运输组织化程度、网络化经营水平方面滞后；运力结构不合理，运输装备水平较低，车辆更新缓慢，高档车、专用车比例低。二是行业发展水平较低，服务结构单一，不能满足差异化、高层次的运输需求。道路运输传统服务得到较大发展，但现代物流、城市配送、汽车租赁等新兴业态发展不足，运输企业大多小而全，专业化程度不高，同时缺乏具有整合能力的大企业，不能提供一体化的物流服务。三是增长方式粗放，可持续发展能力不强。传统的道路运输发展方式注重量的积累，忽略了组织化程度和服务质量，在新形势下，综合运输体系日益完善，道路运输传统的发展空间变小，在公共交通等新领域又不断延伸，因此传统的道路运输发展方式难以为继。四是依托科技发展的水平较低，发展速度缓慢。现阶段道路运输行业科技水平不高，对新技术、新装备、新理念的应用不足，智能交通还处于探索阶段，现代化水平与发达国家相比、与其他行业相比还存在着较大差距。

3.3 道路运输需求变化

3.3.1 需要一体化的交通运输服务

经济社会的发展对交通运输一体化提出了更高要求。一方面城乡协调发展要求城乡交通一体化。党的十七届三中全会强调,要逐步形成城乡公交资源相互衔接、方便快捷的客运网络。推进城乡客运一体化,既是城乡协调发展的基础保障,也是促进经济社会和谐发展的重要条件。胡锦涛同志在视察北京交通工作时特别指出,交通问题是关系群众切身利益的重大民生问题。交通运输尤其是道路客运,是农村重要的基本公共服务,在统筹城乡经济社会发展中承担着基础保障作用。当前由于政策差异,城、乡客运不仅在发展上存在较大差距,而且在衔接上不畅,严重影响了城乡居民的便捷出行。另一方面随着经济结构和产业结构的转变,生产企业将更多地专注于企业的核心业务,将逐步剥离生产服务类的非核心业务,因此企业需要的是包括运输、仓储等在内的一体化的现代物流服务,而非单一的道路运输服务。

3.3.2　*服务质量要求更高*

随着人们生活水平的提高,交通运输的持续发展,基本出行问题解决后,对道路运输的质量也提出了更高的要求,需要全方位、多层次的出行网络,需要快捷、安全、舒适、高效的出行服务。同时由于需求的多元化,现有的单一服务已不能满足日益增长的个性化需求。

4　转变道路运输业发展方式的影响因素分析

4.1　需求因素对转变发展方式的影响

客运方面,经济的增长使得社会的道路客运需求量和需求结构发生变化,乘客对道路运输的安全性、舒适性、时间的节省性等方面提出了更高的要求,从而使运力结构得到优化,从生产工具角度看有利于道路运输业发展方式向集约型的转变,促使道路运输业提供更多层次、更高质量的运输服务,从而有利于道路运输业盈利能力的提高,有利于道路运输业产品结构和产业结构的升级,可以促进道路运输业向质量效益型发展方式转变。货运方面,经济结构的变化派生出种类更多、质量要求更高的运输需求,道路货运服务由以前的以单一的普货运输为主向多样化、全方位、快速、小批量、专业化方向发展促进道路运输企业提高信息化水平、提高运输组织能力、提高集约化水平。

4.2　供给因素对转变发展方式的影响

供给因素包括很多方面,现就信息技术、从业人员素质、资本投入几个方面进行简单分析。

信息技术:从微观角度看,信息化水平的提高有利于道路运输企业提高运输组织和管理效率,增进企业效益;从中观角度看,有利于道路运输行业的产业改造和升级,提高道路运输行业的市场竞争力;从宏观角度看,有利于降低能耗和物耗水平,有利于资源节约型和环境友好型环境建设。

从业人员素质:资本和劳动是经济增长的两大要素条件,而从业人员素质决定了劳动质量的高低。纵观国民经济各个行业,其发展方式的集约化程度无不与该行业人员素质结构有紧密联系,因此提高从业人员素质与道路运输业发展方式的转变密切相关。

资本投入:资本的充足与否是影响道路运输业发展方式转变的重要因素。影响道路运输业资本投入的主要因素有行业利润和企业规模等，因此提高道路运输业的投入产出效率，对道路运输业发展方式转变具有重要意义。

4.3 经济体制和政策因素对转变发展方式的影响

国家的宏观经济政策和道路运输行业发展政策是推动道路运输业发展方式转变的重要力量。我国道路运输政策的几次转变都深刻地影响了道路运输业发展的路径和方式。在改革开放初期，对国有道路运输企业的放权让利极大地调动了国有道路运输企业经营的主动性，而道路运输市场准入的放开也极大地调动了社会资本参与道路运输经营的积极性，从而使得我国的道路运输业由计划经济下的以生产为中心的模式转变为市场竞争模式，道路运输市场开始出现。但是过低的市场准入门槛和承包制经营模式的泛滥使得运力供给总体过剩，个体户和小型道路运输企业成为了市场主体，市场过于散乱，行业无序竞争激烈而有效竞争不足。针对这种情况，国家提出提高市场集中度、提高企业规模和资质的政策目标，并采取了市场准入退出、资格审查和重点扶持等政策手段，对行业的发展方向有着重要的引导。

4.4 其他运输方式对转变发展方式的影响

道路运输与其他运输方式间存在竞争与合作的关系。竞争的原因是存在市场业务重合，合作的原因则是联运可以促进各种运输方式的共赢。就竞争关系而言，道路运输与铁路运输的竞争最为明显，尤其是在价格和质量相近的中短途客运上。与其他运输方式间的服务竞争，使得以扩大运输规模为主的粗放型发展方式失去竞争力，因此，道路运输企业被迫改善服务质量，走集约化发展的道路。例如在客运上更加注重速度和舒适性，开辟更多的直达班线以减少乘客中转；在货运上采用专用运输车辆以提高货运效率、提高送货速度、提供更多的配送运输。这些运输服务的改进不仅关系到要素投入的增加，而且与技术进步和要素使用效率的提高紧密相关，对于发展方式的转变具有积极的意义。就联运而言，各种运输发展方式的一体化发展对道路运输的集约化、标准化提出更高的要求，而货运的集装箱化和专用车辆的普及促进了道路运输效率的提高，有利于道路货运业发展方式向集约型的转变。

5 转变道路运输业发展方式的目标与途径

5.1 转变道路运输业发展方式的目标

转变道路运输业发展方式，实现道路运输均衡发展、协调发展、低碳发展、高效发展、安全发展，即是把发展方向适度向弱势领域倾斜，实现由重点发展城间干线运输向统筹发展城乡运输与公共交通的转变；实现单纯注重基础设施规模的扩大向道路规划和运输规划相协调的方向发展；提高能源利用效率，由能源的低效利用向能源节约转变；实现低市场集中度向较高市场集中度的转变，不断提高行业组织化、信息化程度；重视道路运输业安全发展。

5.2　转变道路运输业发展方式的途径

（1）加快发展农村道路运输。一是加强对农村道路运输引导。采取政府牵头，企业参与等方式，积极推动农村道路运输发展。二是加大投入。目前，国家对农村道路运输进行燃料补贴，还应该在车辆更新、农村站场设施等方面加大投入。三是加强监管。加强农村道路运输安全、服务等方面的监管。四是建立健全农村道路运输成本核算体系，制定低票价政策。进一步降低农村客运票价，降低农民群众出行成本。五是加强农村道路运输与城市客运衔接，统筹做好城乡客运协调工作。

（2）促进产业组织结构调整，提高运输组织化程度。要转变道路运输业发展方式就必须调整运输市场组织结构，适度提高道路运输市场的集中度。通过整合现有运输资源、培植优势企业、优化行业准入机制等途径调整产业结构。通过积极发展甩挂运输、加强货运市场研究和管理、客运线路招投标制度等途径提高运输组织化程度。

（3）优化运力结构，提高运输装备。通过完善进入和退出机制与积极的优惠政策引导，推广应用中高级车辆、专用车辆以及新能源车辆。客运方面，根据不同等级客运市场的不同乘客群的负担能力，发展相应等级的车辆，提高中高级客车比重；货运方面，鼓励厢式车、罐式运输车、半挂汽车、集装箱式车、大吨位柴油车及危险品、鲜活、冷藏等专用运输车，推广甩挂、集装单元在货物运输领域中的应用。

（4）加强道路运输市场诚信体系建设。完善道路运输市场诚信体系是规范市场秩序、维护消费者利益的迫切需要，是转变道路运输发展方式、提升行业文明水平的重要措施。加快建立完善道路运输市场诚信体系建设法规制度；完善诚信考核指标体系，建立诚信评价机制；加快诚信信息征集和披露体系建设；建立诚信奖惩机制，营造诚信经营环境。

（5）加快信息化建设。信息化是当前技术进步的一个重要方面，信息化建设是道路运输业发展方式转变的重要途径。道路运输业的信息化需要从行业宏观管理的信息化和企业的信息化两个方面推进。推广使用 IC 卡道路运输证、从业人员资格证；不断完善道路运输公共服务信息平台，向社会提供综合信息查询、公众投诉、求助服务，提高公共服务能力。应鼓励运输企业应用 GPS 监控系统、行车记录仪、无线射频技术和条形码等技术，提高运输的自动化程度和动态监控能力；鼓励运输站场采取客票代售、网上售票、手机售票、电话售票；加强货运信息公共服务平台建设，为运输车辆提供货物配载信息服务。

（6）注重客货运枢纽建设。运输站场是道路运输网络的节点上形成旅客流、货物流和信息流的转换中心，一个规模合适、布局合理、运转高效的站场体系是转变发展方式的基础。进一步明确道路客运站场、枢纽的公益性和道路货运场站、物流园区的公共服务基础设施属性，加大对客货枢纽建设的投资补助力度，对综合性枢纽、城乡一体化服务站场给予重点支持。重点建设具有典型示范效果的综合客运枢纽项目，促进综合交通运输体系建设。加快出租车服务中心、公交车调度中心等公益性基础设施建设，提高服务效率和水平。加快升级改造现有客运站场，完善服务功能。加快重点乡镇、行政村招呼站、候车亭的建设，完善农村客运网络。研究制定农村客运站点管养长效机制，提高使用效率。

参考文献

[1] 邓平,邓娥.国内关于转变经济发展方式的研究综述[J].华东经济管理，2011(7):118-119.

[2] 张磊.道路运输业发展方式转变研究[D].西安:长安大学，2008.

[3] 王健伟.道路运输发展政策研究[D].西安:长安大学，2000.

[4] 张晓,龚紫.转变道路运输发展方式的基本思路[J].交通与运输，2012(1):54-55.

[5] 徐文强.试论加快转变道路运输业发展方式的路径选择[J].交通运输部管理干部学院学报，2010(2):28-31.

[6] 张矛.转变发展方式:促进交通运输又好又快发展[J].综合运输，2007(12):5-8.

[7] 樊桦.交通运输增长方式转变的影响因素[J].综合运输，2006(11):7-10.

[8] 李刚.服务大局、突出重点、坚决打好道路运输节能减排攻坚战[J].交通节能与环保，2010(3):2-5.

[9] 交通运输“十二五”发展规划.www.moc.gov.cn.

[10] 安徽省国民经济和社会发展第十二个五年规划纲要.www.anhuinews.com.

[11] 2011年公路水路交通运输行业发展统计公报.www.moc.gov.cn.

[12] 2011年全国物流运行情况通报.www.sdpc.gov.cn.

[13] 道路运输业“十二五”发展规划纲要.www.moc.gov.cn.

构建综合运输体系　发挥道路运输业比较优势

魏海英，肖　赟，程伟力

【摘要】在分析现阶段综合运输体系现状及存在问题的基础上，从技术特征及其服务对象市场入手，通过平均里程系数和运输货类比较，研究了各种运输方式的竞争合作关系，结论证明道路运输与其他运输方式间合作远大于竞争，必须强化相互间的衔接。结合安徽道路运输发展实际，通过理论探索和实证分析，明确了安徽省道路运输业发展的枢纽站场集散工程、运输企业培育工程和运输服务智能工程等七大重点任务，对于构建安徽省综合运输体系，发挥道路运输业比较优势，具有重要的借鉴意义。

【关键词】综合运输体系；道路运输；比较优势

1　前言

交通运输是国民经济的基础产业，随着经济社会的深入发展，消费结构逐步升级，人民生活水平不断提高，运输需求持续增长，对运输服务的要求不断提升。交通运输如何满足经济社会发展带来的日益增长的多层次、高品质、高效率的巨大运输需求？如何站在经济社会可持续发展的角度，有效降低运输成本？多年来国内外实践证明，只有加快综合运输体系建设，才能充分发挥各种运输方式的组合效率和整体优势。

近年来，我省铁路、公路、航空、水路、管道5种运输方式在规模、网络、功能、服务水平等方面都得到了显著提高，为综合运输提供了良好的物质基础。随着经济社会发展水平的不断提高，旅客对时间、安全、舒适的要求越来越高，货物批量多、批次少、价值高的特点也越来越明显。各种运输方式之间的竞争性也越来越突出，衔接和协调问题也呈现复杂的态势。由单一运输方式各自发展逐步向综合运输发展转变虽然是现代交通运输发展的普遍规律，但如何进行有效衔接和优化运输结构，找到促进各种运输方式协调发展的切入点，是现代交通运输业各种运输方式亟待解决的问题。要解决好这些问题必须要正确认识综合运输体系的内涵，并深入研究单一运输方式的技术经济特征，实现“在现有技术经济条件下，以最恰当的运输方式最大限度地满足运输需求，实现交通运输对经济社会发展贡献最大化”的目标，体现运输供给和运输需求的有机统一。本文旨在研究构建综合运输体系框架下，道路运输业根据自身经济技术条件特征，结合经济社会需求，转变发展方式，不断完善自身发展，充分发挥比较优势的途径。

2　综合运输体系的涵义

《安徽省国民经济和社会发展第十二个五年规划纲要》（以下简称《规划》）提出，按照适度超前原则，建成以快速铁路、高速公路、千吨级航道、民航机场为骨架，以普通铁路、公路、航道和农村公路为基础，以综合交通枢纽为依托，便捷安全高效的现代化综合交通运输体系。《规划》虽然提出了综合运输体系阶段性的发展目标，但目前学术界对综合运输体系概念还没有统一的明确表述，综合起来可以概括为如下内容。

2.1　综合运输的概念

在服务经济社会发展需要和可持续发展要求的前提下，各种运输方式在社会化的运输过程中，按照各自的技术经济特征和比较优势共同构建形成的布局完善、功能协调、衔接顺畅、技术先进、安全高效，符合资源节约、环境友好、服务优质要求的交通运输有机整体。

2.2　综合运输的核心特征

综合运输的核心不是运输方式本身，应是“多种运输方式合理分工和协作”，应当是在现有技术经济条件下，以最恰当的运输方式最大限度地满足运输需求的过程。各种运输方式在逐渐发展和彼此竞争的过程中，形成了各自特有的优势领域和空间。同时，每种运输方式各自又存在局限性，当现实需求难以通过一种运输方式来完成时，运输方式之间就出现了协作，但协作需要在一定的外界条件下才得以完成，比如综合运输枢纽、标准化的通用设施、保障制度等。

2.3　综合运输的功能构成

综合运输不是几种运输方式的简单叠加，而是有机的协作体系。这个体系应该由三个层次构成：一是集约的基础设施系统，主要包括通道、枢纽、网络的建设，达到各种运输方式的衔接、优化和协调；二是高效的运输服务系统，主要包括客运和货物运输，达到市场一致、组织高效、信息共享；三是有力的保障系统，主要包括制度、机制、政策、技术等，通过不断完善、改进和创新实现合理化。综合运输体系通过这三个层次在有效组织与管理下，除了自身的发展和组织管理，实现各种运输方式的过程衔接、空间衔接、时间衔接、环境衔接、职能衔接，完成连接、集散、疏导功能。

3　综合运输发展现状及存在的问题

3.1　发展现状

改革开放以来，为尽快解决交通短缺问题，我省加大了交通建设力度，盘活运输市场，公路、铁路、水路、航空四种运输方式都得到了长足的发展。

3.1.1　交通基础设施

在交通基础设施快速发展过程中，我省公路、铁路、水路、航空基础设施均得到了不同程度的完善，铁路的复线里程比重逐年增加，达到50%以上；航空运输在“九五”期间也开通了国际航线。在各种运输方式中，公路发展最为迅速。到2011年年底，我省公路里程达149535公里，是改革开放初期的6倍多（表1）；高速公路从1993年的73公里发展到2011年的3009公里。

各种运输方式路线长度　表1

年　份	运输路线长度（公里）			
	铁路	公路	水路	航空
1978	978	23680	10282	480
1980	1082	23984	5489	480
1985	1446	26988	5515	3282
1990	1544	30126	5527	9504
1995	1756	35178	5612	34590
2000	2164	44493	5611	60553
2005	2353	72807	5587	72263
2010	2850	149382	5587	76303
2011	3121	149535	5605	59052

注：摘自《2011年安徽统计年鉴》、《安徽五十年》。

3.1.2　运输生产

在交通基础设施的有力支撑下，我省道路运输生产平稳发展。但各种运输方式的发展并非循着一条平衡的路径发展，在综合运输体系中呈现变化趋势。

如表2所示，1978—2000年期间，铁路、水路的份额不断下降，公路、航空的份额逐步上升；2000—2011年，铁路、水路的份额基本稳定，略有下降，公路的份额也比较稳定，维持在90%以上，且略呈上升趋势，航空继续保持上升态势。水路客运已逐步退出了客运市场，份额很低。铁路的份额也逐年下降，未有效发挥出大骨架的作用。

各种运输方式承担客运量、旅客周转量比重　表2

年　份	客　运　量				旅客周转量			
	铁路	公路	水路	航空	铁路	公路	水路	航空
1978	0.16	0.73	0.10	0.01	0.52	0.39	0.048	0.042
1980	0.14	0.76	0.093	0.007	0.54	0.41	0.047	0.003
1985	0.10	0.84	0.054	0.006	0.52	0.44	0.034	0.006
1990	0.06	0.90	0.037	0.003	0.44	0.53	0.024	0.006
1995	0.04	0.935	0.019	0.006	0.39	0.57	0.012	0.038
2000	0.047	0.935	0.013	0.005	0.38	0.58	0.007	0.028
2005	0.048	0.945	0.003	0.004	0.37	0.59	0.0004	0.029
2010	0.035	0.96	0.0013	0.004	0.31	0.67	0.0002	0.016
2011	0.032	0.966	0.0008	0.0012	0.288	0.70	0.0002	0.015

注：摘自《2011年安徽统计年鉴》、《安徽五十年》。

从表3来看，铁路货运一直是平稳增长，增速较缓，公路、水路在"十一五"期间增长速度较快，航空比较平稳。

各种运输方式承担货运量、货物周转量　　表3

年　份	货运量（万吨）				货物周转量（亿吨公里）			
	铁路	公路	水路	航空	铁路	公路	水路	航空
1978	3805	5978	1993	—	175.1	10.2	17.03	—
1980	3322	5196	1015	—	181.4	10.94	17.90	—
1985	4452	6117	2206	—	271.4	24.13	64.94	—
1990	4189	35427	5027	0.1	433.96	122.06	106.26	0.004
1995	5103	30236	5122	1	560.52	191.96	155.1	0.10
2000	6473	32740	5320	2.5	620.13	274.71	182.6	0.26
2005	10386	49614	7125	3	883.75	422.66	259.6	0.36
2010	12091	183658	32355	2.2	1016.54	5004.90	1131.9	0.26
2011	12507	219467	36439	201	1013.36	6123.22	1309.77	0.26

注：摘自《2011年安徽统计年鉴》、《安徽五十年》。

根据多年数据分析，公路运输起到了绝对的基础性作用，其主要原因一是公路的路网密度最高，而且随着高等级公路里程的增加，公路货物运输的平均运距也在加大，部分货运量转移到了公路；二是公路运输与人民的生活关联最为密切，存在门到门的方便优势。

3.1.3　运输衔接

20世纪80年代末期，综合运输体系的理念就已纳入了中央政府的工作报告，经过长时间地探索，综合运输也逐步从研究走向实践，我省也开始将综合运输的理念体现在公铁客运站场及多式联运货运站场的建设之中，多种运输方式的基础设施首先在物理方式上达到了一定的衔接，某种程度上方便了旅客的换乘，减少了货物的中转次数（表4）。

安徽省部分城市公铁客运站换乘情况　　表4

序　号	城　市	站场名称	换乘时间
1	合肥	合肥火车站；合肥客运总站	10分钟
2	芜湖	芜湖火车站；芜湖汽车站	5分钟
3	马鞍山	马鞍山火车站；马鞍山长途汽车站	5分钟
4	滁州	滁州火车站；滁州汽车中心站	10分钟

另外，综合运输理念也体现在各市的交通运输规划中，比如芜湖、蚌埠、合肥都规划建设了与高铁综合客运枢纽站以及公铁水多式联运集装箱中转站；综合运输的理念也越来越被管理者和企业所接受，在蚌埠、淮南、铜陵等多个城市建成了异地航站楼，通过公空连接，方便了异地旅客的乘机，节约了时间。我省公路客运也通过与邮政合作建立了客运联网售票和小件快运联盟，体现了多种方式的资源有效利用；从环境资源节约、可持续发展的目标出发也被社会所认可。总的来说，各种运输方式经过独立、自由、充分发展，已经进入了相互竞

争、代替和制约发展的状态。

3.2 存在的问题

综合运输体系在实践中虽然有所破题，但仍存在很多问题，其中有些问题长期被社会所诟病。

3.2.1 各种运输方式能力发展不平衡

随着交通基础设施的加大投入，公路和水路运输通道能力得到很大提高，到 2011 年年底，我省高速公路里程达到 3009 公里，公路网密度也达到 2.1 公里 / 平方公里。公路通道建设的任务已由大跨越、大发展过渡为稳步推进基础设施建设、加快结构调整的方向。但是在道路运输系统中，作为运输通道结点的运输枢纽站场却处于相对滞后状态，我省还缺少无缝衔接的综合客运枢纽站点，也缺少与水路、铁路衔接顺畅的大型物流园区，公铁、公空的衔接性方面还体现不够。这是制约发挥运输效率和效益的一块短板。

水路方面，全省通航里程达 5596 公里，但高等级通航里程较少。铁路方面，受宏观政策和体制影响，发展相对滞后，按人口计算，我省铁路路网密度为每万人 0.46 公里，低于全国的 0.56 的水平，相对于国外则更是滞后（加拿大为 16.18 公里、俄罗斯为 5.9 公里、美国为 5.55 公里、法国为 5 公里、德国为 4.4 公里、英国为 2.85 公里、日本为 1.59 公里、印度为 0.63 公里）。就是说，我省仅为加拿大的 3.5%、美国的 10%，人均才 4.6 厘米，不及半根铅笔长。铁路复线里程虽然已达 50% 以上，但实现客货列车分轨运行的目标还需要一个相当长的时期。

3.2.2 各种运输方式分工缺乏统筹规划

受管理体制等因素的影响，各种运输方式的发展各自为政，分工缺乏统筹。即便有发改委在牵头研究综合交通规划，也是各种运输方式先各自规划，再进行协调，即采取各部门规划后进行协调的模式。这种模式往往只是对明显不合理的地方进行小修小改，没有真正体现出整体协调的意义。而且许多情况下对一些重要问题难以协调，从而造成人力、物力资源的浪费。

此外，发展规划不是从各种运输方式技术经济特性、社会需求出发，而是更多地融合了各运输方式管理机构的部门意志。由于投融资体制不尽完善，各种运输方式发展的成本不都是通过运输收入来弥补，并且市场化越低的运输方式，通过运输收入弥补成本的比例就越低。比如铁路的建设成本，主要通过政府税收投入，而非依靠铁路运输收入。这种投资体制反过来又容易影响各自的发展规划，使其不能科学地尊重市场规律。铁路在城际间短途运输的快速发展，尤其是中心城市和卫星城市之间"一小时"、"两小时"快速铁路运输，直接冲击了道路运输在技术优势领域的发展空间，带来两种运输方式重复建设、激烈竞争、社会资源浪费。

3.2.3 运输市场尚不完善

市场主体（企业、客户、政府）薄弱，无论是承担纵向模式运输还是参与运输链运输的现代运输企业数量不多。企业规模小，经营分散，底子薄，现代化水平低，无论是硬件还是软件都很落后，特别是公路运输企业和内河运输企业。责权利不到位；缺乏健全完善的市场准入制度和竞争规则；运价机制还没有建立，价格还不具备成为调节市场供求的决定要素；运输市场体系欠完善，各种要素市场还需尽快形成和发育；政府宏观调控手段不足。

五种运输方式中，除公路、水路已经放开运输市场外，铁路、航空和管道运输都还没有放开，仍由政府实施管理。运输领域的投资基本上是由政府包揽，并由行业垄断经营。有的部门虽然允许民间资本进入，但存在着不平等的竞争。此外，审批复杂、进入条件苛刻、门槛过高，民间资本难以进入。

4　各种运输方式技术特征及其服务对象市场分析

综合交通运输系统尽管由不同运输方式构成，但从实现客货位移目的的角度都必须具备运载工具、通道、场站、动力、通信、运营管理等要素，且运输经营成功与否，服务质量能否令人满意，也取决于构成要素能否发挥其应有的功能以及彼此能否密切配合。

4.1　运输方式技术特征

受运输通道、载运工具、站场条件、控制及通信、经营管理的影响，各种运输方式表现出的技术特征有所差异。为更深入地了解各种运输方式的技术特征，本文拟从五个要素着手阐述其特性。

4.1.1　载运工具

载运工具的功能在于容纳与承载被运送的人和货，应具备安全、易于操纵管理、造价低、宽敞舒适、污染少等特性。各种运输方式载运工具的特性比较见表5。

各种运输方式的载运工具特性比较　　表5

运输方式	公路运输	铁路运输	水路运输	航空运输	管道运输
运送能力	一般	大	大	小	大
速度	较高	较高	低	高	--
运输成本	较高	较低	低	高	低
安全性	一般	好	好	较好	好
适应性	强	强	弱	较强	弱

4.1.2　运输通道

运输通道是指连接运输始发地、到达地、供运输工具安全、便捷运行的线路。运输通道有些是自然形成的，如航空航线、水运的江河湖泊、海洋的航路，而大多数则是人工修建的专门设施，如铁路、公路、运河、管道等。各种运输方式的通道特性见表6。

各种运输方式的通道特性比较　　表6

运输方式	公路运输	铁路运输	水路运输	航空运输	管道运输
线路类型	混合、双向，国、省、县乡道	标准、窄、宽轨、单线、双线	远洋、沿海、内河航道	航路、固定、非固定航线	石油、天然气、固体等管道
技术特性	高速、普通	高速、重载、普通铁路	国内、国际航线	国内、国际航线、支线	集输、干线、分配管道
运输能力	较大	大	无限制	无限制	管道直径

4.1.3 站场

站场是指交通运输工具出发、经过和到达的地点，为运输工具到发停留，客货集散装卸，售票待运服务，运输工具维修、管理、驾驶及服务人员休息，以及运输过程中转连接等之场所。各种运输方式的站场特性见表7。

各种运输方式的站场特性比较 表7

运输方式	公路运输	铁路运输	水路运输	航空运输	管道运输
分类	服务区（站）客运、货运站	客运、货运站、中间站、区段站、编组站	沿海、内河港口、国际航运中心	国际、国内机场、枢纽、干线、支线	低压、高压
技术特性	投资和面积较小，到发能力指标为辆/小时(日)、运量/年	投资和面积大，通过能力指标为列/昼夜	投资和面积较大，年通过能力指标为泊位、场库、装卸能力	投资和面积大，飞行区等级导航及救援等级、跑道系统容量	投资和面积较小，功率指标为千瓦压力、指标为兆帕

4.1.4 动力

动力是交通运输发展的基本要素，现代运输的动力如蒸汽机、内燃机、电动机、核能发电机等，利用煤、石油、电力、核燃料等多种能源，产生运载工具所需之动力（表8）。

各种运输方式的动力特性比较 表8

运输方式	公路运输	铁路运输	水路运输	航空运输	管道运输
动力	内燃机、电动机	内燃机车、电力机车	内燃机、电动机	内燃机	压缩机
动力类型	汽油、柴油、气体、电力	柴油、电力	柴油、核动力、电力	汽油	柴油、电力
技术特性	中小功率、最高车速、耗油量、制动距离	大功率、构造速度、起动及制动性能	载重（客）量、排水量、航速	载重（客）量、爬升及起降性能	功率、压力

4.1.5 控制及通信

控制及通信设备是交通运输工具安全、高效运转的重要手段，对保证运输持续与安全，提高运输服务质量与运输效率有重要作用。现代交通运输网络规模和运输负荷不断扩大，运输系统更加复杂，运输速度越来越快，重量和密度不断提高，市场竞争激烈，对运输服务质量的要求更高，对信号控制及通信的功能及可靠性的要求也更高（表9）。

4.1.6 经营管理

经营组织是综合交通运输体系中的一个主要构成要素。运输服务的提供需要驾驶人员、机械维修养护人员、运输工具上的服务人员及运输工具外的服务人员（如铁路、公路运输的售票员、货运员，空运地勤售票、划位人员），还需要许多其他业务管理与经营人员的参与，才能使那些硬件交通运输构成要素或设施真正发挥作用。管理人才及运输企业组织的功能，在于建立规章制度，以有效运用所有的运输设备，充分利用运输设备能力，以期达到企业的经营目标，并充分发挥交通运输事业的功能，满足社会的运输需求，促成经营发展、社会和文化进步，增强国防力量。良好的管理与组织，必须具备组织体系与制度完整、分工合理、调度指挥灵活等条件（表 10）。

各种运输方式的控制与通信特性比较　　表 9

运输方式	公路运输	铁路运输	水路运输	航空运输	管道运输
通信	电线、光缆、无线、卫星	电线、光缆、无线、卫星	电线、光缆、无线、卫星	高频、甚高频通信系统、呼叫系统	电线、光缆、无线、卫星
通信技术特征	兼容	大容量专用	兼容	专用	兼容
信号控制	点、线、区域控制信号，安全、ITS 控制系统	半自动、自动闭塞、调度集中 CTC 模式	定位导航、自动操纵、安全系统	导航设备、监视设备	监控系统
信号控制发展	自动化、智能化	自动化、智能化	自动化、智能化	自动化、智能化	自动化、智能化

各种运输方式的运营管理特性比较　　表 10

运输方式	公路运输	铁路运输	水路运输	航空运输	管道运输
机构	国有、民营、个体并存	国家经营	国有、民营为主，个体补充	国有为主	国有为主
模式	多种模式	高度集中、分级管理	多种模式	多种模式	集中管理
特点	市场化	部分垄断	市场化	市场化	部分垄断

需要说明的是，每一种运输方式都是由对应的运行使用系统与基础设施系统两个相对独立的子系统构成的。前者是指由直接提供运输服务的运输工具及其操作规范等技术要素构成的运输服务系统，如车、船、飞机及运输组织、运输管理技术、车辆管理制度等；后者是指由承载运输工具运行的线路、港站设施及其运行程序、规章制度等技术要素构成的支撑服务系统，如铁路网、公路网、航线、河道、车站、码头以及交通组织技术、管理技术等。不同的基础设施系统和运行使用系统决定了每种运输方式具有不同的技术经济特性。从综合服务品质（包括便捷性、时效性、安全性等指标）来看，公路和航空可以说是很高，铁路和管道次之，水路很低；从约束条件（包括占地、环境污染、能耗 / 成本）来看，公路和航空可以说很大，铁路和管道次之，水运很小。根据实际应用，公路、铁路是两种基础性较强的运输方式，主要表现在公路运输门到门的灵活性和铁路运输的货运强度高等方面；从替代性方面看，公路运输的替代性最强，其次是铁路运输。根据公路运输灵活多变的特点，因而其衔接性也是五种方式当中最好的。

4.2　运输方式服务对象分析

各种运输方式的服务区间和服务对象主要是由平均运距和货物种类两个因素决定。由于公路和铁路在运输市场上占有较大份额，因此具体分析二者之间的竞争关系，具有代表意义。在平均运距上，引用平均里程系数这个指标，在货物种类上，引用交通运输部规划司在公路运输主通道上做的运输量调研报告中的数据进行分析。

4.2.1　平均里程系数

平均里程系数可用来判断综合交通运输体系内部分工的合理与否。假设 L_i 代表第 i 种交通运输方式占各种运输方式总的运量份额，Z_i 代表第 i 种交通运输方式占各种运输方式总的周转量份额，W_i 代表 i 种交通运输方式的平均里程系数，则有：W_i= 第 i 种运输方式的平均运距 / 各种运输方式总的平均运距。

含义：W_i 就是第 i 种交通运输方式的平均里程与各种运输方式总的平均里程的比重。

平均里程系数有两种现实意义。一是它可以作为确定第 i 种交通运输方式在各种交通运输中的比较优势的标准，从而为政府制定本地区未来交通发展规划提供理论基础。当 $W_i > 1$ 时，说明第 i 种交通运输方式的平均里程大于各种运输方式的总的平均里程，它在总平均里程以上的运输上有比较优势，反之，则为比较劣势。二是通过判断在各种运输方式中，第 i 种交通运输方式与其他几种运输方式相比，是竞争性强还是互补性较强，进而还可以用它判断综合交通运输体系内部分工是否合理。

由此，根据全国统计数据，计算出公路、铁路、水路和航空四种运输方式的平均里程系数分别如下：

（1）客运方面：

公路平均里程系数 =0.70；

铁路平均里程系数 =10.07；

水路平均里程系数 =0.21；

航空平均里程系数 =17.6。

（2）货运方面：

公路平均里程系数 =0.41；

铁路平均里程系数 =1.77；

水路平均里程系数 =4.12；

航空平均里程系数 =7.38。

根据安徽省 2010 年各种运输方式完成的运输量，计算出的公路、铁路、水路和航空四种运输方式的平均里程系数分别为：

（1）客运方面：

公路平均里程系数 =0.69；

铁路平均里程系数 =8.95；

水路平均里程系数 =0.21；

航空平均里程系数 =12.38。

（2）货运方面：

公路平均里程系数 =0.87；

铁路平均里程系数 =2.68；

水路平均里程系数 =1.12；

航空平均里程系数 =3.87。

由此可见，各种运输方式间的平均里程系数差异较大，合作需求远大于竞争需求。值得注意的是，随着高铁的大规模建设，高速公路和高铁在城际客运上的里程系数逐步接近，差异有弱化趋势。

4.2.2 货物种类分析

在综合运输体系中，普通公路主要是独立承担短距离的货物运输，另一方面是为铁路、港口集散。此时，公路和铁路、港口的货物种类一致，但它们是互补关系，没有竞争区间。

高速公路承担着大容量长距离的运输，发挥着大骨架的作用，在平均运距上与铁路比较相近，存在竞争的可能。这里主要通过分析货物种类来判别其各自的服务对象。

根据交通运输部规划司在京沪高速公路的调查，京沪高速公路的上行，货物种类排名前三位的是：

第一位：金属制品，25.95%（铁路为 7.26%）；

第二位：机械运输设备及其他工业产品，21.66%（铁路为 0.38%）；

第三位：水泥、陶瓷、玻璃、石材，14.97%（铁路为 7.20%）。

京沪铁路江苏段上行：

第一位：煤炭，32.50%（公路为 0）；

第二位：化工产品，9.75%（公路为 12.3%）；

第三位：农产品，8.0%（公路为 4.40%）。

由此可见，高速公路和铁路在货物种类上有着较大的差异，仍然表现出较强的互补关系。

主要结论及发展趋势：

（1）从平均里程系数和货物种类分析，各种运输方式表现出更多的差异性，说明它们之间的合作要大于竞争。相对而言，公路和铁路之间的差异性较小，是各种运输方式中竞争较激烈的两种运输方式。

（2）随着铁路能力的提升和高铁的快速建设，公铁之间的差异性有逐步弱化趋势，这在城际客运上表现得尤为突出，需要重新审视。

5 我省推进综合运输体系建设的发展思路

2011 年交通运输部下发了推进综合运输体系建设的指导意见，总体要求为：到 2020 年，在各种运输方式充分发展的基础上，发挥各种运输方式的比较优势和组合效率，在布局优化、相互衔接、一体服务、信息共享等方面取得突破性进展，加快形成网络设施配套衔接，技术装备先进适用，运输服务安全高效的综合运输体系，适应国民经济和社会发展的需要。

重点是：加强部门协调，优化综合运输规划布局，注重运输方式衔接，加快综合运输枢纽建设，优化运输组织，推进运输服务一体化，搭建信息平台，促进信息资源共享，强化管理创新，提高综合运输公共管理水平。

5.1 优化综合运输规划布局

加强综合运输规划编制工作。按照国民经济和社会发展要求，编制综合运输发展规划，重点做好基础设施网络、枢纽的优化布局和功能衔接，以及一体化运输组织等主要规划内容。加强与国土、城乡等专项规划的衔接，充分发挥综合运输规划对各运输方式专项规划及重大建设项目的指导作用。

5.2　加强各种运输方式的有效衔接

5.2.1　加快推进综合客运枢纽建设

以旅客便捷出行和换乘为出发点，加快建设适应客流特点、便于交通组织、利于城市发展的现代化综合客运枢纽。

5.2.2　加强货运枢纽及集疏运体系建设

加快货运枢纽和物流园区建设，大力推进高等级公路与港口、铁路货运枢纽、民航机场、大型物流园区等的衔接。

5.2.3　加强城际交通与城市交通衔接

强化城际交通和城市交通的顺畅衔接和能力匹配，注重相关基础设施和服务功能的配套建设，加强城市交通与城际交通在管理、标准等方面的衔接和协调，推进运输服务一体化。

5.3　推进综合运输服务一体化

5.3.1　提高装备技术水平

积极调整运输装备结构，加快推进运输装备大型化、专业化和标准化，不断提升运输装备现代化水平。

5.3.2　优化运输组织

围绕提供全程化的运输服务，打破行业垄断、部门分割、地方保护，创新运输组织方式，实现各种运输方式间运输组织的顺畅衔接，加速生成一批网络辐射广、综合实力强、质量信誉优的运输企业，并积极发展多种运输方式的全程服务供应商，推进单证票据的通用化、标准化，努力实现“一票式”联运服务。

5.4　搭建信息资源共享平台

5.4.1　促进各种运输方式信息系统对接和资源共享

充分利用信息化手段提高综合运输服务水平，完善综合运输信息服务系统顶层设计，整合相关信息资源，推进信息采集和交换，实现信息资源的共享，为全社会提供准确及时、安全可靠、方便适用的综合运输信息服务。

5.4.2　搭建公共信息平台

不断完善公众出行信息平台建设，并通过多种方式为公众提供出行信息服务。推进物流公共信息平台建设，整合供需双方信息资源，满足物流交易、管理的信息需要，开展试点、示范工作，推进集装箱多式联运和甩挂运输信息服务平台建设。

5.5　提高综合运输公共管理水平

5.5.1　促进综合运输绿色发展

强化综合运输规划和建设管理，优化网络和枢纽布局，强化节能减排，注重环境保护。

5.2.2　提高综合运输安全水平

建立健全综合运输安全管理制度,构筑预防预警联动体系,强化安全生产监督管理,加强应急处理体系建设,构建安全应急指挥系统和信息平台。

5.2.3　建立健全体制和法律法规体系

进一步建立和完善相应的综合运输管理协调机制,加强对综合运输战略、规划、建设、管理等相关问题的协调;建立综合运输法律法规体系,为综合运输体系建设提供法律保障。

6　我省道路运输在构建综合运输体系中的重点任务

道路运输作为综合运输体系中的重要组成部分,肩负着加快自身发展和统筹综合发展双重任务,要在经济社会发展的大格局和工业农业的布局特点中去全面认识道路运输的比较优势,切实解放思想,锐意改革,按照适度超前的原则,优化运输规划布局,推进服务一体化,搭建信息资源共享平台,提高综合运输公共管理水平,着力提升运输效率和服务水平,为国民经济和社会发展提供强有力的支撑和保障。

发展的目标是:更便捷、更安全、更经济、更高效。

发展的思路是:建体系、转方式、强衔接、共资源、均服务、促发展。

围绕上述目标和思路,重点要做好以下七大工程(表11):

综合运输体系重点任务表　　表11

序　号	重点任务	主要政策及措施
1	枢纽站场集散工程	1. 编制“十二五”道路运输业发展规划
		2. 建设站场项目库
		3. 加强规划衔接,争取交通运输部资金补助,加快“双十”工程建设
		4. 调研摸底全省站场的建设规模、运营情况及适应性分析
		5. 创新建设模式,研究政府主导建设示范性客货运站场的模式及意义
		6. 贯彻落实《安徽省道路运输站场投资管理办法》
		7. 贯彻落实《安徽省人民政府关于加快交通基础设施建设的若干意见》
2	运输企业培育工程	8. 贯彻落实《安徽省人民政府关于加快发展交通运输业的若干意见》
		9. 探索建立多种运输方式的联席会议
		10. 积极推行公司化改造
		11. 加强对重点企业的跟踪服务,及时调查、测算道路货物运输平均合理成本并定期向社会公布。配合有关部门规范道路货物运输合同文本
3	运输服务智能工程	12. 省—市运管机构之间4M SDH和市—县运管机构之间2M SDH承载专网平台
		13. 建设和完善省、市、县三级网络视频会议系统
		14. 升级道路运输管理信息系统(综合业务处理平台)
		15. 建设IC卡道路运输电子证件系统

续上表

序　号	重点任务	主要政策及措施
4	城际客运提升工程	16. 城际高速线客运直达、舒适、快速化
		17. 城际地面线客运低价、大容量化
		18. 区域和城乡客运公交化、一体化
5	快速货运示范工程	19. 在合肥、芜湖选择 2 ~ 3 家规模化企业开展快速货运试点
		20. 制定快速货运示范工程
		21. 规范城市配送车辆管理工作
		22. 与公安部门联系，解决城市配送车辆路权和停靠权问题
		23. 引导企业加强快速货运的宣传力度，创建快运品牌
6	城市公交便捷工程	24. 编制《城市公共交通“十二五”发展规划指导意见》
		25. 出台落实公交优先管理办法的细则
		26. 政府主导优化公交线网
		27. 适时推广线路招投标制的公交管理模式
		28. 加快公交基础设施建设
7	运输市场监管工程	29. 完善运政队伍执法规范，强化快速机动处理能力
		30. 升级改造 96333 举报平台
		31. 加强质量信誉考核，打造诚信行业
		32. 加强行业宣传，发挥舆论引导作用
		33. 加强运输采集，提高行业决策的科学性

6.1　枢纽站场集散工程

加强运管机构在运输站场规划过程中的主导权，以社会需求规划道路运输，以运输需求规划基础设施建设。加强不同层次站场联系和分工，注重不同运输方式站场的换乘和衔接。要按照“夯基础、提效率、优网络”的思路做好客运站场的建设工作。

夯基础是指要建设保证人民群众基本出行和社会经济正常运转的站场设施，保证道路运输的普遍性服务功能正常发挥。政府要通过土地、规划和资金等政策发挥主导性作用。

提效率是指根据我省经济社会工业化、信息化、城镇化和市场化的发展形势以及综合运输体系建设的必然要求，积极转变站场建设的模式，强化“零换乘”和“无缝化”功能，鼓励建设综合运输站场，提升运输效率和服务水平。政府要在其中发挥示范性作用。

优网络是指根据客流需求，按照适度超前的原则，逐步优化站场设施网络，提升站场服务功能。政府要在其中发挥引导性作用。

客运站建设方面，我省已初步确保省辖市至少一个一级站，市辖县至少一个二级站，重点乡镇一个农村客运站,基本完成了夯基础的发展阶段,正处于提效率和优网络的阶段。我省将加快国家公路运输枢纽城市、皖江城市带承接产业转移示范区城市公路客运枢纽建设。重点建设10个具有典型示范效果的综合客运枢纽项目,促进综合交通运输体系建设。新建其他一、二级客运站49个,提升道路运输服务能力。加快升级改造现有客运站场,完善服务功能。加快重点乡镇、行政村招呼站、候车亭的建设,完善农村客运网络。研究制定农村客运站点管养长效机制,提高使用效率。

货运站场方面,由于我省的货运站基础设施还比较薄弱,站场的服务功能还很不完善,也缺乏标准,正处于夯基础的攻坚阶段和提效率的初步阶段,政府要切实履行相应职责,发挥主导型和示范性作用。建设思路是"抓大放小、抓公用放自用"。道路货运站场不仅是道路运输生产的设施载体,也是维持城市正常运转的重要基础设施,政府引导资金重点支持区域性的物流园区建设,扶持地方性的物流园区建设。区域性物流园区城市,重点支持2~3个;地方性物流园区城市,重点支持建设1~2个;其他省辖市根据需求建设1个。具体来说,"抓大放小"是指重点支持综合性强、功能完备,辐射面广的物流园区,依托产业园区、商贸市场、港口、铁路等区域,大力推进具有综合物流功能的物流园区建设;鼓励在货运量大、中转量高的区域建设无水港,提高运输组织化程度。对于规模较小、功能比较单一的货运站场,主要由市场调节,企业自主建设。"抓公用放自用"是指重点做好为社会及其他物流企业提供公共服务的物流园区,体现准公益性。对于自用型的物流园区,由企业自主建设。

积极争取国家公路运输枢纽城市、皖江城市带承接产业转移示范区城市支持政策。重点建设10个依托产业园区、商贸市场、港口、铁路的物流中心(物流园区),促进道路运输与其他运输方式的无缝衔接。鼓励在合肥、蚌埠、阜阳等有条件的区域建设无水港,提高运输便利化水平,通畅货物流通。加快集装箱货运站、甩挂运行服务中心、小件快运中心(可依托客运站)等专业化货物运输站场的建设,促进专业化运输发展,提高运输效率。积极推进依托农产品、水产、农资等市场的农村货运站场建设,完善农村货运节点网络。

6.2　运输企业培育工程

从综合角度上分析,综合运输体系的建设不仅需要大部门的管理体制及综合的基础设施,也需要一批综合运输的市场主体。分方式的管理体制,导致了运输市场主体也是分方式成立,一定程度上制约了综合运输体系的建设。

运管机构要运用经济、法律、行政等手段,加强政策引导,引导运输企业以资产为纽带,通过并购、联合、参股等多种方式,实现规模化、集约化、网络化经营和特许连锁经营。扶持集约化程度高、网络覆盖面大、组织方式优的道路运输企业发展。鼓励道路运输企业通过机制创新,创立品牌,提高竞争力。一是积极探索道路运输与其他运输方式的合作和交流,"请进来"和"走出去"相结合,实现优势互补、资源共享、分工协作,达到双赢局面。不断引导道路运输企业强化自身素质,实现主体规模化、经营集约化、服务网络化;二是道路运输管理机构要转变观念,解放思想,鼓励其他运输方式经营企业向道路运输行业延伸。

相对于其他运输方式经营主体,道路运输市场企业规模较小,话语权较弱,运管机构要引导道路运输企业发挥抱团优势,加强与铁路、民航等行业的横向协调沟通,消除行业间的市场壁垒,完善市场规则;引导形成中小企业和个体户联盟,一方面通过联盟信息资源共享,增加市场竞争力,提升运输效率,另一方面通过联盟加强与加油站、保险、汽车零配件等企业的沟通协调,争取优惠幅度,控制生产成本。

鼓励道路运输企业与其他运输方式企业通过控股、参股、联合等方式,融入到综合运输市场经营活动中。引导道路运输企业在外延式发展的同时,注重内延式提升;扩大经营区域的同时,提高服务质量和服务水平。安排适当资金,引导公司化程度高、网络型集团运输企业的发展,利用线路资源的调节调配推进运输企业的公司化改造,逐步实现由个体经营、承包经营向公司化经营、集团化经营的转变。调整与优化结构,通过市场化方式整合运输市场资源,规范经营秩序,提高服务质量和经济效益。

6.3　运输服务智能工程

道路运输业的信息化发展进程相对滞后于其他运输方式,这不仅表现在硬件设施上,也表现在技术标准、数据采集和资源整合上,不仅影响道路运输的透明化、标准化和规范化发展,也影响道路运输与其他运输方式的衔接配合。

要加快道路运输信息化建设。根据"十二五"规划,我省将重点建设"一个网络、两个门户、三个中心、四个平台"。一个网络就是由道路运输政务内网、道路运输政务外网等各种网络交叉互联组成的安徽道路运输物联网。两个门户是指作为信息平台和应用系统的前端展示,面向全省道路运输管理部门内部的内网门户网站和面向社会公众和道路运输企业的外网门户网站。三个中心是指以数据库建设为基础建设的省、市两级数据中心;面向道路运输企业和社会公众提供咨询、投诉、救援服务的呼叫中心;面向道路运输企业和社会公众提供各种商务活动(如预订、结算等)支持的商务中心。四个平台是指整合全省道路运输综合管理业务,以电子政务为核心的综合业务平台;服务于道路运输企业和社会公众的公共服务平台;采用先进的通信技术,对出租车、危险品货物、客车等重点车辆和客运站、物流仓储等站场进行监控,实现安全生产管理,对突发事件及时发现,及时解决,统一协调、调度的应急指挥平台;对全省道路运输物联网上的设备及所有的信息系统进行监控、维护和管理,保护网络和信息系统免受病毒和不良行为的危害、攻击,实现安全管理的运行维护平台。

与公路建设项目可划分为路网建设和运输管理一样,信息化的建设也可人为地划分为通道建设和资源整合。现阶段,我省通道建设即为建设一个安全可靠、资源丰富、管理规范、服务专业的通信网络平台,具体为建设、完善省—市运管机构之间 4M SDH 和市—县运管机构之间 2M SDH 承载专网平台和省、市、县三级网络视频会议系统。资源整合的任务主要是升级道路运输管理信息系统(综合业务处理平台)和建设 IC 卡道路运输电子证件系统。推行业务办公的信息化,实行道路运输证、道路运输从业人员从业资格证的电子化,先行在部分区域进行出租车从业人员 IC 卡试用,逐步拓展到长途客车、城际公交等领域。

6.4　城际客运提升工程

正确认识综合运输体系下的分工合作，找准市场定位，调整企业发展思路。加快资源整合，实现集约化发展，增强企业合作，减少内耗。加快推进公车公营改造，转变发展方式，增强核心竞争力，提高企业的经济和社会效益。

依托我省较完善的高速公路网，选择高等级车辆，做好城际快速直达客运，重点在快速、舒适、直达上下功夫。根据需求，适当发展城际地面线，重点在低票价、大容量上下功夫。根据区域经济一体化发展的需要，在客运站场逐步外迁的背景下，依托合适的车辆，积极发展城际公交，重点在城际公交站台设置、准时准点上下功夫。

推进城乡一体化发展。参照城市公共交通的运营模式、服务标准、扶持政策，对条件成熟的城市郊区和农村客运实行公交化改造，理顺城乡客运票制票价，积极推进城乡客运协调发展。有条件的地区，可试验城际班线的公交化运营改造。

6.5　快速货运示范工程

试点推动快速货运示范工程，以示范工程带动货运业整体发展。按照先大城市后小城市、先省内后省外、先试点后推广的原则，逐步发展道路货物快运网络。先期可在合肥、芜湖等经济总量大、工业基础较好的城市选择2 ~ 3家规模化企业开展省内快速货运试点工作。

抓紧制定快速货运工程的服务标准，明确安全（货损、货差）、快捷、时效、流程等方面的内容。参照国内相关研究，500公里以内，24小时内到达，每累次增加600公里，增加不超过24小时；公开货损货差等商业事故的处理承诺，依托商业保险，强调保价运输；规范流程业务，细化服务每一步骤，确保标准化服务，如UPS要求驾驶员按照精确“编排”的340个动作行事。

针对快速运输“两头慢中间快”的现状，加快货物快运工程的收发及配送速度，增强市场竞争力。参照北京等城市的做法，对快速货运工程配送车辆实施统一标识，并给予城区通行路权和停靠权，解决物流进城难、成本高等问题。在货运站场开辟专用快速货运区域，储藏、装卸及搬运货物，加快周转速度及质量。细分快速运输市场，重点做好零担运输，兼顾整车及小件运输，重点做好高价值、时限类的货物，兼顾普通货物。加强快运货物受理点建设，引导运输企业加强与便利店、超市等合作，完善服务网点。

加大道路快速货运的宣传力度，整合宣传资源，创建快运品牌。充分利用汽车站、门户网站、车辆等载体，创新宣传模式；主动出击服装商城、轻工商城和大型制造企业等主要的货源单位，强化市场营销手段。

加强与公安交警、税务、财政等部门的联系沟通，在税费优惠、税票领取等方面加以倾斜，对核准的统一标识车辆给予城区路权及停靠点等方便。设立引导资金，以示范项目为切入点，以点带面，提升货运业整体服务能力及水平。

6.6　城市公交便捷工程

在出租车行业“先稳定后发展”的大背景下，以提升公交服务能力，增强公交吸引力为主线,不断优化城市交通出行结构,改变出租车市场供求关系,促进各种城市交通运输方式协调发展。

优化公交线网规划。逐步改变公交公司以经济效益为主规划线网的现状,由运管机构承担线网规划职责,从社会效益和经济效益角度出发,科学规划公交线网,增加公交线网密度,满足百姓出行需求。要优化快速干线网、普通干线网和支线网的级配与衔接。要建立科学的服务质量考核体系,可委托第三方进行调查,考核结果要定期向社会公开,并与政府资金补助挂钩。

适时试点公交线路招标制度,提高公交运营的效率和服务质量,推进政府补贴透明化、科学化。政府主导规划公交线网后,确定线网走向、车辆配置、发车频率、服务质量、服务价格及其他要素,以单个或几个线网的公交服务为产品,以补贴价格或上缴利润额为主要竞标手段,面向社会邀请投标人按照一定程序进行投标,并发放经营许可证给条件最优的申请者。获得经营权的企业在经营期内履行承诺,向社会提供约定的服务,同时,政府禁止其他企业经营该线路,以此保证企业的合法权益。

要加快公交基础设施建设,加大常规公交首末站、中途站、停车场、维修厂、城乡客运换乘站的建设;积极加快公交专用道建设,结合道路改造和大容量公交建设,实施公交专用道施划,有条件的道路可实施公交优先信号;推进公交信息化建设,加快建设智能调度中心。

6.7　运输市场监管工程

6.7.1　构建快速机动的监管队伍

道路运输业是面向社会的服务行业,点多,线长,涉及面广。非法营运、超载、拒载、拼客、抬价等违规行为不仅影响行业形象,也危及人民群众的生命安全,但由于道路运输流动性大,证据稍纵即逝,违规行为取证难,查处难,导致人民群众举报容易查处难,久而久之影响了人民群众对运管机构的信任,进而也失去了社会监督的渠道。

要以引导行业发展和加强市场监管为运管工作两条主线,大力加强稽查队伍建设,破解市场监管难题。可参照公安 110 经验,完善 96333 举报平台,建立快速机动的稽查队伍,配备车辆(汽车、摩托车等)、GPS、摄像机等相应的执法装备,探索运政联网移动稽查,实现群众举报—96333 受理—96333 调度稽查队伍—稽查队赶赴现场处理顺畅的执法机制,严厉打击各种违法行为,保护合法经营,保障旅客、货主和其他消费者的合法权益。要将市场监管纳入到各级运管工作的绩效考核的重要工作中,切实提升运政执法水平和能力。

6.7.2　加强质量信誉考核

完善道路运输经营者和从业人员的质量信誉档案,做好质量信誉考核工作,并把考核结果作为配置运输资源和客运线路经营权招投标的主要依据。建立健全道路运输驾驶员诚信考核计分工作机制和经营性道路运输驾驶员“黑名单”制度。畅通信誉考核结果的公布渠道,实现社会公众对经营者和从业人员诚信考核查询功能,细化质量信誉考核结果,将计分原因、处理方式等要素纳入到查询范畴;逐步推进从业人员信息与公安机关联网管理,力求把道路运输从业资格证打造成从业人员的另一个“身份证”和“诚信证”,并作为市场优汰劣胜的调控工具。

6.7.3　创新监管手段

建立健全统一的运政信息数据库，加强车辆、人员等数据管理，确保数据的准确性和实时性；探索使用与身份证相同号码的电子道路运输证，建立企业、车辆、人员的电子技术档案；进一步推广使用 GPS 系统，完善监控平台功能，提高监管的及时性和可靠性；通过技术手段，加强基础数据采集，奠定管理基础。

发挥舆论监督作用，主动向媒体提供新闻线索，借助媒体的作用加强宣传教育作用，营造依法经营的舆论氛围和社会环境。善于与媒体打交道，避免新闻媒体片面报道新闻事件。对屡教不改的违规经营者要通过媒体曝光，借助舆论监督来提升工作力度。科学对待信访工作，畅通民生诉求通道，要区别对待合理诉求和非法信访，对于少数人滥用弱者的武器牟取私利的，要积极通过部门联动和媒体曝光，争取话语主动权。

6.7.4　加强基础数据采集

发挥汽车站源头管理作用，丰富道路班线客运监测手段，完善重点线路客流量调查及审核方式，提高数据准确率。完善货物运价监测制度，掌握货运市场发展动态。发挥出租车调度中心作用，采集出租车运营、油耗及财务数据，及时了解行业稳定状况并采取相应的对策，为出租汽车行业突发事件处理奠定基础。通过运营监控设备，加强道路运输车辆运营数据采集，夯实管理基础。

7.　实施政策与保障措施

7.1　组织保障机制

成立有各种运输方式主管部门组成的协调发展委员会，建立综合交通协调机制，可通过设立“综合交通协调办公室”或建立“一事一议”的联系会议制度，由交通、铁路、国土、发改等相关职能部门参加，对综合交通运输体系的重大问题进行统一指挥、组织协调作用，并督促相关政策和任务的落实。

7.2　规划保障机制

从综合运输体系的角度统筹规划各种运输方式的发展，单一运输方式的发展规划必须征求协调发展委员会的意见。加快编制省、市级区域综合交通运输体系规划，并纳入区域国民经济和社会发展总体规划。各级各单位要认真履行职责，通过综合交通运输体系规划搞好全省综合交通运输体系建设与发展的顶层设计，并进一步理顺关系，强化管理，有序推进规划的实施，引领各相关行业协调发展。强化规划对交通建设项目等的指导，增强规划的执行力和约束力。

7.3　基础设施共用共享保障机制

鼓励运输方式之间共享基础设施，包括通道、停车场，共同编制项目工程可行性研究、项目初步设计等前期工作。建立综合交通运输枢纽统筹机制，实现交通基础设施项目建设中的城乡、部门、行业、地区统筹。根据各类交通基础设施项目的不同经济社会属性和行政隶属关系，以遵循国家相关法律法规为基础，以利益机制为纽带，以统一协调管理为保证，构建互惠互利、互助互赢的共建共享机制，形成持续稳定的共建共享关系。适时在综合交通运输枢纽中推进经营主体一体化，以市场一体化经营机制推进共建共享。加强信息资源的共享，以“统一规划、分块建设，资源共享”为原则，加快交通信息平台建设，促进多种运输方式之间的信息共享和有序衔接。创新工作机制，积极探索“分建、共享、分管”和“共建、共享、共管”相结合的多元化机制。

7.4　资金保障机制

加大财政资金对综合交通设施的扶持力度，充分发挥政府资金的引导作用，示范先行。积极探索综合交通运输体系发展的新型投融资模式，形成“国家投资、地方筹资、社会融资、利用外资”的投融资机制。加大各级政府财政性资金投入，向重要节点城市、老少边穷地区倾斜。鼓励包括民间资本在内的社会资本参与交通基础设施建设，形成多渠道、多层次、多元化的投入格局。建立财政支持交通运输基本公共服务的稳定资金来源。

参考文献

[1] 彭辉．综合交通运输系统理论分析［D］．西安：长安大学，2006.

[2] 吴群琪．交通运输系统演化机理与发展趋势[J]. 长安大学学报：社会科学版，2009(11)：14-17.

[3] 吴群琪，孙启鹏．综合运输规划理论的基点［J］．交通运输工程学报，2006，6（3）：122-126.

[4] 李文国，桑江．辽宁省综合交通运输体系内部分工合理性分析[J]. 沈阳工业大学学报：社会科学版，2008（2）：155-159.

[5] 蒋斌．推进综合运输体系建设总体思路 .2010 年 12 月合肥讲座．

[6] 邹海波，吴群琪．对综合运输及相关问题的再认识[J]. 铁道经济与运输，2007(5)：8-10.

[7] 汪鸣．综合运输的实现途径问题［J］．综合运输，2009（9）．

[8] 在新形势下如何正确认识运输需求等理论问题——长安大学经济管理学院院长吴群琪教授访谈录．综合运输，2009（11）

[9] 交通运输部．关于推进综合运输体系建设的指导意见，2011.

安徽省道路运输文化品牌建设研究

贾雪枫，王　琳，王剑峰

【摘要】本文以道路运输文化品牌建设为研究内容，分析了安徽省道路运输文化品牌建设的现状及存在问题。通过探究国内外同行的文化品牌建设经验，构建了安徽省道路运输文化品牌建设体系的框架。结合道路运输行业多年文明创建成果，提出在客运、公交、出租车、维修、驾培、货运等六个行业开展文化品牌建设试点工作，同时就文化品牌的建设效果建立了评价模型。力争在“十二五”末，推出具有一定影响力、能代表行业形象的知名品牌，引领全行业健康有序的发展。

【关键词】道路运输；行业文化；品牌建设

1　道路运输文化品牌建设的概念及内涵

1.1　什么是品牌

品牌源于古代北欧斯堪的纳维亚语“布兰多”，本意是“烙印”。初期用于标识动物，后来演变成区分不同制造商生产产品的标识。在《牛津大词典》中，将其解释为“用来证明所有权，作为质量的标志或其他用途”，起到区别和证明的作用。

随着时间的推移，人们赋予它越来越丰富的价值和内涵，如：有人认为它是一种标志，是一种集视觉印象和效果的可感知性、市场定位、附加价值、个性化消费等复杂符号为一体的主观反映；也有人认为它是一个名称、名词、符号或设计，或者是它们的组合，其目的是识别某个销售者的产品或服务，并作为区分竞争对手及其生产的同类产品（提供的同类服务）的标记和符号。

品牌作为特定组织用以识别其产品和服务的标记、符号，需要满足四种功能：一是识别功能，能够有效区分同类产品或服务；二是信息浓缩功能，成为有效沟通的代码，是组织的速记符号；三是安全功能，具有承诺、保证和契约作用，可与消费者建立长远的关系；四是价值功能，作为形象的象征物，积累无形的资产和财富。

1.2　什么是文化

广义上的文化是指人类社会的一切活动。如果从中国古代典籍中溯源，许慎《说文解字》把“文”解释为“错画也”。“文”的本义是指事物错综所造成的纹理或形象，引申的含义：

一为文物典籍、礼乐制度；二为彩画、装饰、人为修养；三是在前两层意思之上，导出美、善、德、行之义。

“化”的本义为改易、生成、造化，引申为教育教化，思想传播传承。战国末期儒生编的《易·贲卦·象传》中记载：“关乎天文，以奈时变；关乎人文，以化成天下”，字面上表达了以文化人的思想。意思是说，治国者须观察天文，以明了时序、环境之变化，又须观察人文，使天下之人均能遵从文明礼仪，行为规范。

1.3　什么是品牌文化

品牌属物质文化范畴，是承载企业文化的物质实体表象，是一个企业或组织展现外在形象的价值载体，还是物质实体（产品）属性、名称、包装、价格、历史、声誉、广告等标识的总合和精神文化体系的象征。品牌所蕴含的价值首先是文化。

品牌文化的具体概念：企业在经营和管理实践中逐步形成的品牌及其所蕴含的文化积淀，代表了企业和消费者的利益认知、情感归属，是品牌与企业文化的综合体。

1.4　什么是文化品牌

文化品牌是企业或组织文化体系中，具有品牌标识意义的理念表述，是特色企业文化的标志和特定文化意义的符号。

文化品牌源自于企业的产品、服务、管理等经营活动，分属企业价值体系和品牌文化体系范畴，代表企业的特色文化，植根于企业核心价值体系之中，具备品牌和文化的基本要素。文化品牌是企业或一个组织的无形资产，也是企业文化体系和品牌体系中的核心资源。

文化品牌浓缩了企业文化、企业品牌的全部功能。从文化建设角度看，对内有利于铸牢我们的核心价值观，对外有利于向社会表达一以贯之的主张；从品牌建设角度看，起到了放大品牌传播效果、提升品牌应用价值、获得丰厚物质和精神回报的作用。文化品牌是企业文化建设和品牌建设的最高境界，也是两者完美结合的典型标志。

综上所述，品牌、文化、品牌文化、文化品牌的逻辑关系如图 1 所示。

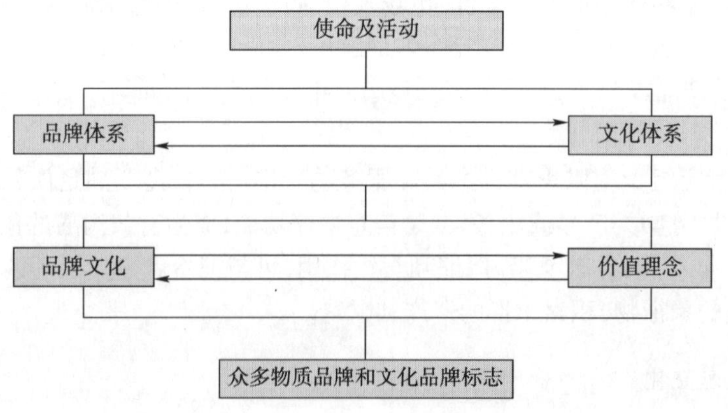

图 1　品牌、文化、品牌文化、文化品牌的逻辑关系

从品牌、文化、品牌文化、文化品牌的逻辑关系中，我们可以得出以下结论：

品牌是文化的价值载体，文化是品牌的灵魂；

品牌文化是文化实现外部延展的有效工具和手段；

文化品牌是企业文化的标识，是凝结在企业品牌体系上的精华，也是企业文化桂冠上耀眼的明珠。

因此，文化品牌是企业品牌价值体系中核心价值主体，是企业的核心价值观在品牌文化体系的集中表现和具体表述。

1.5 道路运输文化品牌

道路运输文化品牌的基本内涵应该是以建立服务型道路运输体系为依托，引进道路运输文化理念，构筑具有厚重历史底蕴，又有鲜明时代特征和行业特色的道路运输文化体系，最终形成全体道路运输行业认同的服务文化追求、人生价值取向和规范服务的行为准则。

道路运输品牌建设是基础，文化品牌是服务的更高层次，是服务品牌的高度提炼和升华。将道路运输服务打造成文化品牌，是道路运输品牌建设的最高目标，是实现道路运输文化建设科学发展的战略选择。道路运输文化品牌建设，是道路运输行业提高服务水平、提升行业良好形象、促进道路运输事业和谐发展的重要举措。

2 安徽省道路运输文化品牌建设的战略思考

2.1 指导思想

全面贯彻落实党的十七大和十七届六中全会精神，以邓小平理论和“三个代表”重要思想为指导，深入贯彻落实科学发展观，按照高举旗帜、围绕大局、服务人民、改革创新的总要求，不断深化文化实践活动。通过“提升、推广、挖掘”三个层面，突出抓好道路运输品牌塑造，着力在培植亮点、打造品牌上下功夫，努力打造具有较强影响、体现行业特点的道路运输品牌，树立管理一流、服务一流的品牌形象，充分发挥典型示范作用，为提高行业软实力，加快转变发展方式，发展现代交通运输业提供良好的文化支持。

2.2 工作目标

力争用 3 ~ 5 年的时间，通过“微笑服务、温馨交通”在道路运输行业的深入开展，充分利用安徽省文化资源丰富、历史积淀厚重的有利条件，初步建立起适应安徽经济社会发展要求、遵循文化发展规律、符合安徽道路运输发展要求、反映行业特色的文化品牌体系。积极推进独具特色、个性鲜明的客运、公交、出租、维修、驾培、货运等道路运输子行业文化品牌群建设，促进全行业文化建设落地生根，平衡发展，稳步推进。

2.3 主要原则

2.3.1 突出特色，是文化品牌建设的前提

特色是品牌的标识，是品牌的个性。特色要有让人眼前一亮、心灵一动的感觉。品牌特

色要依托中国传统文化、地域文化、行业文化和企业自身文化，吸收先进文化和先进元素。各单位在建设文化品牌过程中，围绕行业文化架构体系，依托自身企业文化，形成具有特色的文化内涵和外部形象，并通过深入而广泛的传播，让员工有自豪感、公众有亲切感、社会有认同感。

2.3.2　创新模式，是文化品牌建设的关键

服务要随着社会发展、市场环境、公众需求等方面的变化而变化。创新是生产力，也是生命力。文化品牌建设不仅要形成鲜明的服务文化，还要从服务标准、服务流程、服务规范、服务传播、服务评测等层面，打造文化品牌建设内容体系，形成体现自身实际的创新服务模式。要敢于实践、勇于开拓、大胆创新、力求突破，充分发挥文化品牌作为文化建设上水平的重要载体和抓手的作用。

2.3.3　提升素质，是文化品牌建设的根本

人是创造文化品牌的第一要素。离开了人的素质，优质服务、公众满意、品牌价值都无从谈起。文化品牌建设既要关注服务的接受者，又要关注服务的提供者，通过着力转变员工意识、提升员工能力、增强员工素养、提高服务水平，有效提升服务品位，拓展优质服务，推动服务创新，扩大品牌影响。

2.3.4　创造价值，是文化品牌建设的目的

品牌的强弱是由其创造的价值决定的。在新形势下，由传统运输向现代服务转变是实现行业发展方式转变的重要途径。文化品牌建设就是要大力促进这种转变，从而创造更大的价值。对内为员工搭建成长平台，为企业做大品牌，为行业树好形象，为道路运输业提升核心竞争力；对外为公众提供更好的服务，为行业创造更大价值，为国家创造更多税利，为社会承担更多的责任。

3　安徽省道路运输文化品牌建设的路径分析

3.1　构建道路运输文化品牌的五个步骤

3.1.1　理清思路，明确定位

在进行全面系统的道路运输行业文化建设之前，要提出建设本行业文化模式的意向，明确行业文化建设的目的和意 3 义，拟定道路运输行业文化品牌建设的功能定位与战略定位，通过各种形式的宣传教育，使本行业内的广大员工特别是各级骨干充分认识到道路运输行业进行文化品牌建设的重要性和紧迫性，从而把员工的思想和行为统一到塑造优秀道路运输行业文化品牌的方向上来。

3.1.2　研究现状，积极培育

初步确定了指导思想之后，认真搜集道路运输行业过去和现在有关资料，对道路运输行业固有的文化品牌进行调查研究，充分了解本行业员工的舆论和思想状态，仔细分析道路运输行业的发展历史、指导思想、规章制度、员工素质及行业文化发展现状等。在客运、公交、出租车、维修、驾培、货运等不同领域，分别确定一些有较强的文化创建基础、社会知名度

和群众满意度较高、在行业内能够起到文化引领作用的单位或组织作为文化品牌重点培育对象，鼓励并指导其全面深入推进文化品牌建设。组织所属员工积极参与文化品牌建设活动，做好文化品牌的策划宣传、推荐申报和保护推广工作。

3.1.3 系统整合，制订方案

道路运输行业是一个庞大的系统，行业构成比较复杂，将行业内的诸多职能部门进行归类总结，具有相同文化特点的行业部门应该放在一起进行研究。进行道路文化品牌建设的基础是以合理的道路运输行业文化体系作为理论指导，在道路运输行业原有文化建设的基础上，按照行业文化体系和道路运输行业文化建设的要求，根据道路运输行业发展战略要求，站在行业健康持续发展的高度，结合道路运输行业文化建设的总体目标和具体情况，最终确定建设方案。

3.1.4 机动灵活，建立机制

培养、塑造一种道路运输行业共同价值观和行业精神的文化品牌，需要一个相当长的过程。在这个过程中，必须有一个切实可行的、灵活可控的建设机制与之相配套，才有可能使道路运输行业文化品牌建设顺利开展。在塑造和维护道路运输行业文化的过程中，各级领导应该达成共识，互相协作，发挥表率作用，在每项具体工作中贯彻行业文化品牌理念和价值观；积极发挥党、政、工、团等组织的功能与作用；建立组织健全、协调道路运输行业文化建设的工作班子；确立科学的实施程序，建立相应的倡导机制，让行业文化品牌的价值理念被全体职工所接受、认同。

3.1.5 总结经验，调整提高

定期分析总结道路运输行业文化品牌建设的进展情况，总结本行业文化品牌建设的成功经验，加强考核与奖惩，纠正行业文化品牌建设中的偏差，引导行业文化品牌建设向健康、稳步、多元、正确的方向发展，不断补充完善道路运输行业文化品牌体系的内涵。

3.2 道路运输文化品牌的构建方法

3.2.1 文化品牌资源开发

道路运输文化资源是构建道路运输行业文化体系的一切思想文化来源，是道路文化品牌建设最根本、最重要的基础。道路运输行业文化建设的首要任务是开发道路运输行业文化资源，主要包括道路运输行业的外部资源、内部资源和核心资源。

（1）外部资源的开发。道路运输行业文化的外部资源是指生成行业文化的外在环境或外在因素，如民族文化资源、地域文化资源、社会文化资源、经济文化资源等。道路运输行业文化的许多核心理念都根源于传统文化，对道路文化的形成和发展具有重要影响。开发道路运输文化的外部资源，还要注重开发地域文化、社会文化、经济文化等资源，尤其要注重与道路有关的地域文化资源研究。如徽文化博大而精深内涵中的敢于奉献开拓的“徽骆驼精神”和爱国爱家、和睦邻里的人本精神，对我们的文化品牌建设都具有十分重要的意义。国外现代道路运输经过近 200 年的发展，积累了丰富的经验。在进入 21 世纪后，发达国家又相继制定了一系列旨在促进道路发展的新战略、新政策，其中都体现了一些重要的新理念、新思想、新认识。例如，美国运输部提出的“顾客至上、多样化、职业化、尊重他人、团结协作、业绩优良”的价值观;日本国土交通省提出的“发展安全、可靠、舒适且无障碍的交通”的愿景;欧盟提出的“以人为本,用户至上,安全第一”的价值观等。此外,还有发达国家长期信奉和倡导的创新精神、竞争意识、质量观念、团队精神、环保意识、节约意识等。这些理念对于道路运输行业文化品牌建设具有启示意义和借鉴作用。

(2)内部资源的开发。道路运输行业文化的内部资源是指生成行业文化的内在环境或内在因素,如道路行业的精神文化、制度文化和物质文化资源等。精神文化资源,是指道路行业各部门、各单位在其发展过程中所形成和传承的具有精神价值理念的各种文化要素,如所认同的使命、愿景、精神和价值观等,如“空间有限,服务无限”的“瑞青”精神。制度文化资源,是指道路行业各部门、各单位在制度安排或制度变革中所产生的具有价值理念的各种文化要素,如交通运输部第四批节能降耗示范项目“苗苗服务规范”体系。物质文化资源,是指道路行业各部门、各单位改善工作环境、设计形象标识和建设文化传播网络等,从而展现个性化的外在形象所体现的具有价值理念的各种文化要素,如淮南中北巴士和黄山新国线的“车厢文化”。

(3)核心资源的开发。道路运输行业文化的核心资源是指生成行业文化的最主要的资源,具体是指道路运输行业人的价值理念,包括社会公众、从业人员和管理者的思想元素和价值取向。之所以说道路运输人的价值理念是道路文化建设的核心资源,是因为人是道路行业的第一要素,道路运输人既是道路运输行业的核心,也是道路运输行业文化的主要创造者和传播者。要调查发掘社会公众的价值理念,群众是真正的英雄;要调查发掘从业人员的价值理念;要调查发掘管理者的价值理念。

3.2.2　资源评估与整合

(1)资源的评估。我们将文化资源发掘出来后,摆在我们面前的是堆满文化资源的原料仓库,还需做进一步的盘点、归纳、分析、诊断和评价,即进行道路运输行业文化资源的评估。道路运输行业文化资源评估的主要方面是外部文化资源、内部文化资源、核心文化资源;主要内容是精神文化、制度文化和物质文化;核心是道路运输行业及其各部门、各单位的价值理念,包括使命、愿景、精神和价值观等。对资源评估,要基于道路运输行业文化的多样性和层次性,针对行业内各部门、各单位的不同情况,分类、分层评估。

(2)资源的整合。行业文化资源在经过调查、发掘、分析和评价后,还需进一步整合,即对已开发和评估的文化资源按照某种原则进行整理、组合、提炼和升华,从而达到最优化的整体效果,塑造具有现代意识和行业特色的道路运输行业文化品牌体系。整合精神文化,旨在建立行业的价值理念系统;整合制度文化,旨在建立行业的行为规范系统;整合物质文化,旨在建立行业的品牌形象系统。道路运输行业文化资源整合,既要注重其多样性、层次性、现代性,更要注重其科学性、特色性与创新性;既要使总结和提炼的各种使命、愿景、精神和价值观等价值理念具有丰富的科学内涵,又要简洁明了、通俗易懂,以便能为广大道路运输员工所认同和接受。

(3)资源的完善。一般来讲,完善道路运输行业文化的方向有两个:从社会学的角度,通过改变组织成员之间的人际关系模式提高组织的效率;从管理学的角度,通过提升管理理念来提高道路运输行业的经营绩效。道路运输行业所处的环境正在迅速发生变化,竞争越来越激烈，这一切都要求道路运输行业进行变革，而成功实现变革的根本是实现道路运输行业文化的修正。道路运输行业在进行文化修正时，要通过对本行业存在问题进行诊断，确定行业当前存在的主要问题，根据问题确定道路运输行业文化修正的方向。行业文化的修正要同行业管理的需要相结合，以修正人的行为为目的，以提高人的思想素质为途径。脱离管理谈文化，很容易流于空洞无物的口号和群众文化活动的形式。各行各业文化修正的一个普遍误区是不顾行业的实际，照搬别人的经验，或直接引进社会上流行的说法、理念，没有很好地同本行业的实际相结合，所规定的价值观、经营理念、行为准则等没有针对道路运输行业存在的具体问题提出，也没有融合道路运输行业文化中的优点。修正的行业文化没有本行业的特色，不能有力地支持行业实施战略和获得竞争优势，造成了行业文化的空壳现象。

4　安徽省道路运输文化品牌建设的主要任务

成长靠文化，发展靠品牌。多年来，安徽省道路运输行业文化建设取得了很大的成绩，为文化品牌建设奠定了良好基础。文化品牌建设，是丰富文化内涵、促进文化落地、实现服务上水平的有效抓手与载体。文化体现着行业的价值追求，但归根到底，我们为社会提供的是产品和服务，道路运输行业最根本的任务是要提供优质产品、提升服务水平、提高公众满意度，把服务做成品牌，让服务创造价值。

经过继承、创新、发展、提升，安徽省道路运输品牌文化体系建设的过程具有鲜明的实践特点和内在的逻辑关系（图2）。

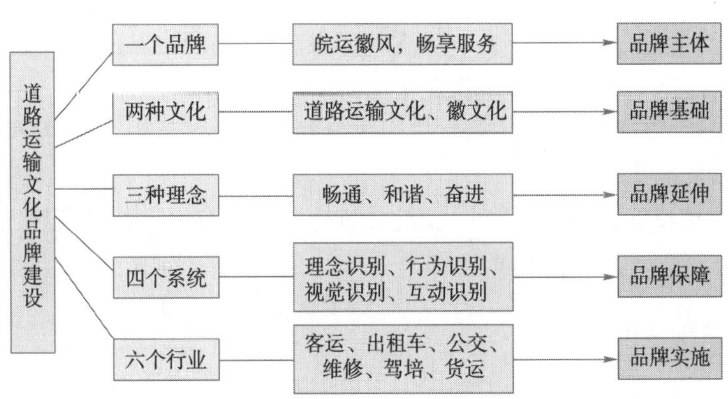

图2　道路运输文化品牌建设体系图

4.1　树立一个品牌——“徽风皖运，畅享服务”品牌

“服务”是核心，为公众提供快捷、安全、方便、舒适的优质服务；“畅享”是标准，以从业人员和公众满意度为评价标准，提高从业人员对岗位的忠诚度和社会对行业的美誉度；“徽风”是特色，植根徽文化的浓厚底蕴之中，集聚行业文化内涵，增强服务承载能力；“皖运”是过程，在奉献的过程中实现从业人员人生价值和企业报效社会的责任。

“徽风皖运，畅享服务”的内涵，即把握一个核心——全心全意为公众服务；注重两个文化——徽文化的传承、行业文化的提升；倡导三种理念——畅通理念、和谐理念、奋进理念；构建四大系统——理念系统、行为系统、视觉系统、互动系统；实现五个和谐——运输企业内部和谐、运输企业之间和谐、运输企业与公众和谐、运输方式与自然和谐、运输结构与社会和谐。

"徽风皖运，畅享服务"，既饱含文化传统，又荡漾时代气息，主要体现在三个方面：第一，其是"微笑服务、温馨交通"在道路运输行业的深化延伸，使"微笑服务"从浅表性向纵深性发展，使"温馨交通"得到了更生动更有说服力的诠释。第二，其体现了物质文明与精神文明的高度统一。"皖运"是道路运输人通过运输完成公众的基本位移需求，是物质文明的体现；"徽风"是社会公众在享受运输过程中畅享文明服务，是精神愉悦的过程，使运输过程与文明服务有机结合在一起。第三，其与行业中心任务的结合，为公众提供"更安全、更便捷、更可靠、更经济、更高效、更和谐"的服务。"徽风皖运，畅享服务"是道路运输人在坚持科学发展主题、奉献优质服务的同时，大力提升行业精神文明建设水平，促进道路运输行业更好地履行"三个服务"宗旨。

道路运输行业文化品牌推广的总体思路是：以构建社会主义和谐社会为主线，全面贯彻科学发展观，以社会主义荣辱观和核心价值体系为指导，大力加强行业文化建设，确立"徽风皖运，畅享服务"的理念，按照"广覆盖、多样式、重引领、强渗透"的工作要求，增强推动行业文化创新、传播、推介的能力，努力构建与道路运输先进水平相匹配、与综合运输一体化发展格局相适应、与日益发展的运输诉求以及行业精神相融合的道路运输行业文化品牌体系。

"广覆盖"就是以扩大道路运输行业文化品牌的影响力为目标，把道路运输行业价值理念覆盖全行业各个企业和从业人员，并辐射社会。

"多样式"就是以行业文化所具有的多种形态为载体和平台，通过职业文化培训等多种手段，全方位、立体化、多层面地推进行业文化品牌建设。

"重引领"就是以文化品牌为导向，充分展示行业核心价值观、行业精神和职业理念，引领行业的当前和未来发展方向。

"强渗透"就是根据文化品牌传播、文化品牌建设的特有规律，发挥思想政治工作优势，重练内功，重在自觉，增强职业自豪感，整体优化和全面提高行业员工队伍的结构和素质。

4.2　融合两种文化

4.2.1　道路运输行业特色文化

道路运输是构成人类赖以生存的衣、食、住、行四大基本要素之一。因此，作为社会文化的一个重要组成部分，道路运输文化是伴随着人类的诞生应运而生的。道路运输文化的发展经历了古代、近代和现代三个历史进程。现代道路运输文化以 19 世纪末汽车运输文化的诞生为标志，百余年来经历了初期发展阶段、中期发展阶段和高速发展阶段，于 20 世纪 80 年代进入智能运输发展阶段。总结和提炼我国道路运输行业在道路运输发展的各个阶段、各个方面所形成和弘扬的精神，如以"为人民服务到白头"的"小扁担"精神，"甘负重担、不怕困难、听从指挥、一往无前"的"车轮"精神，"空间有限，服务无限"的"瑞青"精神，"把安全带给别人、把危险留给自己"的道路运输救援精神等；总结和提炼道路运输发展在各个阶段、各个方面所形成和倡导的核心价值观，如科学发展观理念、和谐道路运输理念、绿色道路运输理念、资源节约型行业理念、环境友好型行业理念、法制政府理念、服务型政府理念、透明型政府理念、负责任政府理念等，以及建设“更安全、更便捷、更可靠、更经济、更高效、更和谐”、“创造良好的道路运输条件、提供满意的运输服务”、实现“货畅其流、人便于行”、“发展现代道路运输、促进民富国强”等。继承发扬这些精神和价值理念，对我们有效开展道路运输文化品牌建设意义重大。

4.2.2 徽文化

徽文化是指原徽州一府六县物质文明和精神文明的总和，是带有鲜明地域特色的文化现象。广义上的徽文化是指传统世代的徽州人进行历史创造活动所形成的一切古代文明成就的总和；狭义上的徽文化则是指由历史上的徽州人在最为辉煌的徽州时代里所创造出来的以程朱理学为内核、以徽商精神为基础、以文教理性为先导、以创新进取为灵魂的一切物质文明、制度文明和精神文明成果的总和。

在徽文化中，具有传承价值的核心内容和精髓部分大致可以概括为五个方面：

（1）在徽州文化伦理思想体系中，仁心为质、诚信为本、礼义为要、操守为重是其显著特点。古徽州人正是在崇仁尚义、修德敦行、讲求诚实守信的伦理思想影响下，在近代中国商业史上创造了神话般的奇迹。

（2）徽州文化在自身所涵盖的众多领域或层面上，其主体大部分充满着创新的精神和理念，且每得风气之先、昂首挺立于时代潮流之前，生动体现出中华民族创新进取的可贵品格和蓬勃旺盛的创造活力。

（3）徽州先民有一部分属苗越土著，由于特殊的自然地理环境和严酷的生存条件，铸就了越族山民特别能吃苦耐劳的坚毅性格，它也就是后人常说的坚忍不拔、百折不回、负重进取的“徽骆驼”精神。

（4）作为中原文化的集大成者，徽州这一独具特色的文化单元中最卓有成效的部分就是徽式教育它是在徽州文化底蕴基础上形成的一种教育思想、方法和成果的综合概括和成功模式。徽州乃“程朱阙里”、“理学渊源”，因而“儒风独茂”，素有“东南邹鲁”之称。兴文重教已成为徽州厚重成熟的习俗和传统。

（5）徽商还具有浓重的宗族乡里意识和帮扶协作精神。

我们要在古徽州人所崇尚的仁心为质、诚信为本、礼义为要、操守为重等伦理道德风范中寻取安徽道路运输行业的价值理念；我们要在古徽州人勇于冒险闯荡、开拓进取的发展意识，艰苦创业、百折不挠的“徽骆驼”精神，贾而好儒的文化追求，以族亲为纽带、结帮协作的群体意识中寻取安徽道路运输行业的经营理念。因此，我们将道路运输文化和徽文化有机融合，客观评价其中的得与失，将道路运输文化品牌建设植根于徽文化的浓厚底蕴之中，才能使安徽道路运输品牌之花在徽文化的沃土上绚烂绽放。

4.3 推行三种理念

4.3.1 畅通理念

行业发展之向在于畅通，畅通就是人便于行，货畅其流。畅通在城市，就是充分发挥公共交通的重要作用，为广大群众提供快捷、安全、方便、舒适的公交服务，使广大群众愿乘公交、多乘公交。畅通在综合运输，就是组织参与实施以实现无缝衔接和零距离换乘的道路、铁路以及民航客、货运输联网系统建设工程；畅通在路上，就是建立维修急救服务网络和应急保障工程；畅通在农村，就是引导农村客运线路公交化改造，加快城乡客运一体化进程，全面扩大农村客运通达率和覆盖面，使道路运输发展成果更多地惠及广大民众。畅通就是以提素质、勤服务、塑形象、惠民生为目标，建立起上下联动、体系完善的保畅通、保安全长效工作机制，为广大人民群众提供高效优质的道路运输服务。

4.3.2　和谐理念

行业发展之本在于和谐，而和谐的前提是从业队伍的精神文明和执业文化层面的和谐向上，只有这样才能展示行业良好的品质，惠及更多民生。实现五个和谐——运输企业内部和谐、运输企业之间和谐、运输企业与公众和谐、运输方式与自然和谐、运输结构与社会和谐。

4.3.3　奋进理念

行业发展之力在于奋进。我们要继承发扬自强不息、百折不挠、矢志千里、吃苦耐劳、开拓进取的“徽骆驼”奋进精神。高速公路的快速发展和干线公路网络的形成及经济社会发展对公路运输提出了更高的服务质量要求，道路运输实现服务方式的根本转变，需要奋进；铁路提速和航空运输的快速发展以及私家车的迅速增加，使运输方式之间的竞争更加激烈，公路运输从综合运输体系建设和发挥的角度实现运行组织模式的转变，需要奋进；提高运输供给水平，更好地满足国民经济和社会发展的需要，需要奋进；提高安全运输能力，更好地满足人民群众安全便捷出行需要，需要奋进；提高农村公路运输发展能力，更好地服务于社会主义新农村建设，需要奋进；提高可持续发展能力，更好地服务于资源节约型、环境友好型社会建设，需要奋进。

4.4　构建四个系统

4.4.1　实施精神文化建设工程，建成理念识别系统

精神文化是文化品牌建设的核心灵魂。重视文化品牌理念的提炼和发展，坚持愿景引领作用，开展全方位、多形式的行业精神的探索、总结、提炼与丰富，形成核心理念系统和应用理念系统，重点培育和树立广大从业人员所认同并自觉践行的核心价值观、行业精神和职业理念。一是提炼行业文化，形成为从业人员广泛认同的核心价值观和特征鲜明的行业精神；二是构建职业道德体系，倡导探索、创新、敬业、团队等一系列职业文化新理念；三是围绕“徽风皖运，畅享服务”这一核心，形成类似“公交优先，公众第一”等一批可知可感的精神文化口号；四是广泛开展宣传推广活动，使行业文化理念在从业人员中入耳入脑、自觉践行；五是对行业文化应用系统是否符合精神文化导向进行调研检查，对可能存在的不协调进行调整。

4.4.2　实施制度文化建设工程，建成行为识别系统

制度文化是文化品牌建设落地生根的保障。加强道路运输行业制度文化建设，要围绕建设“创新型行业”的目标，大胆进行制度创新、体制创新和机制创新，在开展现有制度清理的工作基础上，完善道路运输行业职业道德规范、岗位行为规范、文明服务标准等制度化文本的编制工作，从而建立起科学、规范的内部制度体系。在制定和完善有关制度的时候，

既要注重体现“以人为本”的价值观念和职业道德建设的要求，又要体现道路运输行业自身的特性和生产经营、管理工作的要求。要逐步完善他律和自律相互补充和促进的良性运行机制，把思想引导和利益调解、精神激励和物质奖励结合起来，加强督促检查、严格考核奖惩，有效地引导职工思想、规范职工行为，努力将各项制度内化为员工自觉遵守的行为准则，精心打造一批知名的文化品牌。

通过完善体制机制，进一步形成以行业管理为主导、企业管理为主体、社会管理为辅助的系统管理规范，为促进行业长效管理积累文化资源。一是推进信息管理工程，在全行业加快信息管理的实践步伐，运用信息技术提升管理水平；二是推进规范管理工程，并重点借助行业规范和行为规范推进从业人员管理；三是推进心本管理工程，倡导企业单位在经营服务中关注乘客感受，关照员工利益，尊重人的价值。

4.4.3 实施物质文化建设工程，建成视觉识别系统

物质文化是文化品牌建设的重要载体。在进行道路运输行业文化建设的过程中，要根据道路事业发展的需要，兼顾经济条件的可能，适时、逐步地推行道路运输行业形象统一战略，努力规范建设公共交通枢纽场站设施、智能信息应用、服务窗口建设、形象标识设计等外在形象，使之成为展示行业发展成就，既体现时代气息和科技含量，又富有文化底蕴的崭新标志。改善工作环境和工作条件，统一规范道路运输行业工作场所、指示标志、公告栏、宣传牌、主要办公用品的外观，统一行业标准字、标准色。借助 CIS 理论（企业形象识别系统）的相关原理和推广原则，建立道路运输行业文化的物质系统，通过系统的视觉传达，向社会展示现代道路运输行业的良好形象。

4.4.4 实施社会关系建设工程，建成互动识别系统

社会关系文化建设是文化品牌建设的目的。建立诚信体系，发挥社会评估和社会参与机制的作用，充分发挥人民群众对道路运输的真正参与和监督，保证人民群众享受基本道路运输服务的均等化。一是发挥社会舆论监督的积极作用，鼓励新闻媒体、人民群众对企业经营行为进行监督评价；二是抓好人民群众意见的反馈整改工作，采取切实措施改变道路运输部分领域社会形象不佳、人民满意度低、服务质量差的不良现象；三是锁定关键管理服务环节，开展“道路运输与文明”宣传活动，通过文艺作品、纪念活动、文体娱乐等宣传道路运输文化，提高服务水平。

四个系统是有机结合的整体。精神文化层面，以弘扬民族精神和时代精神为基础，提出在总结、提炼和宣传行业精神方面应开展的主要工作；在制度文化层面，围绕建设创新型行业，明确了在制度创新、体制创新和机制创新，在道路运输职业道德规范、岗位行为规范、文明服务标准，在组织编写职工行为手册、建立科学规范的内部制度体系等方面应开展的主要工作；在物质文化层面，提出推行行业形象统一战略，开展道路运输行业外观标识征集和评选活动，引导道路运输文化产品的创作，改善工作环境和工作条件等；在社会关系层面，积极引导公众的互动参与，从而提升道路运输行业的服务水平应开展的主要工作。

4.5 试点六个行业

结合安徽省道路运输行业多年文明创建成果，根据各行业创树品牌发展不平衡的现

状，拟在客运、公交、出租车、维修、驾培、货运等六个行业开展文化品牌建设试点工作，引领各行业的发展。对已有成熟品牌的行业，丰富创建载体，升华品牌内涵；对有品牌名称，但社会知名度不高的行业，通过支持行业加大媒体宣传力度和搭建创建平台，提升品牌知名度；对服务品牌空白的行业，定期深入基层进行调研，组织行业与成熟品牌的行业互动交流，借鉴经验。同时，及时发现、总结、提炼能够代表行业管理和服务水平的新品牌典型，力争“十二五”末，新推出具有一定影响力，且能代表行业形象的知名品牌。

5　安徽省道路运输文化品牌建设试点工程

行业文化品牌建设是引领行业科学发展的长远之举，是提升行业整体素质的有效之途，是满足日益提升的消费需求的必然选择。行业文化品牌建设应坚持以更好地满足公众需求为目标，以促进行业发展方式转变为主线，以加强企业诚信经营、规范服务为重点，发挥市场主导与行政引导双重作用，加速推进道路运输行业全面向现代服务业转型升级。

5.1　客运文化品牌建设

5.1.1　安徽客运文化品牌建设现状分析

客运企业和汽车客运站是培育和发展道路运输市场的载体，是运输网络畅通的重要保障。随着经济快速发展，安徽省在客运硬件建设上有了一定的发展。截至 2010 年年底，共有等级客运站 736 个，目前已形成以省会合肥市为中心，各市、县为节点的客运站网络体系，满足了道路运输市场发展的需要。

与此同时，安徽客运紧抓精神文明不放，结合交通运输系统开展的“微笑服务、温馨交通”活动，着力改善候车环境，规范服务流程，服务水平不断提高。

（1）积极探索、主动实践。近年来，安徽省客运行业不断完善和优化自身的硬件条件，并以此为基础，先人一步，从最简单的站内卫生，到客运岗位服务规范，再到叫得响的行业文化品牌，不断探索文化品牌建设。合肥汽车客运有限公司在 2002 年就首创了迎宾组，为旅客提供优质服务；马鞍山长运客运有限责任公司于 2005 年公司成立之初就坚持以优秀的企业文化树品牌、促发展，着力打造“坚守诚信，全心服务；持续改进，创造价值”的核心价值观，培养“团结 求实 奉献 创新”的企业精神；阜阳汽运集团自 2009 年以来坚持不懈地把学习型组织创建和企业文化发展作为重要工作来抓，全面提升员工素质。

（2）形式多样、载体丰富。安徽客运行业在进行行业文化品牌建设的过程中，结合自身实际情况，“不拘一格”发展文化品牌。滁州汽车中心站着眼车站经营，将时代特色、行业特点融入品牌建设中，严格管理，创新经营；蚌埠汽车中心站主打“服务”牌，将服务流程和岗位职责重新塑造，视旅客为上帝，让旅客在旅途过程中体现温馨、舒适；新国线集团（黄山）运输有限公司以企业“温馨旅途、真情处处”服务理念为指引，通过车身统一标识、驾乘人员统一着装、车内设施完善为旅客提供一个舒适的车厢环境，为乘客营造一个温馨流动的“家”。

（3）成果丰硕、亮点纷呈。经过不断的努力和探索，安徽客运行业文化品牌建设硕果累累。滁州汽车中心站自1998年以来,以文化品牌建设起步,从一个困境中的国有老企业成长为一个标杆式的文明创建的文化品牌,固定资产增长了108倍,职工收入增长了8倍,企业先后被评为“全国交通系统文明示范窗口单位”、“安徽省文明单位标兵”等,四次被中央文明委表彰,连续两届被授予“全国文明单位”称号;蚌埠汽车中心站首创“瑞青工作法”,提出了“空间有限、服务无限”的服务理念,余瑞青同志也先后荣获“全国五一劳动奖章”、“全国劳动模范”等荣誉称号,2009年被评为“新中国成立60年来感动交通人物”,并作为全国交通运输行业代表参加建国60周年群众游行活动。

安徽省客运品牌建设以创建文明行业为目标,以规范、优质服务为重点,取得了明显成效。但是也存在着如下问题:

一是品牌文化建设存在一定的滞后性。多年来,安徽客运涌现出了许多为公众熟知的文化品牌,这些品牌都是对以前工作的不断总结和提炼。但是随着社会的发展、管理的升级和装备的改进,客运面临着一些新的业务、新的岗位,而以往创建的文化品牌在这些方面都存在空白,如原来客运站只是运输“人”,但是随着小件快运的发展,客运站从单一的运输乘客向人货综合运输转变,因此如何将以往的品牌建设的经验发挥到小件快运中是客运站文化品牌建设的一个重要挑战。

二是品牌文化建设主动投入不够。安徽省大部分客运站属于专业的道路运输企业所有,基本属于垄断经营,客运站基础设施是否完好、站容站貌是否整洁、服务是否规范、是否能够满足旅客需求等,都对客运站经营效益基本没有影响。部分客运站对设施设备的更新改造积极性不高,主动加强投入不够。

三是宣贯不力。一些单位对企业文化建设的内涵理解不深,满足于形成了文化手册、提炼了各种理念,但缺乏推进计划,甚至与中心工作有“两张皮”的现象。

5.1.2 客运文化品牌建设实例

【案例1】青岛交运集团倾力打造的“情满旅途”服务品牌,是中国道路运输企业第一个注册服务品牌。2006年,“情满旅途”被世界品牌实验室评为“2006,年中国品牌年度大奖”交通类第一名,获得了全国质量品牌与企业文化经营论坛十大质量品牌文化奖。

【案例2】蚌埠市汽运集团长途汽车中心站余瑞青同志三十年如一日,辛勤工作在公路客运第一线。在平凡的工作中,助人为乐,不为名不图利,默默为旅客排忧解难,以良好的文明形象和诚信的服务赢得了旅客以及社会各界的一致好评。以她的名字命名的“瑞青工作法”、“瑞青精神”在全行业得到推广。

“情满旅途”和“瑞青精神”是在继承历史优秀传统的基础上,总结道路客运服务的经验,在企业发展过程中通过与顾客交往相互“碰撞”而产生的文化,是通过学雷锋、做好人好事等精神文明活动和思想政治工作逐步提升、提炼,通过满足顾客需求而产生的以人为本、以“情”为核心的企业独有的文化。

5.1.3 安徽客运文化品牌建设实施建议

(1)打造“运达天下、情系万家”客运文化品牌。运,是道路运输行业实践社会价值的体现;情,则是道路运输精神文化的核心。“运达天下,情系万家”所表达的工是道路运输人真情服务社会、服务人民的责任和情怀。

（2）制订工作计划和目标。各客运企业要做好客运文化品牌建设工作计划的制订工作，确定工作的目标、内容以及要求，建立健全工作责任制，做到有部署、有检查，保证创建工作的顺利实施。同时，各单位要采取适当形式，加强指导，成立督察组对客运文化品牌的创建活动进行督察，确保每个阶段的工作任务落到实处。

（3）进行系统学习和培训。客运企业要采取集中学习、集中讨论交流、分散自学、专家辅导等多种形式，制订学习计划，认真组织学习。一是加强理论学习，不断提高队伍的思想政治素质；二是加强业务培训，提高客运企业各部门解决问题的实际能力和水平；三是学习文明礼仪，邀请专门的礼仪老师到企业内进行礼仪知识的培训。

（4）总结评估，完善提高。首先客运企业要按照客运文化品牌建设中确定的目标和任务，认真开展自检自查工作。其次，主管部门对客运企业在文化品牌建设的创建活动进行考核，并将考核结果记入业绩考核中，作为对其业务考核的一个衡量指标。再次，建立奖惩考核机制，促使各品牌建设企业比先争优，不断提高创建水平。

5.2　公交文化品牌建设

5.2.1　安徽公交文化品牌建设现状分析

公交是市民出行的主要交通工具，也是展现道路运输行业文化、行业品牌的重要途径和窗口。目前全省共有公交企业100家，全省有各类城市公交车辆11257辆，营运线路863条，营运线路网总长度约12242公里，为公众提供了经济的公交服务，对缓解城市交通拥堵起到重要作用。

全省各公交公司深入开展“微笑服务、温馨交通”活动，丰富活动内容和形式，结合实际不断推动全行业的创建工作，取得了明显实效。

（1）服务百姓、贴近公众。行业文化品牌建设来源于公众，服务于公众，特别是对于公交行业，更是如此。安徽公交行业在进行文化品牌建设的过程中，以公众的需求为品牌的最终目标，更加凸显其公众性。蚌埠市公交集团107路以杨苗苗为榜样，以“苗苗服务规范”为标准，真诚礼貌待客，热情周到服务，安全文明行车，为公众群众营造和谐、温馨的乘车环境，赢得了公众的一致好评，提高了公交社会满意率和核心竞争力。合肥市在全市公交行业推出“星级驾驶员、星级线路”服务与考评，全市公交线路、公交车和驾驶员的工作面貌正在发生质的变化：公交驾驶员见义勇为抓小偷、为乘客排忧解难、拾金不昧等好人好事大量涌现，3名驾驶员入围中央文明办开展的“中国好人榜”候选人，2人榜上有名；智能公交、短信查询公交线路、车厢安全监控、盲文站牌等多项便民实事得到市民好评，树立了合肥公交的良好形象。

（2）立足实际、突出实效。文化品牌的源泉是品牌本身的实效性，只有将品牌的建设立足于行业实际，才能拥有鲜活的生命力。安徽省公共交通行业立足于行业实际，在创建文化品牌的过程中，注重环保、节能，将文化品牌与经营实际结合在一起，使文化品牌持续发展。2011年，蚌埠市被纳入全国低碳交通运输体系建设第二批试点城市，其关键原因就是在公共交通行业不断推进“苗苗服务规范”这一品牌亮点。合肥市公共交通行业根据合肥市点多、线长、面广的实际情况，开展了“星级驾驶员、星级线路”评比，极大地推进行业业务与行业品牌建设的双提升。

5.2.2 公交文化品牌建设实例

【案例 1】济南市公共交通总公司始终把乘客满意作为工作出发点和落脚点,全面实施乘客满意工程、凝心聚力工程和强本固基工程“三大工程”,推出济南“公交论语”,开展“《论语》进车厢、进站房、进车间、进社区、进家庭”等活动,推进优质服务品牌建设,取得良好社会经济效益,先后荣获“全国五一劳动奖章”、“全国城市公共交通文明企业”、“全国精神文明创建活动示范单位”、“中国城市公交科技进步企业”等荣誉称号,被中国质量协会授予“中国用户满意鼎”称号。

【案例 2】蚌埠市公交集团普通驾驶员杨苗苗,17 年如一日,勤奋敬业、好学善研,以甜美的微笑、温馨的服务,被誉为“公交微笑天使”。她安全行车 70 万公里无事故,服务乘客 200 多万人次无投诉,车辆整洁合格率始终保持在 100%,提炼出“线路有终点、服务无止境”的“苗苗服务理念”和“苗苗精神”,并荣获“安徽省优秀共产党员”等多项荣誉称号以及全国“五一劳动奖章”。

5.2.3 安徽公交文化品牌建设实施建议

(1)打造“便捷公交,绿色出行”品牌。“便捷”是要求,“绿色”是提升。随着居民收入增加,消费观念的转变,社会公众对道路运输行业管理和公共服务提出了快捷、安全、方便、舒适的新期盼。同时,作为公共交通主体,公交也必须节约能源、提高能效、减少污染、有益健康。因此,“绿色出行”是对公交行业文化品牌建设的提升。

(2)树立便捷理念,践行绿色精神。公交公司在进行品牌建设过程,要将“便捷”和“绿色”的理念注入品牌之中,用便捷的服务创立品牌,用绿色出行深化品牌建设。认真学习以“情系公交、规范尽责”的敬业精神,“真情服务、爱传万家”的奉献精神,“好学善研、求精创新”的进取精神,“互助协作、群体创优”的团队精神为主要内容的“苗苗精神”等其他成熟的品牌文化,从中汲取有益的成果,应用到公交的文化品牌建设之中。

(3)归纳高效做法,结合节能妙招。公交企业要结合驾驶员、运行线路等诸多因素,归纳高效便捷的做法并将其融入到品牌之中。同时,推广通过交通运输部第四批节能降耗示范项目初审的“苗苗规范体系”,总结节能妙招,为“绿色出行”构建现实基础。

(4)强化公众互动,实施品牌推广。公交行业是最为贴近公众的行业,在品牌建设的过程中,要结合当地文化特色,如淮南八公山文化、亳州药都文化等,积极听取公众的意见和要求,可以实施意见簿、咨询热线、座谈会等多种形式与公众形成互动,将反馈得到的意见转化为文化品牌建设的重要推力,推广公交行业的文化品牌。

5.3 出租车文化品牌建设

5.3.1 安徽出租车文化品牌建设现状分析

出租车是市民出行的重要交通工具,是城市文明的流动窗口。因此,出租车文化品牌建设成为城市文明创建、树立行业良好形象的重要抓手。

截至 2010 年 12 月,我省共有出租汽车公司 257 家,个体业户 2216 户,出租汽车 50083 辆,从业人员 17 万多人。多年来,涌现出了“杨大胆”、方丹英、杨润祥等许多先进人物,出现了908爱心车队、“党员先锋车”等诸多品牌,使出租车行业从业者的文明意识、奉献意识得到加强,也使全社会对出租车行业的印象大为改观。

（1）大胆尝试、不断创新。探索才有出路,创新才能进步。安徽省出租车行业在飞速发展的过程中,不断地就文化品牌进行尝试,树立了良好的行业形象。芜湖、黄山等市在出租车行业成立了出租车行业党工组织,并依据不同的市情,创造性地形成了芜湖模式、黄山模式,充分利用了党员在工作中的先锋模范作用。涌现出了党员模范车、党员先锋车等品牌,成为城市一道靓丽的风景线。同时,行业从业人员自发组织,成立了908爱心车队,在每年高考期间免费接送考生,赢得了社会的广泛赞誉。

（2）重视宣传、多方配合。好的品牌需要宣传,也只有在广泛宣传中才能产生好的品牌。无论是908爱心车队还是党员模范车,都会邀请电视、电台、报纸等多家媒体进行宣传报道,并且邀请交警等其他部门,共同推进文化品牌建设。同时,还利用自身网站等方式,对行业品牌进行进一步深化,从而形成一个多方参与,良性互动的宣传氛围。

（3）以点带面、整体推进。目前,安徽省出租车行业虽然未树立行业的整体品牌,但是已经形成以汪和平、“杨大胆”为代表的文化品牌点。同时,在行业内,以品牌点为标杆,充分发挥先进典型的导向和示范作用,引导全行业全体从业人员通过在岗位上建功立业,开拓进取,不断促进出租车行业实现一流的管理、一流的服务、一流的作风、一流的效益。

5.3.2　出租车文化品牌建设实例

【案例1】马鞍山太白出租车公司以创建“文明、礼貌、优质、高效”的工作和服务环境为目标,确定“微笑服务、温馨太白”为主题,以“今天你微笑了吗”为激励口号,以“超越客户期望”为服务理念,着力实施品牌战略,打造了“太白”——安徽省出租车行业著名品牌。

【案例2】安徽908青年志愿者爱心车队是于2006年1月3日成立的非赢利性社团组织,荣获过“第七届中国百个优秀志愿服务集体”、“安徽省‘青年文明号’先进集体”、“安徽省十大杰出青年志愿服务先进集体”、“安徽省优秀青年志愿者服务集体”、“第八届中国青年志愿者优秀项目奖”等称号。安徽908青年志愿者爱心车队的服务内容包括:扶弱济困、敬老助残、抢险救灾、捐资助学、爱心送考等志愿服务。近年来,爱心车队通过一次次的爱心行动,在社会上引起了极大反响,得到了社会各界的支持和赞誉。安徽908青年志愿者爱心车队以实际行动倾力传递和弘扬着文明与风尚,在全省出租车行业树立了良好的行业形象。

5.3.3　安徽出租车文化品牌建设实施建议

（1）打造“文明出租车,爱心伴您行”品牌。文明,是“微笑服务、温馨交通”活动的重要内容,也是出租车行业的基本要求和发展方向。爱心,是出租车行业从业者作为一个普通人的道德要求,更是作为城市名片和流动窗口应有的职责。“文明出租车、爱心伴您行”体现安徽省出租车行业的追求和价值取向,也突出了作为城市交通重要组成部分的出租车行业的价值。

（2）建设企业文化,树立品牌理念。各出租车公司要立足于单位实际,结合“微笑服务、温馨交通”以及“徽风皖运,畅享服务”活动的内涵和实质,发展和建设具有出租车行业特色的企业文化。将文化品牌意识融入出租车企业文化之中，在企业文化的建设中带动文化品牌建设。

（3）强化企业管理，规范工作流程。出租车行业文化品牌建设的重要载体就是出租车驾驶员规范的工作流程。将品牌建设细化到驾驶中的每一句话、每一个行动。在《安徽省道路运输行业客运出租汽车服务规范》的基础上，根据公司管理的实际、行业发展的要求以及公众不断增长的需求，制定科学、合理的规章制度，规范企业员工的工作流程，建立以制度管人、按制度办事的运转机制。

（4）提升企业形象，统一品牌标识。文化品牌建设的重要抓手就是统一的车辆标识。以标识的统一来推动企业品牌，以标识的统一来宣传企业品牌，以标识的统一来建设企业品牌。企业要统一规范企业的标识、统一车身的形象，所有员工上岗统一按样式量身定做工作装和工号牌，让公众一目了然，为广大乘客提供清洁、舒适、安全的乘车环境。

（5）宣传企业品牌、增强品牌互动。品牌的建设不是一蹴而就的，需要在不断的服务过程中不断改进、不断提升、不断宣传，使出租车企业的品牌在公众留下好而深的印象。出租车公司应当定期召开座谈会，通过公司管理人员与从业人员座谈、管理人员与公众座谈、行业管理机关与公司座谈等多种形式，在不断的互动中深化企业的品牌建设，宣传企业的品牌建设，提升企业的品牌建设。

5.4 汽车维修文化品牌建设工程

5.4.1 汽车维修品牌建设现状分析

汽车维修行业是伴随汽车工业发展起来的传统行业。随着汽车的逐步普及和道路运输业的发展，汽车维修业也正迅速崛起，在市场经济发展中发挥着越来越重要的作用。截至2011年年末，安徽省汽车维修行业共完成维修业务量350万辆次，维修救援5万多次，经营业户9125户，从业人员达到70215人。

在行业发展的过程中，汽车维修行业品牌建设也取得了一定的成效，涌现了全国“奔腾杯”汽车涂漆、钣金技能总决赛涂漆项目冠军的王力等一大批优秀人才，并以此为契机，加强了行业的宣传，提升了行业的形象。但是，由于种种原因，维修行业的文化品牌建设仍然在起步阶段。

一是品牌发展较慢，缺乏行业诚信。目前在维修行业，汽车维修业户价格欺诈、维修质量不过关、汽车维修中的“坑蒙拐骗”等失信现象时有发生。同时，维修的质量整体不高，现有的供给水平不能完全满足社会的需求，如现有汽车维修业户设备陈旧、厂房规模小、从业人员技术水平低等很多问题。

二是企业重视不够，主动探索较少。现阶段我省汽车维修服务还处于成长初期，还很不成熟。大部分企业仍然徘徊在小作坊、小工厂的层面，对品牌建设的重视度不够，甚至忽视企业品牌建设，在这方面的探索也比较单一。所以，目前安徽省汽车维修行业领导品牌尚未出现，众多品牌基本处于尝试阶段，网络建设的规范化程度不高、服务能力不强，貌合神离、连而不锁，非常成功且具备真正“连锁经营”意义的全国性领导品牌还没有成长起来。

5.4.2　汽车维修文化品牌建设实例

【案例 1】张家港市于 2010 年 8 月推出了“港城车大夫”服务品牌，以提供公平、公正、客观、专业的服务为宗旨，以质量为本、诚信为先、人车和谐的维修消费为目标，从全市一、二类维修企业中选拔了业务精湛、服务水平高的 22 名维修技术骨干和精通维修行业管理的执法人员，组成专家工作组，通过热线电话或“张家港汽修网”网上预约等方式，为该市 12 万汽车用户免费开展信息咨询服务。

作为解决消费者对汽车维修快捷性、便利性的旺盛需求，有关部门着力向社会提供方便、快捷、规范、优质的机动车维修服务，主导创建了服务品牌平台。以诚信经营为基础，以服务规范化作支撑，通过对行业品牌的培育和扶持，可引导整个行业向社会提供优质的机动车维修服务。

【案例 2】品牌连锁经营是国外汽车维修业的主要业态，专业连锁维修店是国外汽车维护修理的首选。美国经营规模最大的 NAPA、AUTOZONE 和 PEP BOYS 等前八名连锁维修公司共有上万家维修站，这些维修站的收入占整个行业的一半。它们具有完善的企业文化、管理规模，被誉为美国汽修业的“麦当劳”、“肯德基”。

汽车维修企业连锁经营具有统一的品牌形象、统一的服务理念、统一的设备配套、统一的宣传推广、统一的价格体系、统一的经营管理、统一的备件配送、统一的技术培训八大特点。因此，传统的汽修企业要想开拓市场，做大做强，就要创建企业品牌，靠企业文化制胜，做到有标准、有规范、有流程、有品牌形象，提升自身吸引客流的能力。

5.4.3　安徽汽车维修文化品牌建设实施建议

开展汽修文化品牌建设研究工作，要找准切入点，系统性地研究各项政策措施、做到车主买账、企业认账。基本思路是以标准和规范的制度为基础，以创建活动的开展为抓手，以诚信体系的构建为目标，为公众提供“方便快捷、收费合理、服务规范、质量优良”的汽车维修消费环境。

（1）打造“诚信维修，取信于民”品牌。诚信是品牌企业的标志，是企业的一种核心品牌，是现代维修企业需要主打的品牌。诚信维修就是让车主明明白白地消费，是企业的公信力表现。诚信表现在质量、价格和保修的承诺等方面。汽修企业要牢牢把住价格和质量这两个主题，提高企业的诚信文化的含量。

（2）品牌构建战略。品牌战略要求的是维修服务企业一定要有自己的视觉识别系统、规范的行为系统与理念系统、重点构建以提供技术性服务为主体的维修企业和以汽车位移服务为主体的求援企业的服务品牌系统；以提供产品为主体的检测维修设备企业、汽车配件和养护产品企业等产品品牌系统。

（3）品牌忠诚度战略。品牌忠诚战略要求维修企业要制订年度客户忠诚度提升计划和实施方案，制订满意度、忠诚度的考核指标体系。树立“修车要先‘修’好人”理念，“修人”是指对车主的服务，解除因为车辆状况不良给车主造成的心理压力，就是让车主更满意，让车主对企业更信任。品牌忠诚度战略就是要培育一批与企业有特殊感情，怎么也不离开的客户群体。

（4）品牌实施战略。一是通过媒体传播和客户传播，在全行业广泛开展“诚信维修，取信于民”文化品牌的宣传活动。二是建立一套高标准、严要求,可操作性强的诚信评定体系,便于社会各界进行监督。三是对诚信机制创建进行信用等级发布,运用评估结果,采取激励与惩戒措施,实施等级管理。

5.5 驾驶培训文化品牌建设

5.5.1 安徽驾驶培训文化品牌建设现状分析

驾驶培训是驾驶员进入道路的第一道关口,做好驾驶员培训工作对保障道路安全有着非常重要的作用。目前,全省拥有驾校 192 所、教学车辆 9682 台、在岗教练员 12413 人,年培训普通机动车驾驶员 69 万人、道路运输驾驶员 17 万人。

安徽省驾培行业虽然起步较迟,但是随着人均收入增加、汽车价格下降等众多因素,公众对驾驶技能的需求出现井喷的趋势,进而引发了对驾培行业的巨大需求。因此,驾培行业在“十一五”以来,无论是从驾校数量,还是培训人数都发生了巨大变化,也为行业向深层次发展、行业文化品牌建设奠定了坚实的基础。同时,我省驾培行业立足自身,不断推陈出新,出现了新亚“专为尔”、“五星服务”等亮点品牌。省内一些驾校先后荣获“全国文明驾驶学校”、“全国百家品牌驾校”、“中部五省教育联盟最佳品牌驾校”和“全国文明诚信优质服务驾校”等称号。

安徽驾培行业文化品牌建设工作虽然亮点纷呈,但作为一个新兴行业在建设过程中还存在着一些问题。一是有的重理念,有的重标准,建设内容轻重不一;有的重名称、重标识、重手册,但品牌的运营和维护不力。二是深度不够。一些单位只满足于下文件、抓活动,面上宣传的做法较多,停留在文体活动层面,实实在在抓落实不够。

5.5.2 驾驶培训文化品牌建设实例

【案例 1】2006 年,新亚驾校在安徽省率先推行“专为尔”品牌服务,尔为贵,乐为君,“专为尔”服务意在体现专业、专心为您服务。以“有话必说,有问必答,有求必应;零烦恼,零延迟,零缺陷”的三有三零服务承诺为核心。2009 年,该品牌被省交通系统指定为全省驾培行业唯一一所开展“微笑服务 温馨交通”示范点。2011 年,新亚驾校在全校服务窗口开展“微笑一分钟”服务要求,完善服务细节,在工作中不断改进提升服务水平,勇于承担起学员的信任,为构建和谐交通贡献力量。

【案例 2】山东宇通驾驶培训文化品牌建设,通过在公司内部积极开展“创一流驾培服务,树宇通良好形象”活动,将活动渗透到每个教学训练环节,典型引路,整体推进。在行风廉洁方面,每期的开训仪式这一环节上由公司主要领导亲自代表全体教练对学员做出“不吸学员一支烟,不要学员一分钱,不喝学员一杯酒,不对学员乱挖苦”的“四个不”郑重承诺,作为行动口号,自觉接受学员监督,让广大学员在接受培训开始就吃了一个定心丸。在教练队伍中倡导“多一点忍耐、多一点笑脸、多给一点关爱、多一点鼓励、多一点检点”的五个“多一点”活动,从严遏制“三不”(即不粗暴对待学员,不接受学员的吃请,不收受学员的钱物),有效促进驾培行风的好转。

5.5.3 安徽驾驶培训品牌建设实施建议

(1)打造“阳光驾培,快乐学车”品牌。“阳光”体现驾培行业的公开透明,学员的“快乐”建立在驾校有品质的规范化服务之上。“阳光驾培，快乐学车”体现的是良好风气和完美服务的驾培行业新面貌。

（2）激活机制，强化服务意识。驾驶员培训是一个市场化运作的服务工作，贴近市场、及时掌握市场动态和市场发展规律是驾培机构赖以生存和发展的前提和保障。因此，激活机制是驾培行业健康发展的重要条件。

（3）以人为本，营造和谐氛围。和谐不是单纯的一团和气，而是在服务理念的指导下，在行业文化的熏陶下提升从业人员对服务、协作、奉献等观念的认识，从而提高他们的主人翁意识、归属感和价值主张实现后的成就感，最终实现他们在管理框架下的爱岗敬业、热情服务的和谐统一。

5.6　货运文化品牌建设

5.6.1　安徽货运文化品牌建设现状分析

货运行业一直是道路运输行业的传统子行业，在整个行业发展中有着基础性的作用。截至2011年年末，安徽省货物运输行业已有经营业户16万户，从业人员73万人，货运车辆77万辆，已完成道路货运量22万吨。

但是与行业硬件快速发展相比，安徽省货运行业文化品牌建设却一直没得到探索和重视。安徽货运行业主要是以中小经营者为主，从业人员素质不高，对品牌建设重视不够。同时，由于政府缺少必要的引导，行业的文化品牌建设一直是空白。

5.6.2　货运文化品牌建设实例

【案例1】浙江传化公路港物流发展有限公司秉持“责任、诚信、务实、共赢”的价值观，始终坚持“做有社会责任的企业，做有社会责任的传化人”的愿景，紧紧围绕“公路港”物流平台这一载体，着力打造高效、安全的现代化物流企业，被政府和行业誉为“是中国物流行业最具价值的创新，是行业真正实现里程碑式的跨越”。

【案例2】作为国家“AAAAA”级物流企业，德邦物流股份有限公司主要承担国内公路零散运输业务。在经营过程中，该公司始终秉承“承载信任、助力成功”的服务理念，该公司始终保持锐意进取、注重品质的态度。经过15年的发展，德邦模式已经得到了社会及主流媒体的认可和肯定。2009年和2010年，中央电视台财经频道《商道》栏目两次对德邦进行了深入报道，对企业的发展战略给予了肯定，2011年中国物流联合与采购协会更是在中央电视台财经频道《经济半小时》节目中给出“德邦物流是物流业突围的缩影”的高度评价。

5.6.3　安徽货运文化品牌建设实施建议

（1）打造“畅通高效，平安运输”品牌。畅通，是货运行业的活动的基本内容，也是货运行业的发展方向。高效，是货运行业整体不断发展的最终目的，也是企业应对纷繁复杂市场竞争的必然之举，也是客户的重要需求。平安，是货运行业可持续发展的重要保障。“畅通高效、平安运输”体现了安徽省货运行业的使命愿景和核心价值取向。

（2）依托政府规划，夯实品牌基础。目前，安徽货运行业文化品牌建设的主要问题在于没有做大做强的企业，文化品牌建设缺乏基本的依托载体。2011年，在安徽省规划中的10

大综合性物流园区中，已经有芜湖东部物流园区、安庆大桥开发区综合物流园区等四个项目初具规模。因此，货运公司可以紧抓这次物流园区建设的契机，做大做强，并结合“微笑服务、温馨交通”以及“徽风皖运，畅享服务”活动的内涵和实质，发展和建设具有货运行业特色的行业文化。

（3）加大企业投入，统一品牌标识。品牌标识是企业的名片，更是了解行业的窗口。近年来，安徽货运行业虽然取得了一定的发展，但是由于观念、机制等原因，在企业形象上的投入微乎其微。因此，在建设行业文化品牌的过程中，企业要加大投入，无论是在车辆外形、人员服装还是岗位规程等方面都做到统一、规范。

（4）强化行业宣传，突出行业亮点。一个新品牌的建设的难点就是要在短时间内被公众所接受，这既是来源于行业的“内功”，更需要媒体的广泛宣传。因此，在货运行业进行文化品牌的建设过程中，我们既要利用现有的公司网址、管理部门网站以及局域网进行宣传，还要引进报纸、电视、广播、网络等多种形式，将货运行业所发生的变化展示在公众面前，展示行业的形象，也进一步塑造行业的文化品牌。

6 安徽省道路运输文化品牌建设评价

道路运输文化品牌建设重在实效，重在落地生根，重在落地开花，其建设效果如何，需要进行全面的考核评价。评价就是考察建设的实效与建设目标的一致性。评价并非一个独立的过程，而是道路运输文化品牌建设的有机组成部分。通过对特定企业文化品牌建设进行评价，可以使企业找到文化品牌建设的有效途径，有利于增强企业竞争力，促进企业发展。

6.1 评价指标体系的设计

根据道路运输文化品牌建设的相关背景理论及衡量标准，遵循指标体系的构建原则，将理念识别系统、行为识别系统、视觉识别系统、互动识别系统及保障系统作为5个一级指标，并进行26个二级指标的选取。具体指标构成见表1。

6.2 评价指标权重的确定

由于不同的指标所包含的评价信息量不尽相同，因此在建立评价指标体系后，就需要根据评价目标与指标特点给每一指标确定其权重。因此，权重是衡量单个评价指标在整个评价体系中相对重要程度的一个测度，它是评价指标体系中的一个重要因素。

本文采用层次分析法，建立了由目标层、准则层、要素层三层结构的递阶层次模型（表1），接下来构造两两比较判断矩阵。判断矩阵的取值标准一般是采用1～9标度法，即1、3、5、7、9分别代表两个指标同样重要、一个指标比另一个稍重要、较重要、很重要、极端重要；2、4、6、8则代表介于上述各等级程度之间。以判断矩阵的形式分层次对指标进行两两比较并按其重要程度打分排序，在层次单排序的基础上，由上层到下层逐层进行计算，得出最低层指标相对于目标层的重要性合成权重。

评价指标体系表

表 1

评价目标 A	一级指标 B	二级指标 C
文化建设程度	理念识别系统（精神文化）	行业使命
		共同愿景
		行业精神
		行业道德
	行为识别系统（制度文化）	行为方式
		道德规范
		岗位规范
		服务标准
	视觉识别系统（物质文化）	标 志
		标准字
		标准色
		宣传标语
		建筑外观
		室内装潢
		办公用品
		服饰设计
		交通工具
		服务品牌
		媒体展示
	互动识别系统（社会文化）	公共关系
		公益活动
		社会舆论
		反馈提高
	保障系统	组织保障
		物质保障
		制度保障

6.3　道路运输文化品牌建设评价模型的建立

第一步，评价指标的量化。参照国内一些评估指标体系的等级标准设置方法，结合道路运输文化品牌建设评价指标体系的特点，采用十分制进行评价。将每一评价因子分值分为四档：第一档是 9 ~ 10 分，第二档是 6 ~ 8 分，第三档是 4 ~ 5 分，第四档是 0 ~ 3 分，每一档都明确量化标准。依据道路运输文化品牌建设的衡量标准，本文列出了“理念识别系统（精神文化）”这一准则下各项二级指标的量化标准，见表2。

理念识别系统（精神文化）准则下各指标的量化标准　　表2

一级指标B	二级指标C	量化标准			
		9～10分	6～8分	4～5分	0～3分
理念识别系统（精神文化）	行业使命	根据工作实际和自身特点提炼出具有特色的宗旨使命，准确描述和回答“行业的任务是什么”，反映行业人员的追求层次和理想抱负	提炼出具有特色的宗旨使命，基本描述和回答了“行业的任务是什么”，表述基本准确、恰当	提炼出宗旨使命，基本描述和回答了“行业的任务是什么”，但表述不精准、恰当	没有提出或提出了但表述模糊混乱，生搬硬套
	共同愿景	根据工作实际明确了奋斗的具体目标，生动描述和回答了“组织的将来是什么”，反映了行业人员共同的愿望和未来能够达到的景象	较好明确了奋斗的具体目标，描述和回答了“组织的将来是什么”，基本反映了行业人员共同的愿望和未来能够达到的景象	提出了奋斗的具体目标，基本反映了行业人员共同的愿望和未来能够达到的景象，但表述不准确、恰当	没有明确的具体目标或提出了但目标模糊不切实际
	行业精神	对行业现有观念意识、传统习惯、行为方式中积极思想因素的总结提炼和高度概括。能够代表行业人员的思想意志与精神风貌，成为激发成员积极性和创造性的无形力量，反映了绝大成员的主导意识和主流心态	能够较好代表行业人员的思想意志与精神风貌，成为激发成员积极性和创造性的无形力量，反映了绝大成员的主导意识和主流心态	能够基本代表行业人员的思想意志与精神风貌，反映了大部分成员的主导意识和主流心态，但表述不准确、恰当	没有提出或表述模糊混乱、生搬硬套
	行业道德	能够与行业形象塑造结合起来，从家庭美德、职业道德和社会公德的角度全方位反映组织和成员做人做事的道德准则和规范	能够从家庭美德、职业道德和社会公德的角度较好反映组织和成员做人做事的道德准则和规范	基本能够从家庭美德、职业道德和社会公德的角度反映组织和成员做人做事的道德准则和规范，但表述不准确、恰当	没有提出或表述模糊、不切实际

第二步，评价指标数据定量化后，就可由上述构造的评价指标体系层次结构和层次分析

法所得到的权重分配结果来建立道路运输文化品牌建设评价模型。

7　保障机制

7.1　加强组织领导

文化品牌建设实施要在党委的统一领导下进行。各单位要结合各自实际和工作特点，制定具体的活动方案，采取分类打造、定向创建的方法，结合不同的岗位，创建工作品牌、企业品牌和服务品牌等不同类型、各有特色的道路运输文化品牌。

7.2　扎实推进活动

要按照“先行试点、逐步推进”的工作思路，各行业选定 1 ~ 2 家道路运输企业作为品牌创建试点单位，通过“总结—命名—培育—提高，再总结—再培育—再提高”的过程，在品牌创建中探索创新、总结经验，不断完善自身服务，不断改进服务措施，不断丰富品牌内涵，保证品牌创建成效。已有品牌的行业，要围绕加大宣传力度，丰富创建载体，升华品牌内涵开展的系列活动及时进行总结；对服务品牌和行业典型空白的行业，要设计形成较成熟的品牌名称、品牌标识、标识释义、品牌核心价值、基本理念和典型事迹等内容。

7.3　不断完善机制

品牌创建不是短期行为，是全面推进行业文明创建的系统工程。要建立创建长效机制，立足当前，着眼长远，建立健全一整套规范性、程序性和操作性强的规章制度，不同阶段突出不同的主题，对品牌创建活动实施长效管理，做到持之以恒、常抓不懈；要强化品牌宣传推介，通过广播、报刊、电视媒体等多种途径，面向社会、面向群众宣传品牌理念，营造浓厚的品牌创建氛围；要建立监督检查制度，通过悬挂品牌标识、公布监督电话、发放征求意见表等措施，主动接受社会对践行品牌情况的监督，进而不断扩大品牌的知名度，提升品牌的美誉度，提高品牌的政治和社会效益。

7.4　保信息畅通

各单位要建立信息联络员制度，定期深入道路运输一线进行调研，及时掌握企业文化品牌建设进展情况，注重总结提炼品牌创建过程中的经验和做法。

参 考 文 献

[1] 任明英. 道路运输文化[M]. 北京：人民交通出版社，2008.
[2] 赵峰. 对上海建设交通行业文化建设问题的探讨[D]. 上海：上海交通大学，2007.
[3] 赵迎春. “情满旅途”品牌文化研究[D]. 天津：南开大学，2004.
[4] 司昌静. 交通运输行业文化体系构建与发展战略研究[D]. 西安：长安大学，2008.

[5] 李发厚,赵乾定．道路运输行业文化建设探析［J］．第三届亚欧道路运输大会论文集，2005（9）．

[6] 刘利．传承与回归——交通文化建设的信心与愿景［J］．科技信息，2009（32）．

[7] 陈胜利．交通行业文化建设的基本问题研究[J]. 南通航运职业技术学院学报,2007(6).

[8] 陈胜利．交通文化建设方法再思考［J］．浙江交通职业技术学院学报，2007（6）．

[9] 蒋进华．交通行业文化建设思路与对策初探［J］．金陵瞭望，2008（16）．

[10] 戚步云,高波,闻学军．基于交通系统树模型的浙江交通文化建设研究［J］．交通企业管理，2009（12）．

[11]《中国公路》编辑部．交通文化　凝聚行业力量——解读《交通文化建设实施纲要》[J]. 中国公路，2006（17）．

[12] 程必定．徽文化的基本价值及其现代意义［J］．安徽师范大学学报，2008（11）．

[13] 黄国相．浅谈汽车维修品牌经营战略［J］．汽车维修技师，2006（11）．

[14] 熊震．国内汽车维修业存在的主要问题及分析［J］．中国电力教育，2010（13）．

[15] 潘明成．中国汽车维修企业的挑战与机遇［J］．城市建设与商业网点，2009（10）．

[16] 莫生红．企业劳动关系和谐度评价指标体系及评价模型的构建［J］．统计与决策，2008（14）．

班线客运智能化服务系统建设研究
——安徽省智能运输研究报告

徐学林，骆　燕，王　兵

【摘要】本报告主要介绍了智能运输系统的概念,分析了广义范围和狭义范围内的智能运输系统包含的内容,结合安徽省道路运输发展实际,借鉴国内外智能运输系统和其他运输方式智能系统发展的经验,以合肥至芜湖客运班线智能化建设为试点,对如何建设安徽道路客运智能系统提出建议,并就安徽省班线客运智能化服务系统建设提出实施方案。

【关键词】班线客运;智能运输;服务

1　智能运输系统的定义及发展现状

1.1　智能运输系统的定义

智能运输系统（Intelligent Transportation System，ITS）是于1990年由美国智能交通学会（ITS America）提出的,又可以译为智能交通系统。智能运输系统没有统一、明确的定义,随着信息技术、通信技术、传感技术、控制技术的快速发展,智能运输系统也在不断完善和扩展其外延。一般称智能运输系统是将先进的信息技术、通信技术、传感技术、控制技术以及计算机技术等有效地集成运用于整个交通运输管理体系,而建立起的一种在大范围内、全方位发挥作用的,实时、准确、高效、综合的运输和管理系统。

从这个概念来看,智能运输系统是由“智能系统”和“运输系统”有机组成的。“智能运输系统”实质上就是利用高新技术对传统的运输进行改造而形成的一种信息化、智能化、社会化的新型运输系统。

1.2　智能运输系统发展现状

智能运输系统的服务领域极为广泛,美国和日本在规划中将智能运输系统划分为六个领域,基本包含了智能运输系统发展的各方面。

1.2.1　先进的出行信息服务系统（ATIS）

该系统是建立在完善的信息网络基础上的。交通参与者通过装备在道路、车辆、换乘站和停车场上以及气象中心的传感器和传输设备,向交通信息中心提供各地的实时交通信息;出行信息服务系统得到这些信息并通过处理后,实时向交通参与者提供出行相关的信息;出行者根据这些信息确定自己的出行方式、选择路线；当车上装备了自动定位和导航系统时，该系统可以帮助驾驶员自动选择行驶路线。

1.2.2 先进的交通管理系统（ATMS）

该系统对道路系统中的交通状况、交通事故、气象状况和交通环境进行实时的监视，依靠先进的车辆检测技术和计算机信息处理技术，获得有关交通状况的信息，并根据收集到的信息对交通进行控制。

1.2.3 先进的车辆控制系统和安全系统（AVCSS）

该系统利用车载感应器、电脑和控制系统以及通路宏观设施对驾驶员的驾驶行为进行警告、协助和干预，以提高安全性和减少道路堵塞。

1.2.4 商用车辆操作系统（CV0）

该系统是应用各种智能交通技术提出商务车辆的可操作性，主要针对载货汽车、公共汽车、出租车及急救车辆等。包括自动车辆调度、自动车辆注册、车辆的定位与跟踪、车载电脑（Car-PC）、双向通信、不停车收费和不停车称重等。

1.2.5 先进的公共交通运营系统（APTS）

该系统通过采用各种智能技术促进公共运输业的发展，使公交系统实现安全、便捷、经济、运量大的目标；确定合理的车辆载乘密度，提供车辆共享服务，为乘客提供实时信息，并自动应对行程中的变化。包括多模式的公交系统、计费卡、实时车辆转乘信息、车辆搭乘／共享信息、实时上车率信息（供自动调度使用）、公交优先通道、公交车辆调度的实时优化、公交车辆的定位／监控系统、自动调度系统。

1.2.6 农林牧区交通系统（RTS）

该系统所要解决的主要问题是车辆定位与导航、安全驾驶。GPS 卫星定位与导航、汽车安全与保护将是农林牧区智能交通技术的重点研究领域与方向。

注：我国在智能运输系统的划分方法上与美、日略有不同，一般将电子收费系统、货运管理系统和紧急救援系统在其安装基础上单独进行了细化，不明确提出农林牧区交通系统的建设。

1.2.7 电子收费系统

该系统是目前世界上最先进的路桥收费方式。通过安装在车辆挡风玻璃上的车载器与在收费站电子收费系统车道上的微波天线之间的微波专用短程通信，利用计算机联网技术与银行进行后台结算处理，从而达到车辆通过路桥收费站不需停车而能交纳路桥费的目的，且所交纳的费用经过后台处理后清分给相关的收益业主。在现有的车道上安装电子不停车收费系统，可以使车道的通行能力提高 3 ～ 5 倍。

1.2.8 货运管理系统

该系统是以高速道路网和信息管理系统为基础，利用物流理论进行管理的智能化物流管理系统。综合利用卫星定位、地理信息系统、物流信息及网络技术有效组织货物运输，提高货运效率。

1.2.9 紧急救援系统

该系统是一个特殊的系统，它的基础是出行交通管理系统、出行信息服务系统和有关的救援机构和设施，通过出行交通管理系统和出行信息服务系统将交通监控中心与职业的救援机构联成有机的整体，为道路使用者提供车辆故障现场紧急处置、拖车、现场救护、排除事故车辆等服务。

从上述智能运输系统的内容来看，智能运输系统建设紧扣交通要素中最基本的人、车、路，涉及多部门、多领域的协调共建。道路运输部门可以在先进的出行信息服务系统、紧急救援系统等需要道路运输管理部门组织建设的部分领域中发挥主导性作用，在先进的车辆控制系统和安全系统、先进的公共交通运营系统、商用车辆操作系统、货运管理系统等运输行业探索发展的领域中发挥积极引导作用。

2　道路客运智能化发展的必要性

工业化国家在市场经济指导下，大都经历了经济发展促使汽车产业发展、汽车产业发展又刺激经济发展的过程，从而使这些国家尽早进入汽车化时代。汽车化社会带来的诸如交通阻塞、交通事故、能源耗费和环境污染等社会问题日趋恶化，即使是道路交通设施十分发达的美国、日本等国家，也不得不从以往只靠供给来满足需求的思维模式，转向供需双方共同管理的技术和方法，以此来改善日益尖锐的交通运输问题，旨在借助现代化科技改善交通状况，达到“保障安全，提高效率、改善环境、节约能源”的目的。

随着我国国民经济的高速发展和城市化进程的加快，机动车拥有量及道路运输量急剧增加。尤其是在大城市，交通拥挤阻塞以及由此导致的交通事故和环境污染现已成为国民经济进一步发展的瓶颈问题。道路运输系统是一个复杂的大系统，单独从车辆方面考虑或单独从道路方面考虑，都很难完善地解决道路运输问题。把车辆和道路综合起来系统地解决道路运输问题的方法就是道路运输智能化服务系统。

2.1　必要性分析

道路客运智能化发展既是经济社会发展的必然要求，也是交通运输业服务属性的必然要求，还是行业自身发展的必然选择。

首先，道路客运智能化发展是交通运输业贯彻落实科学发展观的必由之路。交通运输是国民经济基础性、先导性产业和服务性行业，必须坚持在服务经济社会发展和人民生活改善全局中谋划和推进交通运输发展，坚持以科学发展为主题，以加快转变发展方式为主线，以结构调整为主攻方向，推进现代交通运输业发展，不断提高交通运输公共服务的能力和水平，实现交通运输有序发展。在道路客运的发展进程中，必须按照科学发展观的总体要求，充分运用智能化技术，提高行业发展的科技含量，促进创新行业发展。必须运用信息技术，促进行业节能减排，大力发展资源节约型、环境友好型行业。必须运用国际国内先进经验，提高道路通行能力，减少交通拥堵，降低安全事故比例，促进人与车、车与路、运输与环境等的和谐发展。

其次，道路客运智能化发展是综合运输体系建设、提高综合运行效率的必然要求。综合运输体系的建设是现代交通的发展趋势。各种运输方式有其各自的特长，在运输方式之间实现“无缝衔接”、“零换乘”，充分发挥一体化运输的优势，可以提高运输系统的整体效率。建设便捷、通畅、高效、安全的综合运输体系，需要做好各种运输方式相互衔接、发挥组合效率和整体优势；需要优化布局，整合资源，提高效率；需要加大信息资源共享和完善公共信息服务系统，推动交通一体化进程，促进综合运输体系的建设和完善。当前，铁路、民航等运输方式的智能化取得了快速发展，不仅提高了行业自身的运行效率，促进了行业安全发展、优质发展，也为社会公众提供优良服务，丰富服务手段，强化信息公开透明，取得了良好的社会效益。道路客运业必须加快智能化发展步伐，不仅要促进与其他运输方式的信息共享，提高综合运行效率，也要借此提高行业综合竞争力，巩固行业在社会化服务中的作用。

道路客运智能化发展是提高道路客运综合服务能力的必要手段。交通运输是关系衣食住行各个方面的民生领域。要围绕人民群众关注的热点难点问题，积极推进服务理念、机制和方法创新，提高行业管理科学化水平，积极妥善化解矛盾，实现好、维护好、发展好人民群众的切身利益，为人民群众安全便捷出行提供更优质的服务。当前，社会公众对客运的需求，不仅反映在“量”（出行次数）的增加，而且在“质”的方面也要求提供快捷、安全、舒适的运输服务。发展道路客运智能化，为社会公众提供全面、及时、准确的运行信息，可以帮助社会公众提前做好出行计划，帮助公众优选出行方式，用透明公开的信息，提高社会公众对行业的认可度，促进服务多样化，提高行业服务水平。

道路客运智能化发展是道路客运经营者自身发展的必然选择。客运行业是一个高度竞争性行业，道路客运业不仅面临着铁路、民航等运输方式的竞争，也面临着行业内不同运营主体的激烈竞争。客运企业在发展过程中，必须通过大力发展智能运输，不断创新服务、优化运输组织，提高运输效率，获取更加广阔的发展空间。当前，在客运行业，智能化的调度系统和可视化的信息服务系统为道路客运企业发展带来了可观的收益和良好的社会效益。据我省部分公交企业测算，智能化调度系统上线运行后，企业可减少 15% 的运力，从而降低运行成本，减少资源消耗，提高企业效益。

2.2 班线客运智能化发展社会效益分析

2.2.1 改善环境，节约能源

班线客运智能化，使交通出行整体对能源的需求减少，为社会节约大量的能源，进而减少对污染治理所需要的费用；实施班线客运智能化系统后，可减少车辆的速度变化频率和停车次数，进而降低交通造成的噪声污染；班线客运智能化系统可使现有道路的实际通行能力得到充分发挥，提高路网的利用率，相对减少路网规划中新建、扩建的道路数量，从而节省修建道路所占用的土地资源。

2.2.2 提高交通管理服务水平和服务质量

班线客运智能化系统的实施，会促进班线客运管理体制的改革和客运班线管理的法制建设，改善、加强道路交通甚至是整个综合交通运输体系的服务意识，提高交通管理现代化水平，促进交通管理从单纯被动管理向主动管理服务型转变。通过运用各种先进技术解决交通问题，相应提高交通管理人员的素质。

2.2.3　促进科学技术进步

班线客运智能化系统是现代高新技术在交通领域的集成和应用,不仅促进班线客运领域的现代化水平不断提高,也要求相关产业为班线客运智能化系统提供更先进的技术、产品和更高水平的服务,从而促进相关产业改善产业结构,推动全社会的科技进步。

2.2.4　改善产业结构

班线客运智能化系统建设将会造就一个新兴产业——交通信息产业,并带动传统交通产业以及信息、通信、计算机、电子等高新技术产业的蓬勃发展,由此提升高新技术产业在城市整体产业结构中所占比例,改善产业结构布局,促使产业结构向高科技、低能耗、重环保的技术密集型转变,为经济实现可持续发展提供一个契机。

2.3　班线客运智能化发展经济效益分析

2.3.1　直接经济效益

具体表现为降低行车成本,提高运输的劳动生产率,减少出行时间,降低交通事故率,延长车辆使用寿命,减少能源使用等。 实施班线客运智能化系统还可以大幅度提高公共交通的服务水平和运行效率,使人们出行更加愿意选择公共交通,以达到绿色出行的目的。

2.3.2　间接经济效益

班线客运智能化系统作为一个新兴的产业,以汽车制造、通信、信息、计算机等相关产业为依托,班线客运智能化系统的发展也离不开相关产业的参与。班线客运智能化系统建设可带动相关产业的发展,为其带来可观的经济效益。同时班线客运智能化系统建立会改善周边地区的交通环境,进而带动该地区经济的全面发展。另一方面,由于班线客运智能化系统的实施,带来了路网服务水平的改善,出行效率的提高,由此给各行各业带来的经济效益更是无法估量的。日本政府认为智能运输将成为 20 世纪前半期规模最大的产业;欧洲预计采用智能运输可以增加 1000 亿欧元的市场规模。

3　道路客运智能化发展的可行性分析

以适用的原则和服务的要求来确定当前安徽省道路客运智能化系统建设目标,道路客运智能运输系统的研究将立足于以下四个层面:一是通过提高运输管理系统的自动化程度来提高运输系统的效率,如实时运输信息的发布、运输流的诱导等。二是提升车辆的智能化,即采用红外、微波、毫米波、窄域通信（DSRC）等技术实现在自组织无线网络中,智能车辆将自身的信息发送给邻近车辆,从而实现区域内车辆状态信息的传播。车辆之间的通信可以使智能车辆感知大范围内相关车辆的状态信息及行为意图,能够提供高效的运输服务。三是完善运输的物联网网络。通过物联网可以将各种信息传感设备,如射频识别、红外感应器、全球定位系统等装置与网络结合起来,从而给物体赋予智能,实现人与车、车与物、人与物相互间的沟通,运输信息的采集将更加广泛,运输信息的挖掘将更加深入,自动化将会更加普及,可以形成更加优化的车物联动计划。四是提高运输智能服务的能力,通过运输服务信息的深入挖掘和自动发布,提升运输信息的服务价值,促进运输服务过程的透明化和合理化。

基于以上目标，道路客运智能运输系统建设所需的主要技术有：微电子技术、计算机网络及软件技术、移动通信技术、系统控制和集成技术等。具体应该包括：互联网技术、GPS（全球定位系统）技术、GIS（地理信息系统）技术、GSM（全球移动通信系统）技术、光纤网络技术、IC卡技术、电子标签技术、信息自动采集技术、航位推算技术、大屏幕显示技术、智能信号控制技术、信息系统集成技术和网络软件技术等。以上技术在交通运输行业包括道路运输业均有所应用，部分技术应用已经有较成功的案例。从技术角度分析，道路客运智能运输系统建设是可行的。另外，近几年来，道路运输信息化建设已经取得了良好成果，行业智能化建设有了坚实的基础，初步的智能运输建设在资金投入上的压力也不会太大。

3.1 国内智能运输发展成就

“十一五”期间，科技部、交通运输部组织力量对一些城市进行交通智能化改造，并确定北京、上海、天津、重庆、广州、深圳、济南、青岛，杭州、中山十个城市作为ITS示范城市。其中，北京借助2008年北京奥运会，极大地促进了北京的智能运输建设，现代化的交通指挥调度系统、交通事件自动检测报警系统、自动识别“单双号”的交通综合检测系统、智能化的区域交通信号系统，展示了中国智能交通系统发展的水平。

3.1.1 铁路智能运输系统（RITS）

从20世纪末开始，铁路智能运输系统RITS的概念开始逐步发展，已成为铁路运输调度技术发展的新方向。RITS是对新一代智能化先进铁路运输系统的总称，是铁路运输调度发展的智能化阶段。铁路智能运输系统是对铁路运输系统的规划、设计、建设、运行与管理的系统化与智能化，依靠先进的信息技术和有效的运输管理手段，实现铁路运输管理和组织的智能化，以较低的成本，达到保障安全、提高运输效率、改善经营管理、提高服务质量的目的。RITS涉及的领域相当广，根据系统的不同功能，RITS至少要包含三个子系统：一是先进的运输管理系统，通过自动编制各级运输计划，对车辆装卸和列车运行进行控制与指挥，动态调整路网车流分布，智能生成预防策略，保证运输畅通和运输任务的完成。第二个子系统是先进的用户信息系统，包括先进的货运服务系统等。三是先进的列车控制与安全系统，包括智能列车控制系统、道旁接口单元系统等，能根据列车运行外界环境的变化，实行自动化和半自动化的行车和道岔路径控制等。其技术关键在于铁路移动体与固定设施一体化安全检测网络系统、分布式的国家铁路安全数据中心体系、基于无线和卫星定位导航的列车调度与指挥系统、基于GPS的物流监测与追踪系统、基于列车总线的数字列车系统、高速铁路一体化通信信号系统的建设，以及高速宽带的车地双向数据接入系统技术、铁路现有业务系统的互联与信息共享技术、特殊地区列车运行控制与运输保障综合技术方面等。

3.1.2 水路智能运输系统

水路智能运输系统的研究开发，主要在实现船舶智能化、岸上支持保障系统智能化、水上运输系统运行管理智能化等方面。水路智能运输系统具体包含以下几个方面：一是先进的船舶控制系统，通过各种传感器和接受器、船上计算机系统和控制执行机构，使船舶能够自动接收外部控制系统发出的各种信息指令，并实时监控船舶本身状态，在船舶操控过程中实现自动化、智能化，预防各种安全事故尤其是人为失误引发的事故发生。二是定位导航数字化、海图电子化。在综合了GPS、APPA、AIS等各种现代化的导航设备所获得的信息之后，基于计算机的电子航道图、航道航标信息管理系统、水位遥感遥测系统建立了一种集成式的航海信息收集处理系统。在此基础上进一步实现航线导航向数字导航的转化。三是水上变通管制、事故救援与处理系统。该系统具备对所有通航水域中船舶位置和移动状况进行实时监控和智能化管理的功能，根据气象、海况、船舶密度等因素，对覆盖区域内所有船舶的航行状况进行判定，自动向危及航行安全的船舶发出必要指令。系统还能提供紧急与安全通信业务和海上安全信息的播发，以及进行常规通信使船与船、船与岸台全方位和全天候即时沟通信息。四是船舶自动识别系统。通过GPS的精确定位，在电子海图上可显示而所有装配了该系统的船舶完整的航行动态，增强了船舶间的避碰功能。五是航运综合信息系统。它是水路智能运输系统的信息运作平台，集合了水路运输服务的实体在运作过程所产生的各种信息，包括：在途船舶信息、航道通行信息、港口停泊信息、航运需求信息、运力报告信息、航运费用信息、气象信息等。这些信息经统计处理后，除提供给政府管理部门外，适时向接受运输服务的对象发布，使服务对象能实时了解所需的相关信息。此外，该系统实现了预测预警、应急处置、监管执法自动化等功能。

3.1.3　航空智能系统

航空智能系统发展主要包含以下几大内容：一是积极开发网络战略，通过电子营销方式和在线处理，采取多样化的购票方式，方便客户进行网上查询和预定，最大化服务客户，增加客户的便利性。航空的客票从零散销售方式转向整合销售方式。二是航空气象服务系统，该系统除保障空管、航空公司、机场运行等办公地点固定的部门即时获取航空气象服务，机组、现场签派、现场指挥等相对流动的人员也通过无线移动服务系统得到实时有效的航空气象信息服务及与航空飞行有关的信息，比如航班时刻、航班动态等。三是航空公司订座信息系统是一个集中式、多航空公司的系统，载有航空公司主要航班供应情况，即航空公司航班服务、时刻表、票价、供求情况及载客量资料及实际预订记录等实际记录。该系统为机场提供旅客值机、配载平衡、航班数据控制、登机控制联程值机等信息服务，可以满足值机控制、装载控制、登机控制以及信息交换等机场旅客服务所需的全部功能。四是进出港信息系统和地面服务保障系统，动态发布机场当日以及近日内的航班进出港信息和航班的计划和动态信息，包括预计进出港时间、停机位、登机口、行李转盘以及计划和实际起降时间、飞机号等，并可实现各客户端文本信息的即时传递。

从以上运输方式的智能系统建设可以看出：

（1）智能系统建设初期主要集中在智能管理系统建设方面，以智能管理系统建设来提高运输的组织和效率成为建设主线。

（2）智能系统的建设与运输工具的智能化分不开，以微电子技术、计算机网络及软件技术、移动通信技术、系统控制和集成技术等技术集成利用带来了运输工具的智能化发展，从而成为整个智能系统建设的信息采集和指令执行的主体。

（3）智能服务系统建设不足，服务信息的综合利用和深度挖掘不够，智能系统服务能力和水平不高。

3.2 国内道路运输智能运营系统案例

目前国内市场上比较成熟的车辆智能运营系统主要有苏州金龙 G-BOS 系统和宇通客车"安节通"系统。

苏州金龙"智慧客车"的核心系统为 G-BOS 智慧运营系统。通过安装在客车上的车载终端,G-BOS 智慧运营系统可以从 CAN 总线、各类传感器上不断采集发动机运行数据、车辆行驶信息、驾驶员的操控动作等,同时接收 GPS 全球卫星定位系统提供的车辆位置信息,通过无线通信网络实时传送到数据处理中心。G-BOS 智慧运营系统车载终端集合了行车记录、倒车监视、故障报警显示、视频播放、短消息接收等功能,并能够实时将车辆相关信息提供给驾驶员和后方运营平台。

宇通客车联合中国移动、诺基亚西门子通信联手推出宇通客车"安节通"智能运营系统。"安节通"系统主要由车载终端设备、无线传播媒介、服务器平台三大部分组成,车载终端设备包含多功能行车记录仪和驾驶员助手两部分,前者是具有行驶记录功能的卫星定位装置,识别车辆信号并通过无线设备传输到服务器平台;后者则是人车交流的平台,集安全提示、故障诊断、维保管理、娱乐视听、视频监控等十大功能于一体。"安节通"主要可以实现不良驾驶行为管理、车辆状态监控管理、终端安全管控,通过对车辆加油到用油全过程的数据化监控、分析,实现油耗管理精准化,基于实时车辆状况的掌控,及全面客观的数据整理与分析,进行科学的车辆监控及调度。

这两大智能运营系统主要还是针对生产、经营的控制和监管,对乘客的关于运输服务能力提升的需要则没有侧重考虑。

3.3 安徽省班线客运智能化建设基础

我省三类以上班线客运车辆、旅游客运车辆已全部安装了卫星定位装置,各级道路运输管理机构和道路运输企业可以通过卫星定位系统平台,开展车辆动态监控工作。

全省一、二级汽车客运站已基本实现了同城汽车客运站联网售票。省交通集团汽车运输公司所属合肥、巢湖汽车客运站实现了跨地售票联网。合肥市九家汽车客运站成立联网售票中心,通过票务数据大集中的方式,实现了同城联网售票。各客运站信息化建设也有了突破性进展,以合肥客运总公司,黄山长运公司为代表的条件较好的部分汽车站,生产业务实现了信息化精细管理,基础数据项齐全,数据统计分析功能强大,拥有专门的技术服务团队,对行业信息化发展认识比较深刻,网上售票、手机售票等服务公众的能力比较突出。

从拟开展道路客运智能化建设试点的合肥至芜湖客运班线来看,该线路的公车公营客运班线车辆共有 40 台,合肥汽车客运有限公司拥有车辆 15 台,捷运公司 5 台,芜湖运泰公司 15 台,锦湖公司 5 台,全部的车辆都安装了卫星定位监控设备。4 家公司中,合肥汽车客运有限公司、芜湖运泰公司的信息化基础情况较好,通过卫星定位监控平台实现车辆定位、速度监控。合肥汽车客运有限公司还在 2008 年建立了安全运营管理系统,实现了车辆和驾驶员档案信息化管理,目前已建立售票系统,系统包含售票信息、班线班次信息等。芜湖运泰公司企业管理系统包含驾驶员信息,安全报班系统可以提供车辆基本信息,除了已有售票系统外，还实现了网上订票。捷运公司和锦湖公司的信息化基础薄弱一些，车辆和驾驶员还没有实现信息化管理。目前4家公司的售票系统共有3套独立的售票系统，其中锦湖公司和合肥汽车客运有限公司是同一套售票系统，3套系统间并未实现数据联网。

安徽省班线客运智能化服务系统建设可以参考相关交通行业智能化发展的思路，借助日益成熟的技术手段，结合道路运输的特点，加以消化改进，依托基础条件较好的客运站、线路和车辆，推行长途客运班车运行前、运行中和运行后的智能化服务试点工作，在取得经验成果后，逐步推广到全省班线客运线路。

3.4 试点工作资金投入分析

安徽省班线客运智能化服务系统试点选择合肥至芜湖客运班线，运营公司为合肥汽车客运有限公司和芜湖运泰公司。该班线投入的车辆均为公车公营班线，两公司领导层对新技术应用非常重视，不断尝试用信息化技术提高管理水平和服务能力。班线客运智能化服务系统试点拟选择2台客车，在客车上安装智能车载主机和语音播报系统、无线视频系统、LED显示屏，在车站安装信息发布系统，并通过省运管局与企业的联网通道，向省运管局信息中心传送实时运营信息，完善行业管理部门公众出行服务系统。根据当前市场报价，整个试点工作所需设备和投资见表1。

试点工作所需设备和投资（单位:万元）　表1

类别	序号	产品名称	单位	数量	单价	小计	备注
硬件设备	1	智能车载主机	台	2	0.36	0.72	两辆车配备
	2	语音播报模块	台	2	0.06	0.12	
	3	3G无线视频系统	台	2	0.72	1.44	
	4	车内LED屏	台	2	0.2	0.4	
	5	车站信息发布系统	台	2	3.6	7.2	两个客运站配备
	6	服务器	台	5	2.5	12.5	省中心与两个客运站配备
	7	CAN总线设备	套	1	0.2	0.2	
	8	磁盘阵列	套	1	5	5	
软件系统	9	安徽省班线客运智能化服务系统	套	1	17	17	
安装调试	10	安装调试	套	3	2	6	
小计						50.58	

试点工作总投资约50万元，该投资可以由行业管理机构和运输企业共同承担，投资少，服务效果明显。

4 班线客运智能化服务系统建设需求分析

班线客运智能化服务系统试点建设的总体目标是：在公车公营客运班线上，整合已有信息资源，建设安徽省班线客运智能化服务系统，实现运输全过程、全线路的运营控制。一方面将班线客运车辆作为信息采集和发布的终端，作为实现车车互动、车路互动的结点，另一方面将班线客运车辆作为信息服务的终端，给旅客提供班线车辆运营、站点情况等可视化的运输服务信息，提高客运企业数字化、安全化、智能化管理能力，提升运输行业公众服务和智能服务的水平。

班线客运智能化服务系统的功能可从社会公众、运输企业和行业管理机构三个方面得到体现。

从社会公众角度来看，班线客运智能化，可以实现运输服务信息可视化，针对服务对象，搭建旅客和车站、旅客和管理人员、旅客和旅客、旅客和互联网直接沟通的智能服务通道。通过车载LED显示屏或车载语音系统，为乘车旅客提供站点换乘信息、乘坐车辆所属公司和车辆等级信息、投诉、咨询电话等静态信息；为乘车旅客提供本次车辆驾驶员信息、乘客数目、出发点和到达点天气情况、车辆此刻所处位置、车速、预计到达时间、车辆当前位置风景名胜介绍等动态运营信息；通过车载系统与车站调度系统和售票系统的联网，及时了解换乘信息，提前合理安排出行行程。通过车站信息发布系统，为候车旅客和接站旅客提供所有运营车辆的出发时间、预计到达时间、当前运行位置等信息，方面旅客做好上车或接站准备。

从运输企业角度来看，班线客运智能化，可以实现管理数字化、安全化、智能化。通过整合企业现有的卫星定位监控系统、燃油消耗监测系统、车载视频监控系统等，为客运企业提供班线客运车辆全部运行情况信息，包括燃油消耗统计信息、安全监管信息、车辆超速信息、驾驶员行为监控、车上人员动态出入信息、实时视频监管信息、班线规范运营等信息，加强班线车辆全程安全监管和动态监管。同时，通过车载LED显示屏，加强企业文化宣传，丰富车厢文化。

从行业管理机构角度来看，班线客运智能化，可以切实完善公众出行服务系统，加强客运班车动态监管。通过管理机构与运输企业信息联网，利用门户网站，建立公众出行服务系统，实时发布班车售票、检票和动态运行情况，包括车辆的出发时间、预计到达时间、现在运行位置等信息供公众查询；通过构建车辆与车辆、车辆与道路互通的信息网络，实时采集道路通堵、突发事故、团雾出现等信息，并及时予以发布，支持车辆救援和事故提醒，充分发挥运营车辆在途时信息采集与发布的功能；通过车载视频系统、卫星定位系统和车站售票检票系统等，实时监控线路运行情况，为行业监管和决策提供综合信息服务。

综合分析道路客运智能化发展需求，需要坚持适用原则。我省交通运输业仍处于大力加强基础设施建设的阶段，尤其我省独立、完备的交通数据中心尚未建设，大部分的城市公共交通设施不完善，基础硬件研究开发工作滞后，区域发展不平衡，在全面实现智能运输系统上存在困难，更应该注重在发展我省智能运输系统建设时的适用性，保证建设的智能运输系统既有社会效益也能有市场需求和经济效益，从而带动智能运输系统建设的良性发展。同时，需要以服务标准来衡量。智能运输发展的最终目的是为了实现主动化服务，其核心价值体现在服务上。深度挖掘群众对于运输智能化服务的需求，满足群众智能化服务需要，这不仅仅是智能运输系统建设的目标和定位，也是智能运输系统发展的动力和途径。智能运输系统的建设脱离了便捷简单、直接互通的服务环节，智能运输将不能得到体现。

5　安徽省班线客运智能化服务系统建设方案探讨

根据智能交通运输服务发展的需求，结合我省目前道路客运信息化建设的实际情况，当前班线客运智能服务系统建设主要内容是建设集完备的车载系统、站场管理系统、中心系统、营运调度管理系统、多功能查询系统、数据平台、呼叫中心为一体的智能化服务系统。

5.1　班线客运智能化服务中心建设

服务中心的主要建设内容包括建筑装修、电力系统、空气调节系统、弱电系统、消防系统等基础环境建设；中心机房服务器、操作系统软件、数据库软件、网络、存储、核心交换和路由等软硬件基础设施；防火墙、网络版防毒软件、数据备份和容灾等网络安全改造和升级。考虑到车辆运营状态数据主要用于企业日常经营、监管和提供更好的服务，且视频数据量大，项目数据将采用分布式存储，我们将在省运管局信息中心机房和企业中心机房分别建设班线客运智能化服务中心，充分利用省运管局和道路运输企业现有的操作系统软件、专业级数据库软件、专用服务器、防火墙、大容量存储、核心交换机和核心路由器等软硬件基础设施。省局数据中心需部署两台高档服务器，以双机热备方式作为存储各客运站车辆运营状态数据及支持在此基础上的数据分析决策支持系统的应用所需，同时，需要相应的安全设备以保障数据的安全性。道路运输企业机房需要为班线智能服务提供两台服务器，一台用于数据存储和交换，另一台用于主要运营服务系统运行。

5.2　网络和通信架构建设

服务中心主干网络采用层次化架构的设计方法，根据业务需求划分 VLAN，提高局域网的整体性能和安全性。省运管局和各汽车站间将采用 100 兆的 VPN 专线连接。

在通信架构方面，考虑到基于无线传输方式实现的移动视频监控，车载主机与中心采用实时在线数据传输模式。在通信架构层面将考虑 GPRS 和 3G 两种移动通信方式。

GPRS（General Packet Radio Service：通用无线分组业务），其实质上是作为第二代移动通信技术 GSM 向第三代移动通信（3G）过渡的中间技术。其基本原理是，利用分组业务传输数据时，多个用户可共享一个时隙，一个用户亦可使用八个时隙。实际传输时，数据信息被包封到很短的分组里，每个分组含一个报头，报头中包括分组始发地址、目标地址。来自多用户的分组可交错传输，即按需分配传输容量，并在无分组传输时释放容量，有效提高网络资源利用率。GPRS 允许用户在端到端分组转移模式下发送和接收数据，而不需要利用电路交换模式的网络资源，从而提供了一种高效、低成本的无线分组数据业务。

GPRS 具有费用低廉、“永远在线”、覆盖范围广等显著优点。采用分组交换技术的 GPRS，其通信过程无需建立、保持电路，符合数据通信突发性特点，且呼叫建立时间很短。

由于各用户均可同时占用多个无线信道,而同一无线信道亦可由多个用户共享,因此资源利用率显著提高。此外,数据分组发送、接收时, GPRS 根据实际数据流量计费,用户可始终在线,大大降低服务成本。目前中国移动 GPRS 网络已覆盖全国所有省、直辖市、自治区,网络遍及 240 多个城市。

但是, GPRS 技术也存在不足之处。由于分组交换连接比电路交换连接要差,数据在通过无线链路传输过程中可能分组丢失、出错等,因而 GPRS 存在数据丢失现象,且转接时延较大。话音和 GPRS 业务无法同时使用相同网络资源,因为提供 GPRS 使用的时隙数越多,则提供话音通信网络的资源越少。此外,话音和 GPRS 使用相同网络资源,也势必会产生相互干扰。GPRS 理论带宽可达 171.2kB/s,实际应用带宽大约在 10.70kB/s。而且 GPRS 毕竟是使用公网资源进行视频信号的传输,因而传输图像信号时视频数据需要通过多道关口进行交换,其传输机制显然远比有线方式复杂,所以传输图像的可靠性、稳定性还有待进一步改善。因此, GPRS 特别适用于间断的、突发性的和频繁的、少量的数据传输,也适用于偶尔的大数据量传输。

第三代移动通信技术(3rd-Generation, 3G),是指支持高速数据传输的蜂窝移动通信技术。3G 与 2G 的主要区别是在传输声音和数据的速度上的提升,它能够在全球范围内更好地实现无线漫游,并处理图像、音乐、视频流等多种媒体形式,提供包括网页浏览、电话会议、电子商务等多种信息服务。为了提供这种服务,无线网络能够支持不同的数据传输速度,也就是说在室内、室外和行车的环境中能够分别支持至少 2MB/s、384kB/s 以及 144kB/s 的传输速度。3G 技术的主要优点是能极大地增加系统容量、提高通信质量和数据传输速率。此外利用在不同网络间的无缝漫游技术,可将无线通信系统和 Internet 连接起来,从而可对移动终端用户提供更多更高级的服务。

目前国内支持国际电联确定三个无线接口标准,分别是中国电信的 CDMA2000、中国联通的 WCDMA、中国移动的 TD-SCDMA。GSM 设备采用的是时分多址,而 CDMA 使用码分扩频技术,先进功率和话音激活至少可提供大于 3 倍 GSM 网络容量,业界将 CDMA 技术作为 3G 的主流技术。考虑到视频传输的 3G 效果, 建议采用中国电信的 3G 传输,次之为中国联通;受到 3G 无线信号的覆盖限制及带宽限制,如果采用中国移动 3G 无线传输,建议采用双卡制式无线传输。但是 3G 通信的费用较 GPRS 来说,昂贵了许多,且移动设备较为复杂,市场方面成熟的产品较少。

综合技术考虑和经济性权衡,车载主机将采用 GPRS(2G)无线传输方式进行车速、定位等少量实时数据传输。车载视频与中心进行数据通信,因视频数据量大,占用带宽较大,稳定性要求高,故采用 3G 无线通信传输。车载主机采用 2G 无线传输,需要开放一个 TCP 接入端口;视频监控采用 3G 无线数据传输,开放三个 TCP 端口,端口分别:8888、8212、3645;同时需要开放一个 UDP 端口,端口号是 5000。

5.3 信息系统建设

整个班线客运智能化服务系统的建设,将采用现代化的无线通信技术、GPS 定位技术,结合地理信息技术和软件技术,通过自动控制技术加以综合运用(图 1)。班线车辆安装车载主机、车载3G硬盘录像机，实时监控班线车辆运行状态、监控视频以及营运信息及时交互。车内还安装黄绿双色滚屏，与车载主机联动，进行基本信息的显示及营运信息的发布。车内安装CAN总线设备实现对车辆CAN总线实时数据，如对油量、水量、实时速度、车内温度、水温、发动机状态数据进行获取。客运候车大厅安装信息发布一体机显示屏，发布各班线信息、发车信息、天气信息、道路交通路况信息以及车辆预期到站信息。客运站场工作人员配备移动管理终端，对站场车辆上、下线及异常发车情况及时上报，并与中心系统信息互动。

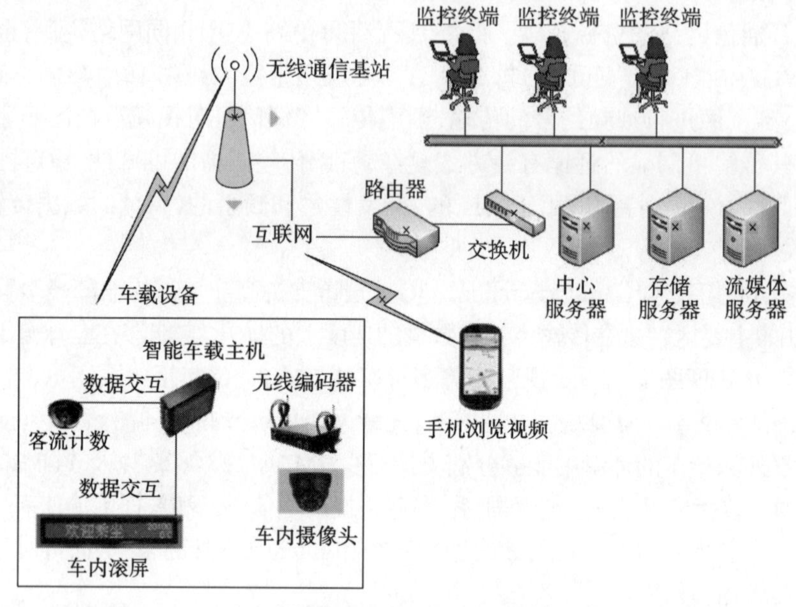

图1　客运班线客运智能化服务系统示意图

整个班线客运智能化服务系统分为车载智能化信息系统、底站智能化信息服务系统、客运班线智能化监控系统、公共信息发布系统四大子系统进行建设（图2）。

5.3.1　车载智能化信息系统

车载系统由智能车载主机、车载3G实时视频采集终端、CAN总线等主要设备组成（图3）。

车载主机设备提供充足标准的硬件接口，可以与当前和未来可预见的大多数车载电子产品进行数据交互，设备具备强大的运算能力、充足的存储空间和可靠的运行性能。车载主机与车载动态行车信息发布终端、3D视频客流计数器及安装在客运车辆上的各类导乘、安全和调度等设备互联，可以对所有车载设备的工作状态进行实时侦测，通过2G/3G无线网络与数据中心连接，可以使车内LED电子屏、客流计数器、CAN总线等设备数据随时向中心上报，发现故障也可以立即通过无线网络上报到中心。可根据配置，定时或定距向数据中心上传车辆运行信息，包括：时间、经度、纬度、速度、方向等。每隔5～120秒（可设置）自动存储一次实时数据，包括时间、位置、速度和方向，中心可以对需要的自动存储实时数据进行点播，以弥补网络或定位异常时中心丢失的数据，至少可以循环存储最近五天的实时数据。主动或点播回传相关行车日志，包含：驾驶员信息、信息交互内容、车辆状况、单次完成情况、客流情况、里程和油耗等信息。车载主机也可以接收服务中心发出的各种指令,包括行车计划、发车指令、温馨提示、调度参数等,实现行车信息语音提示、行驶轨迹记录、沿途及目的地天气温度、行驶位置、车辆当前速度等各类实时信息车内发布。

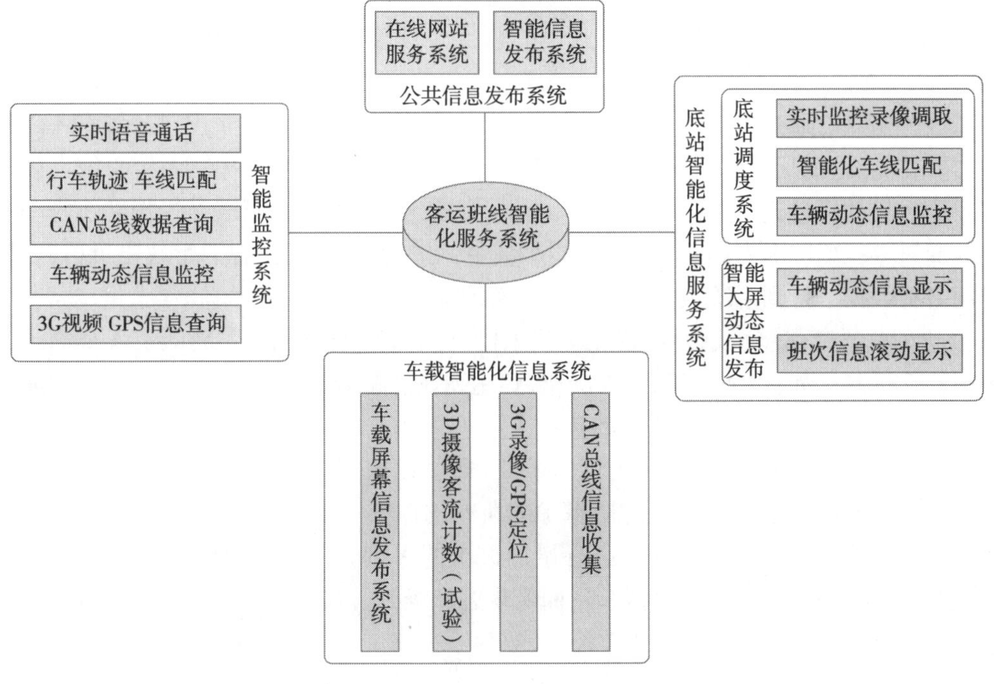

图2 客运班线智能化服务系统构成图

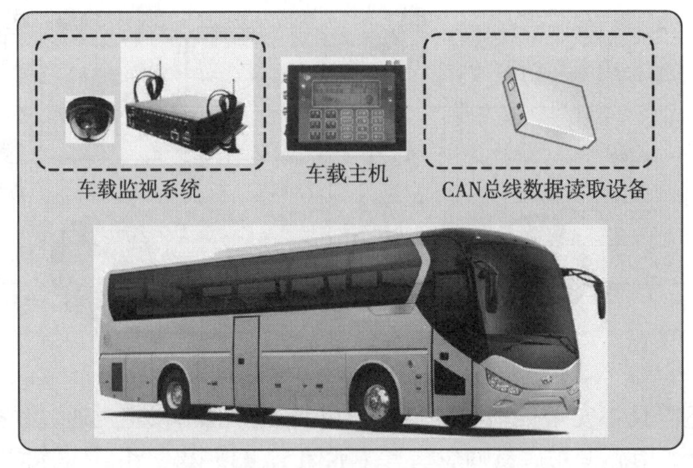

图3 车载系统示意图

3G视频采集系统能够将由车载数字摄像头拍摄的视频实时传回系统服务器,同时将视频保存在本地硬盘中,实现车辆运行的实时监控和录像回调。视频传输将采用窄带传输控制技术和Http隧道透传技术,低带宽下传输视频更稳定流畅,网络连接更方便、可靠。支持车载硬盘和SD卡本地图像存储，录像采用循环存储，数据可长时间保存。视频可按照预定显示格式观看，如全屏、二画面、四画面等。支持叠加时间、文字信息，支持调整每路视频亮度、对比度等参数，可显示图像帧率、码率等信息。

车载动态行车信息发布终端是客运班线智能化系统的重要组成部分，负责对车内乘客的进行服务信息发布。终端的LED显示屏与车载3G主机连接，可分区控制，显示最多三个区，满屏的信息总字数为8个汉字，大于8个汉字采用滚动、左移等动画显示方式显示车辆当前时间、位置、车速、剩余里程、车内外温度、天气信息等动态服务信息及到达站换乘提示等静态服务信息。通过温度传感器或实时记录车内以及车外的温度情况，显示在LED显示屏中，并根据温差情况提示旅客下车注意事项等。CAN总线设备从车辆系统总线上读取如里程、车速、发动机转速、水温、机油温度、电压、机油压力、耗油量、驾驶员操控动作等动态信息。再通过RS-232串行通信接口与智能车载主机进行数据交互，智能车载主机再通过2G无线网络将数据上传到系统数据平台供监控系统。

自动车载语音信息提示通过智能车载主机以及GPS技术的报站功能实现车辆状态改变的智能化提醒（如：出入车站、上下高速、到达高速公路服务站、当前行车速度等功能），同时可以对沿途的著名景点进行语音介绍。

3D摄像客流统计（图4）属于试验阶段，通过在旅客上下车门设置3D摄像机，通过3D摄像机捕捉视频图像，分析经过图像中的所有物体的高度、形状、方向，从而精确地判断这个物体是否是人及其进出方向，进行累加进出的人数，并叠加日期和时间，生成进出记录，实现了高精度实时双向客流计数，从而实现客流统计、分析及报表功能，满足各类客户的需求。同时，提供视频监控信号，集监控、计数为于一体。

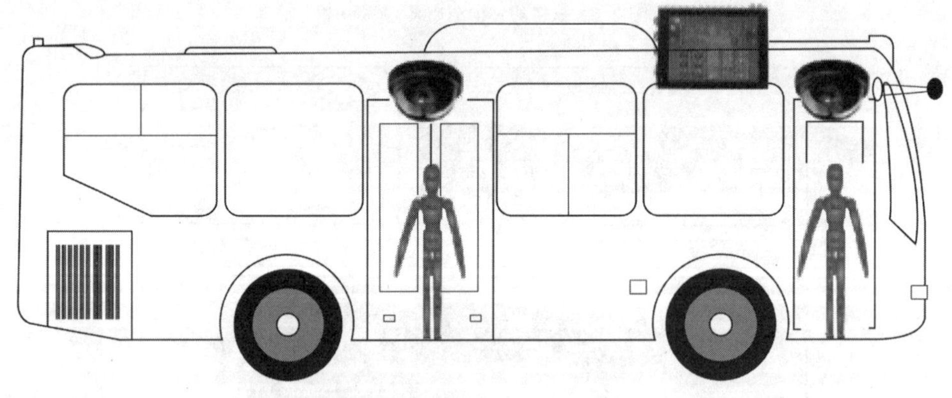

图4　3D摄像客流统计功能示意图

车载系统还需具备安全设别和应急保护机制。智能车载主机通过预先设置的应急响应按钮向底站服务中心发布应急响应信息（如团雾出现、事故出现），连同车辆所处位置等空间信息回传，也可以接受底站信息服务中心发布的应急响应信息，为保障在途安全发挥作用。设备具有断电续航功能，当车辆电源主开关被强行关闭或车载主机被强行断电后，设备能够继续工作5秒以上，向智能化监控系统上报关机信息，包括车辆位置和时间等信息。设备在硬件结构设计和软件认证上都提供对SIM卡的保护机制，规避丢失的风险。对车门开关信号的采集可以保障在驾驶员误操作的情况下对车门实施紧急闭锁，保护乘客的安全；根据预先设定的超速阈值、超速时长进行控制和告警，车载终端将进行文字、语音提示，并上报智能监控系统。

5.3.2　底站智能化信息服务系统

底站智能化信息服务系统（图5）由底站调度系统和智能大屏动态信息发布系统两个部分组成。其中底站调度系统主要实现对班次车辆的实时信息（包括3G视频、车载GPS定位等信息）、车辆调度、车辆线路等行车信息的监控。智能大屏通过有线或无线链路方式与系统服务器建立连接并交互数据，用于接收各种车辆动态信息和班次预告信息，向乘客提供实时服务信息。

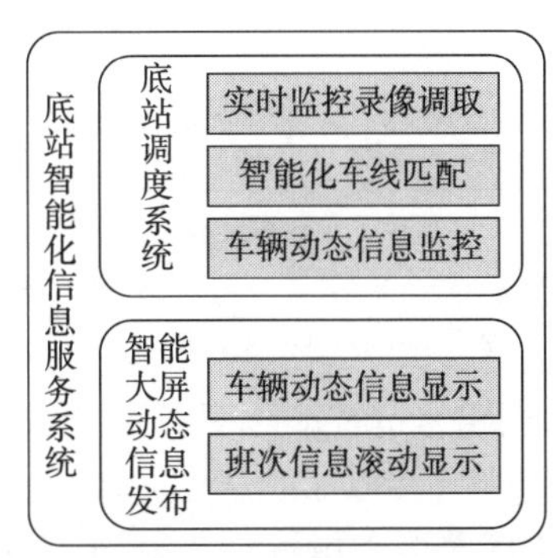

图5　底站智能化信息服务系统结构设计图

智能大屏是由底站设立一体式大屏幕，使用大尺寸液晶屏幕提高显示效果，大屏内置信息发布模块通过内网连接到系统数据库对所有车辆的实时动态信息进行滚动发布（包括出发时间、当前位置、剩余路程、乘客人数等），同时滚动显示所有班次信息等智能化服务信息。

底站调度系统通过内网连接系统服务器，从而获取由车载设备实时传回的3G视频摄像，包括车辆前方情况、驾驶员操作行为、乘客上车情况、车厢内状况。根据车辆的行驶情况进行有效的车辆调度。

5.3.3　客运班线智能化监控系统

客运班线智能化监控系统（图6）主要是由3G实时视频和GPS信息监控模块、实时语音通话模块、车线匹配智能监控模块、CAN总线数据分析、车辆动态信息监控等模块组成，主要实现班线车辆规范运行的监控和车辆运行数据的分析监管，提升管理部门科学管理和企业精细化管理的需要。

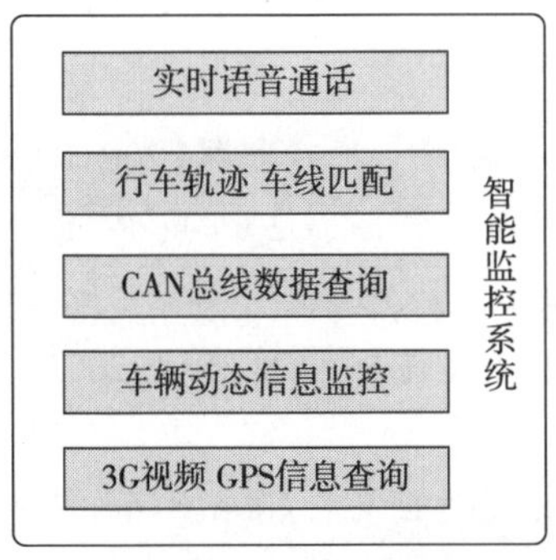

图6　客运班线智能化监控系统结构设计图

信息回调系统是通过车载主机回传的信息，智能监控系统可随时查看车辆当前的监控视频，调取车载硬盘录像机中的任意时段录像。通过车载GPS设备回传信息实时监控车辆当前位置、速度等。

通过车线匹配智能监控能够查看车辆的实时或历史行车路线，运行过程中，车载终端会根据预先设定阈值不断判断车辆是否在非正常情况下的越线运行，当触发告警时车载终端会自动进行语音报警提示并向智能监控系统上报。

智能监控系统通过系统实时监控车辆CAN总线设备的回传信息（油量、驾驶员的操控动作、发动机运行状态等），清晰反映车辆的运行状态，进行深度挖掘，建立数据模型，得到班线车辆平均燃油消耗等相关信息，进行CAN总线数据分析。智能监控系统通过车载3G设备直接与车辆驾驶员进行语音通话，实现实时语音通话，调度指令的直接下达，从而更好地保障行车安全。

5.3.4　公共信息发布系统

公共信息发布系统（图 7）主要包括在线网站服务系统以及智能化信息发布系统，主要发布面向公众的信息发布及查询。

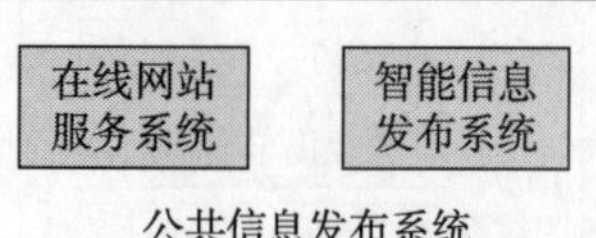

图 7　公共信息发布系统结构设计图

可查询客运线路班次信息及首末车站、中途所经车站、首末班车时间、票价、所属公司、车队等信息，相关信息在地图上进行标记。可以进行站场信息查询，某站场有哪几条线路经过，并在地图显示经过线路的详细信息，并在智能信息发布系统上进行发布线路变更、售票服务点等温馨提示等信息。

班线客运智能化服务系统建设实施中也存在诸多难点：一是班线客运智能化服务信息资源分散，"孤岛效应"明显。信息资源来源较多，资源间整合利用不足，诸如换乘信息、车速、路径诱导等信息缺乏整理，分析应用和数据挖掘只能建立在这些松散的数据基础上，分析深度停留在一个较浅的层次。二是班线客运智能化服务标准化建设滞后。数据采集、存储、应用和维护面临缺乏标准和规范的问题，造成项目在实施推广阶段会面临复杂的实施环境，数据交换难度增加。三是智能运输服务信息闭塞，基本没有建立服务信息采集、传输、交换、处理和发布系统，综合交通信息平台建设缺乏必要的数据支持，无法借助信息化手段开展行业监管和服务等工作。四是运输服务基础设施不足，车载设备目前只是适用于日常最基础的安全监管，涉及服务的信息化设施建设无法适应和满足日益增长的需求。

结语：安徽省道路运输智能系统的建设与发展离不开安徽省道路运输信息化的发展，离不开道路运输企业信息化需求，离不开主管部门的重视和引导。以班线客运智能化为切入点，以智能化带动提升班线客运科学化、精细化管理和服务水平，将对全面建设安徽省道路运输智能化系统起到良好的示范效应，为深入研究道路运输智能化发展方向提供极大的助力。

参考文献

[1] 陈善亮，毛保华，丁勇 . 英国交通一体化政策与我国的对策[J]. 交通科技，2004(1):4-5.

[2] 曾红莲 . 美国智能交通系统的研究与应用 [J]. 交通科技与经济，2002 (1):39-41.

[3] 薛艳丽 . 国外的智能交通系统 [J]. 交通与运输，2007 (4):15-16.

[4] 高波 . 对我国智能交通系统发展的几点思考 [J]. 中国公共安全：智能交通，2007 (11):123-126.

[5] 刘学文 . 强大的智能交通系统确保奥运交通通畅 [J]. 交通世界，2008 (16):90-91.

[6] 陈艳，何春明 . 智能交通系统应用现况及其存在问题 [J]. 交通标准化，2007 (8):62-65.

[7] 李晖，贯耀然，牛晓辉，等 . 智能交通系统的研究现状及发展趋势[J]. 产业与科技论坛，2008 (8):166-251.

安徽省道路运输业节能减排统计、监测及考核体系研究

许张红，高　健，施溢源

【摘要】本文分别从国务院对交通运输业节能减排部署及交通运输部节能减排工作规划、我省道路运输业节能减排开展的工作及存在的问题对道路运输行业节能减排进行了综合的、动态的分析，借鉴了其他省份好的做法，提出了我省道路运输业节能减排的控制举措。依据国家和地方交通运输主管部门最近颁发的相关法规和文件精神，结合安徽省道路运输行业节能减排工作的实际，初步设计了能耗统计信息管理系统，实现数据上传、统计指标计算、监测指标预测等功能，构建了我省节能减排统计、监测、考核体系。

【关键词】道路运输业；节能减排；统计；考核

1　国务院对交通运输业节能减排部署及规划

1.1　国务院对交通运输业节能减排部署[1，2]

交通运输是国际应对气候变化、发展低碳经济的重要领域，每年全球交通运输能源消耗、二氧化碳排放约占全球的30%和25%。1980—2007年间，我国交通运输业能源消费总量年均增长7.5%，其中石油消费增长年均增长10.1%。自1993年始成为石油净进口国，2009年对外依存度达52%，预计2020年将达66%（图1），将会影响国家石油安全和经济安全。

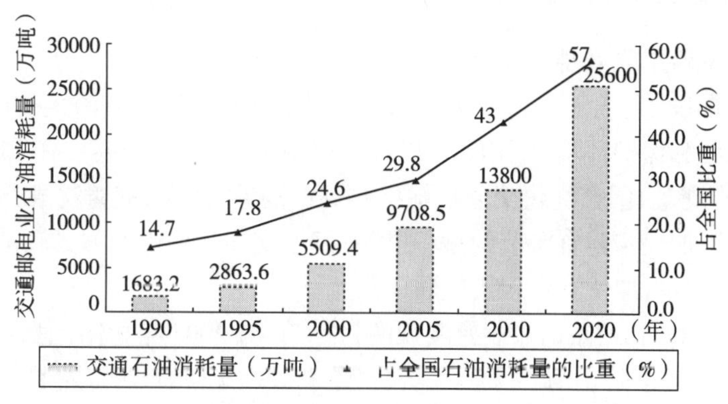

图1　交通运输行业能源消耗量

各种运输方式中道路运输是主力，道路运输业和城市公共交通业（主要是城市公共汽电车、出租车）合计占53.8%（图2）。因此，国家已将发展低碳运输作为节能减排战略重点。

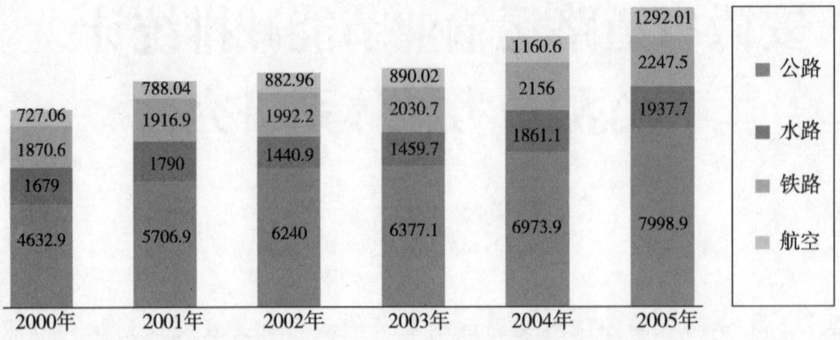

年份	公路	水路	铁路	航空
2000年	4632.9	1679	1870.6	727.06
2001年	5706.9	1790	1916.9	788.04
2002年	6240	1440.9	1992.2	882.96
2003年	6377.1	1459.7	2030.7	890.02
2004年	6973.9	1861.1	2156	1160.6
2005年	7998.9	1937.7	2247.5	1292.01

图2　2000—2005年各种运输方式的能源消费总量增长情况

2011年，国务院印发《"十二五"节能减排综合性工作方案》（国发〔2011〕26号）文件，对交通运输行业提出具体要求：

（1）加快构建综合交通运输体系，优化交通运输结构，深入挖掘结构性节能减排潜力。

（2）实施低碳交通运输体系建设城市试点，深入开展"车、船、路、港"千家企业低碳交通运输专项行动，探索并积累交通运输低碳发展的途径和经验。

（3）开展码头、车站节能改造，全面推行不停车收费系统，进一步推进公路水路交通基础设施建设与运营过程的节能减排。

（4）推广公路甩挂运输，积极推广节能与新能源汽车，加速淘汰老旧汽车、船舶，基本淘汰2005年以前注册运营的"黄标车"，实施内河船型标准化，推进远洋运输节能减排，不断提高公路水路装备能源利用效率，减少温室气体排放。

（5）积极发展城市公共交通，科学合理配置城市各种交通资源，有序推进城市轨道交通建设，倡导"低碳交通、绿色出行"理念。

（6）全面加强交通运输领域用能管理，建立完善的交通运输能耗统计制度，完善统计核算与监测方法，提高能源统计的准确性和及时性。

1.2　交通运输业节能减排规划[1, 2]

1.2.1　交通运输节能减排"十二五"规划

"十二五"期间，交通运输行业节能减排工作的指导思想是：深入贯彻科学发展观，全面落实节约资源和保护环境基本国策，以提高能源利用效率、降低二氧化碳排放强度为核心，提升节能减排理念，调整优化交通运输结构，强化科技进步，完善法规标准，创新体制机制，加强监督管理，加快构建资源节约型、环境友好型交通运输生产方式和消费模式，打造绿色、低碳交通运输体系，加快发展现代交通运输业。

在"十二五"期间，道路运输业要实现的目标为：与2005年相比，到2015年，营运车辆单位运输周转量能耗下降10%左右（客车下降3%，货车下降12%左右）。到2020年，营运车辆单位运输周转量能耗下降15%左右（客车下降5%，货车下降16%左右）。

“十二五”期间，交通运输部将重点加快构建“三大体系”，组织开展“两项专项行动”，着力推进“十大重点工程”。

三大体系建设：节能型交通基础设施网络体系建设；节能环保型交通运输装备体系建设；节能高效运输组织体系建设。

两项专项行动：节能减排科技专项行动；重点企业节能减排专项行动。

十大重点工程：营运车船燃料消耗准入与退出工程；节能与新能源车辆示范推广工程；甩挂运输节能减排推广工程；绿色驾驶与维修工程；智能交通节能减排工程；公路建设和运营节能减排技术推广工程；绿色港航建设工程；合同能源管理推广工程；船舶能效管理体系与数据库建设工程；节能减排监管能力建设工程。

1.2.2 交通运输部开展的节能减排工作

（1）加强组织领导。2006 年成立了由李盛霖部长为组长、相关司局领导组成的交通运输部节能减排工作领导小组，调整强化了交通运输部能源管理办公室节能减排的职责，为进一步加强交通节能工作提供了组织保障。

（2）完善法规标准。初步形成了包括法规、规划、政策文件和标准规范在内的多层次的节能减排制度体系，对进一步规范交通运输行业节能减排工作发挥了基础性的指导作用。

（3）落实重点工作：

①严格实行营运车辆燃料消耗量准入制度。公布了《道路运输车辆燃料消耗量过渡期车型表》和《道路运输车辆燃料消耗量达标车型表》。自 2011 年 3 月 1 日起，《过渡期车型表》作废。

②对于实载率低于 70% 的道路客运线路不新增运力。印发了《关于进一步加强道路客运运力调控推进行业节能减排工作的通知》，对于年平均实载率低于 70% 的县际以上客运班线，一律不新增运力，并严格控制新增座位数。截至 2011 年 2 月，在保证道路运输需求的前提下，客运运力增幅下降了 30%，节能减排效果明显。

③认真开展全国 100 个重点城市的 103 个汽车客运站道路旅客运输经济动态监测工作，为落实“实载率低于 70% 的道路客运线路不新增运力”政策提供了数据支持。

④推动公路甩挂运输。与国家发展改革委等部门联合印发了《关于促进甩挂运输发展的通知》和《甩挂运输试点工作实施方案》，选定浙江、江苏、上海等 10 省（区、市）以及中外运长航集团、中国邮政集团等作为首批试点省份（单位），全面部署推进甩挂运输试点工作。

⑤开展专项行动。“车、船、路、港”千家企业低碳交通运输专项行动。2010 年 5 月 14 日，交通运输部在湖北武汉举行的启动仪式，向全社会发出倡议：节能减排，低碳交通——我们共同的责任。

⑥交通运输部举办了全国交通运输行业“宇通杯”机动车驾驶员节能技能竞赛，来自 25 个省（区、市）近 300 家客运企业的 500 余名驾驶员参加竞赛，累计赛程 4 万余公里，平均节油率达到 20%，组织节能驾驶培训 138 场，培训驾驶员 1 万余人。

⑦推广示范项目：“十一五”期间组织评选、总结推广三批共 60 个交通运输行业节能减排示范项目，目前正在开展第四批交通运输行业示范项目评选工作，调动了各级交通运输主管部门推动节能减排工作的积极性，发挥了很好的引领示范作用。

此外还开展了交通运输节能减排监测考核体系试点、交通运输节能减排示范活动、推广营运车船节能产品（技术）目录等工作，调动了各级交通部门及交通企业的积极性，落实了交通运输节能减排专项资金。

2　安徽省道路运输业节能减排工作开展与存在的问题

2.1　安徽省道路运输业节能减排举措

道路运输行业是安徽省交通行业节能减排工作的重点领域，道路运输企业和管理部门肩负着节能减排工作的重大责任。“十一五”年以来，安徽省加大道路运输行业节能减排工作力度，通过一系列节能减排规章制度的出台和节能减排措施的推进，节能减排工作初见成效。

2.1.1　组织领导

2011 年省运管局成立了由魏士彬局长为组长，夏则长副局长、司武国副局长、席金波副局长、宁青副主任为副组长，相关处室组成的节能减排工作领导小组，主要负责我省节能减排工作统一部署和协调工作，为进一步加强道路运输业节能减排工作提供了组织保障。

2.1.2　政策法规

制定了《安徽省公路水路交通节能中长期规划》，每年省厅与省运管局、各市交通运输局签订节能目标责任书，要求加强行业监管，严格执行车辆燃料消耗限值标准，监控客车实载率，推行甩挂运输等先进运输组织方式，促进全行业能源消耗总体水平下降。

2.1.3　维修检测

（1）严格实施道路运输车辆燃料消耗量准入制度。

对以汽油或者柴油为单一燃料，总质量超过 3500 千克的道路客、货运输车辆，在申领《道路运输证》时，严格按照要求，对照《达标车型表》进行核查，凡是未列入的，一律不得办理营运手续。

（2）积极宣传车辆强制维护制度，不断提高道路运输经营者的车辆维护意识，督促道路运输经营者按期到有资质的维修企业对车辆进行维护，将强制维护制度落到实处。同时结合信息化手段，加强运营车辆维护的监管，逐步推行了车辆二级维护图片联网监控，实现车辆技术状况监测、运营维护监管的信息化，进一步规范了车辆技术管理工作的各相关环节。

（3）做好中级客车类型划分和等级评定工作。对我省客车生产企业申报中级客车新车型时进行燃料消耗达标车型前置审查，对不符合要求的新车型一律不受理其中级客车申请，并督促相关企业积极向部申报燃料消耗量达标车型。

2.1.4　加强班线客运管理

（1）严格控制新增各类运力。

对年平均实载率低于 70% 的县际以上客运班线，一律不得新增运力。对一类客运班线、与高速铁路和城际轨道交通平行的客运班线，原则上不再审批新增运力；对与现有班线重复里程在 70% 以上的二类及以上客运班线，严格控制新增班线和运力。要加强客运包车运力的调控和监管，努力做到运力与运量供需平衡。

（2）加强班线客运车辆更新管理，优化道路客运车型结构。

鼓励客运企业根据线路客流情况，因地制宜选择车型，实现大、中、小型车辆相配套，高级、中级、普通型车辆相结合，提高客车实载率，减少空驶浪费。

2.1.5　推动低碳货运发展

（1）大力推进甩挂运输发展，提高运输效率。根据交通运输部、国家发改委相关要求，我省马鞍山长运控股集团、安徽省港投集团、滁州汽运集团和安得物流股份有限公司4家企业先后参加2012年、2013年中央预算内投资甩挂运输试点备选项目申报工作。马鞍山长运控股集团公司和安得物流股份有限公司分别被列入2012年、2013年中央预算内投资甩挂运输试点项目。

（2）推进物流信息技术应用，加快客运站小件快运网络建设。按照服务品牌、标识、标准、规程、价格、承诺“六统一”的要求，建立了全省小件快运联盟，统一全省小件快运软件。目前已有44个一级和二级客运站安装使用，部分客运站联网运行。小件快运联盟及网络运营，不仅使企业提高了班车利用率，还实现了节能减排。

2.1.6　开展“老旧营运车辆集中淘汰”活动

2011年6月10号，在芜湖隆重举行老旧营运车辆集中淘汰启动仪式，胡冰副厅长主持启动仪式，省局魏士彬局长参加了启动仪式并发表了重要讲话。通过开展集中淘汰老旧车辆活动，有力地促进了道路运输企业主动担当意识，各企业充分发挥节能减排责任主体的作用，主动淘汰老旧车辆。

2.1.7　加强节能驾驶培训与新能源新技术推广

（1）从改进驾校教学方法入手，大力提高驾驶员及驾驶从业人员的节能减排意识。把节能减排教育作为学员的必修课，组织学习《节约能源法》，宣传党中央、国务院关于贯彻科学发展观、推进节能减排的指导精神、重大举措及重要意义，宣传节能降耗的重要性和紧迫性，使学员树立了良好的节能减排意识。教学中修订驾驶员培训大纲，增加节能减排培训内容，指导学员养成良好的驾驶习惯和节油经验。

（2）推广清洁能源汽车。在企业质量信誉考核和新增班线招投标中，对使用清洁能源汽车的予以加分，鼓励企业投放清洁能源客车，积极引导企业在公司化改造中使用清洁能源客车。

（3）深入推进智能公交建设和出租汽车电召服务。

2011年12月，合肥公交集团智能公交项目正式上线运营，已布置24个调度台，对122条线路及所有营运车辆均按计划实施智能调度，其中80条线路行车日报及路单全电子化。芜湖公交智能调度已经在5个调度场站开始试点运行。铜陵公交在17条（总数23条）公交线路上安装了智能化调度系统。安庆中北巴士投入150万元，在所有公交车上安装应用了智能公交调度系统。滁州、黄山等地智能公交调度正在发挥着越来越重要的作用。2012年9月，蚌埠市电子站牌投入使用，标志着我省智能公交建设真正步入了直接面向乘客服务阶段。积极推广出租汽车电召服务试点，在缓解市民“打的难”的同时，进一步提高出租汽车实载率，减少空驶，提高能源利用效率，有效减少了因“扫街式”服务而造成的能源消耗和尾气排放，目前已在宣城和芜湖等市进行了试运行。

（4）大力推广高速公路电子不停车收费技术。

根据交通运输部等三部委《关于促进高速公路应用联网斯案子不停车收费技术的若干意见》的要求，在我省二级以上客运企业和旅游客与企业推广高速公路电子不停车收费技术，在二级以上客运企业和旅游客运企业公车公营车辆（高速公路为主要行车路线）推广使用电子不停车收费技术。

2.2　安徽省道路运输业节能减排存在的问题

尽管安徽省道路运输管理部门出台了一系列节能减排的政策措施，道路运输企业也在节能减排方面展开了多种多样的尝试，但是，目前道路运输行业节能减排工作仍存在一些问题，表现如下：

2.2.1　节能减排意识不强

多数道路运输企业以追求经济效益、追求市场份额为企业首要任务，没有从思想上认识到节约能源和控制排放的重要性。还有一些管理部门节能减排意识不强，节能减排工作推动不积极，节能减排意识缺乏。

2.2.2　节能减排管理制度不完善

（1）考核制度不完善。地方运管部门和大部分运输企业还没有建立相应的节能减排考核制度。节能减排考核分数各市和重点运输企业的节能减排工作绩效与各市运管处领导以及运输企业主要领导的责任也没有挂钩。影响了交通运输行业节能减排工作的实际效果。

（2）道路运输企业基本上还未成立专门机构负责企业的节能减排工作，企业的主要负责人作为节能减排工作的主要责任人，节能减排相关责任也没有明确和分解。

2.2.3　统计数据不全或不真实

多数运输企业对于行业管理部门要求提供的统计数据工作抱有应付了事的心态，数据不真实、临时编造等现象常有出现，在整个行业内，缺乏足够的统计数据，或科学有效的数据。因此无法掌握车辆的燃油消耗状况，更无法作进一步深入推算。

2.2.4　车辆技术管理制度需要进一步完善

运管部门在车辆管理上，营运车辆的退出没有完全与车辆的节能减排标准挂钩；在车辆的技术档案管理上，虽有要求，但由于挂靠车辆、驻外车辆等原因，运输企业执行不到位，车辆技术档案不完整；在车辆维护方面，许多运输企业的维护制度还不完善，甚至把维护当做负担。

2.2.5　驾驶员节能减排素质有待加强

营运驾驶员整体素质不高，行业内未能广泛开展节能减排培训交流活动，驾驶员节能减排水平参差不齐，企业需要强化驾驶员管理工作，提高营运驾驶员节能减排的整体素质。

2.2.6　运力结构不尽合理

一些大型运输企业在运力结构优化方面开展了一些工作，但从行业整体来看，运力结构不尽合理，车辆实载率低，还需进一步调整，发展燃油经济性高的新型运力，在不同的运输线路上引导和鼓励使用不同的推荐车型。运输组织化程度不高也是影响道路运输行业节能减排绩效的原因之一，缺乏足够有效的运输组织手段全面提高车辆实载率。

3 安徽省道路运输业节能减排统计、监测和考核体系构建

3.1 节能减排统计

3.1.1 统计指标

（1）国家现行能源消耗主要指标。

①综合能耗。综合能耗是规定的能耗体系在一段时间内实际消耗的各种能源按规定的计算方法和单位分别折算为一次能源的总和。

②单位产品产量能源消耗量。该指标用于反映各工业行业、各工业企业的生产技术水平、产品质量状况和管理水平的高低。它是考核企业经济效益和节能计划完成情况的主要指标，是制定和修改能耗定额、进行产品成本核算的重要依据。

（2）交通行业能源消耗统计指标。

①能源消耗总量。能源消耗总量是指完成交通运输所消耗的能源总量。

②公路汽车每百车公里（或百吨人/公里）燃料消耗量。该指标是指营运汽车行驶一定里程或完成一定的运输量平均消耗的燃料量。公路汽车燃料消耗总量包括营运行驶消耗的燃料数量，不包括保养、修理作业和试车以及非营运车辆燃料消耗量[3]。

（3）安徽省道路运输行业能源消耗统计指标。根据国际上主要国家的道路运输能源消耗统计指标，考虑到将来我国公路运输能源消耗统计指标与国际上主要国家的可比性，并结合《公路运输行业能源消耗统计及分析方法》，我们确定拟以分车型的燃料消耗总量、客货运周转量、百车公里燃料消耗量和百吨（千人）公里燃料消耗量指标，具体见表1。

安徽省道路运输行业能源消耗统计指标 表1

统计指标	备　注
燃料消耗量	分客运、货运的分车型的统计指标
总行驶里程	
客货运周转量	
百车公里燃料消耗量	
百吨（千人）公里燃料消耗量	

3.1.2 统计方法

（1）基础数据获取。

基础数据即车牌号码、单运次的行驶里程、空驶里程、运送客货量、货物名称、燃料消耗量。为了确保数据真实性以及后期可查性，驾驶员应认真填写统计表。运送结束后，由企业专职人员负责统计表的回收、审核，审核的内容包括字迹是否清楚、内容是否完整、数据是否正确等，对发现的问题要及时进行解决。车辆驾驶员或随车人员应填写每次运送货物及相关情况的统计表（表2）。

单车单次运送统计表　　表 2

驾驶员：　　联系电话：　　运送日期：　年　月　日

车牌号码	总行驶里程	空驶行驶里程	运送货物（吨）/（人）	货物名称	分项能耗量		
					汽油（升）	柴油（升）	天然气（立方米）

（2）基础数据的上报。

本文根据统计指标，设计了涵盖运输企业—市运管处—省运管局三级联网的数据采集和数据统计系统，即安徽省能耗统计信息管理系统（概念版，目前不具备实际应用功能），实现基础数据上报、能耗统计指标计算、监测指标预测等功能。全省所有以汽油（含乙醇汽油）、柴油、天然气为燃料的班线客运企业和公路货运企业负责基础数据记录上传；市运管处负责对本市各运输企业基础数据记录、上报等工作的监管与检查；省运管局负责对系统进行维护和指标统计与监测。

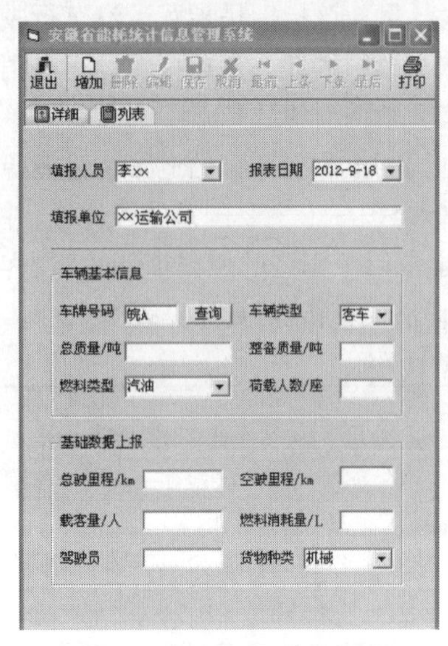

图 3　基础数据上报软件界面

企业端应用系统具有基础数据上报和对本企业能耗指标统计的功能。基础数据上报界面如图 3 所示。

点击“增加”填写相关数据；“删除”是对当前显示记录进行删除；“编辑”是对已录入保存后的数据进行修改；“保存”是将填写的数据上传省运管局服务器，上传成功后与企业服务器中再备份；“取消”是放弃当前数据填写或修改；通过“最前”、“上条”、“下条”、“最后”查询同一车牌号最早或前一条或下一条或最后一条记录。

填报人员是数据录入人员；报表时间是货物（乘客）运送时间；填报单位是系统登录时自动显示，不可编辑；车辆的基本信息包括车牌号码、车辆类型、总质量、整备质量、燃料类型、荷载人数。其中，车牌号码非首次录入时，可以填写后点击“查询”，即可调出该车基本信息。本次统计数据包括总驶里程、空驶里程、燃料消耗量、驾驶员姓名、货物种类。其中，载客量是根据车辆类型选项内容而变化的，如车辆类型是客车，则该项显示为载客量，如车辆类型为载货汽车，则该项显示为载货量。

通过列表可以对以往填写数据的查询。选择起始截止时间后，如填写车牌号码，点击“查询”则显示该车在该时间段内所有数据；如不填写车牌号，则会显示所有车辆在该段时间内的所有数据，显示顺序为车牌号按数字或字母从小到大，逐车显示。“导出列表”是将查询到的内容以 Excel 的格式保存到指定存储区。若点击“打印”，则会直接将显示内容打印，如图 4 所示。

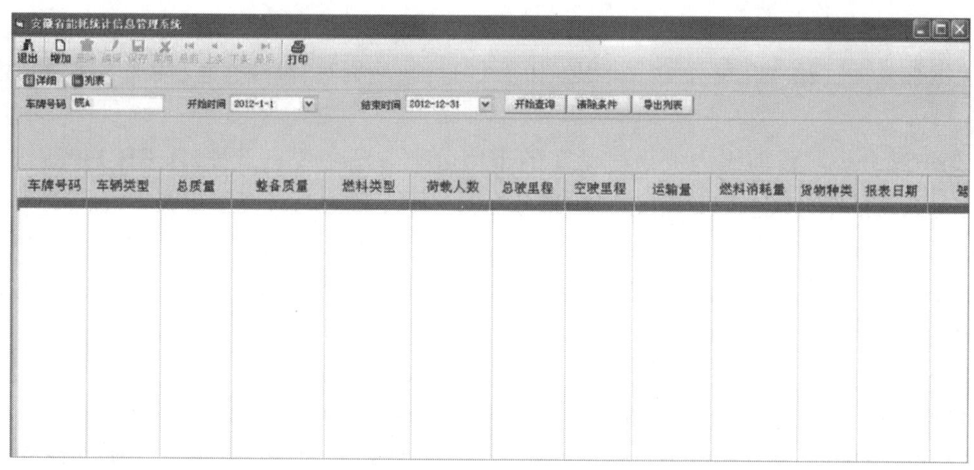

图 4　历史数据查询界面

为了便于运输企业掌握本企业能耗状况，在设定起始截止时间后就可以对所有在用车辆的总行驶里程、燃料总消耗量、百公里油耗、运输周转量、百吨公里燃料消耗量进行计算，方便企业了解能耗状况。界面如图 5 所示。

（3）能耗统计指标计算：

①参数设置。根据我省道路运输特点，依据《公路运输能源消耗统计及分析方法》（GB/T 21393—2008）和《安徽省交通运输能耗监测调查方案》以及相关抽样调查方法，制定本方案。通过企业上传的基础数据，采用自动确定样本车辆数，按照设定的统计方法进行计算。在省运管局端打开统计指标计算功能模块，出现如图 6 所示的界面。

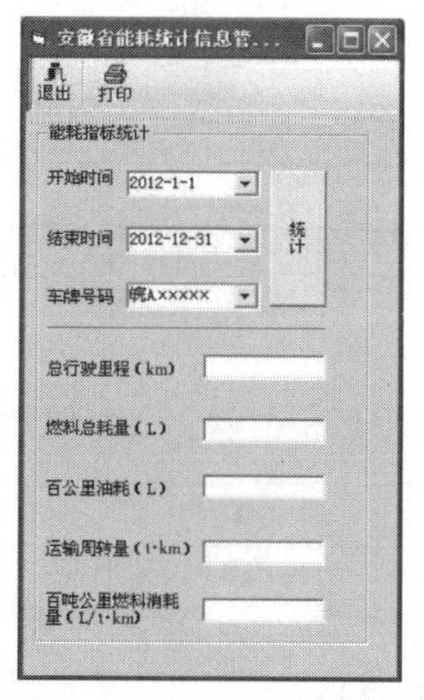

图 5　企业能耗统计指标计算

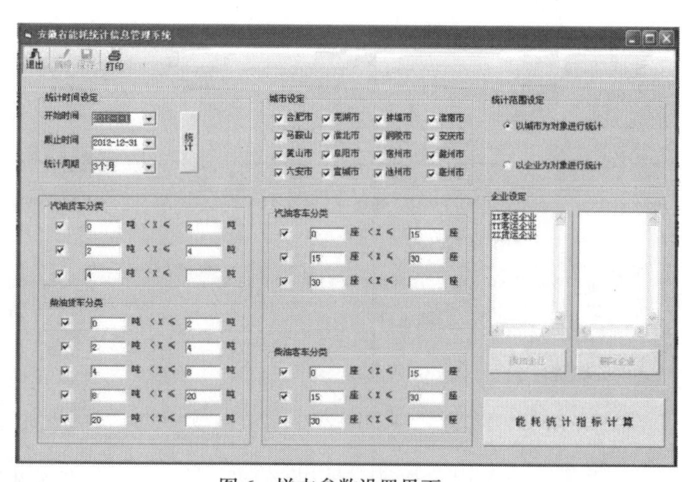

图 6　样本参数设置界面

点击“编辑”，对统计时间、统计范围、货车分类、客车分类进行设置。“统计时间设定”设置统计的起始时间和截止时间以及每个数据点之间的时间间隔长度 D（以下出现的 D 均为此参数），当最后一段时长小于间隔长度 D 时进行截尾处理。

“统计范围设定”确定是对指定的城市所有企业进行抽样计算还是对重点运输企业的能耗指标进行抽样计算，二者只能选其一。可以对全省 16 个市进行选择，了解全省的能耗情况，也可以掌握某一个市的能耗状况。

“货车分类”和“客车分类”可以对汽油货车、柴油货车、汽油客车、柴油客车的长度进行设定。

②车型分类。目前国内关于机动车的车型分类方法主要有五种，即GB 15089—2001《机动车辆及挂车分类》、JT/T 489—2003《收费公路车辆通行费车型分类》、《机动车登记工作规范》附件对车辆的分类、《公路运输抽样调查信息系统》推荐的车型分类、《交通运输综合统计报表制度》规定的车型分类。其中只有《交通运输综合统计报表制度》规定的分类方法有相应的车辆数的统计数据。但这都是按照不同载荷能力对车辆进行分类统计的，这种分类方式与能耗统计对车型的分类原则基本一致，但其存在的问题是：车辆数的统计按照车辆载荷能力分类后，没有进一步细分燃料类型，这一点就不能满足能耗统计的需求。《公路运输能源消耗统计及分析方法》分车型分燃料类型进行统计，但是对于客车分类按照座位数进行分类，和交通运输部对客车按照长度（小型3.5米 $< X \leqslant$ 6米，中型6米 $< X \leqslant$ 9米，大型9米 $< X \leqslant$ 12米，特大型12米 $< X$）分类不相符，科学性较差。综合以上，确定本文车型分类标准，见表3。

本文标准车型分类　　表3

车辆类型	燃油类型	车身长度（米）
载客汽车	汽油	$3.5 < X \leqslant 6$
		$6 < X \leqslant 9$
		$9 < X \leqslant 12$
		$12 < X$
	柴油	$3.5 < X \leqslant 6$
		$6 < X \leqslant 9$
		$9 < X \leqslant 12$
		$12 < X$
车辆类型	燃油类型	核定载质量（吨）
载货汽车	汽油	$X \leqslant 2$
		$2 < X \leqslant 4$
		$4 < X$
	柴油	$X \leqslant 2$
		$2 < X \leqslant 4$
		$4 < X \leqslant 8$
		$8 < X \leqslant 15$
		$15 < X$

当统计时间、统计范围、车型分类确定以后，点击能耗统计指标计算按钮，系统则按照预先设定的程序进行样本确定和指标计算，并将结果进行显示，如图7所示。

③计算过程。按照对全省车辆能耗进行统计，各参数设定按照图6所示的默认值，系统程序自动按如下步骤运行。

a. 全省各子层车辆总数计算。先将全省属于统计范围内的车辆分成16个子层,再以各子层车辆作为抽样总体,系统对数据库内各行政地市分区域车辆进行搜索,计算出各子层车辆数,见表4。

为了加快搜索,节省时间,建议对当前安徽省运政系统内的车辆存储进行重新规划,应按照上述分层方法将各市上报的新进入道路运输市场的车辆以及在用车辆分256个区域(16个市 ×16个子层)存放,统计系统在搜索时,只要分别对这256个区域内的有效车辆数进行计算即可得出每个市每个子层的车辆总数,再累加就可以得到全省各子层车辆总数。连续两年不参加年审的车辆即视为老旧车辆退出了营运市场,在运政系统里自动标记为无效车辆,不在计算范围内。

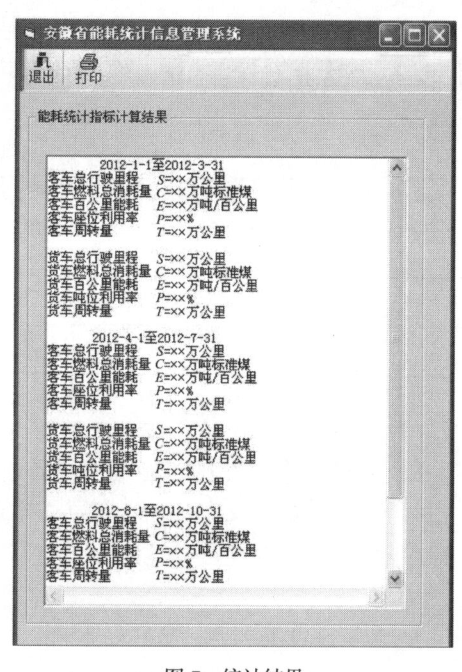

图7 统计结果

营运性运输车辆能源消耗统计分类表 表4

车辆类型	燃油类型	子层序号	车身长度(米)
载客汽车	汽油	1	$3.5 < X \leqslant 6$
		2	$6 < X \leqslant 9$
		3	$9 < X \leqslant 12$
		4	$12 < X$
	柴油	1	$3.5 < X \leqslant 6$
		2	$6 < X \leqslant 9$
		3	$9 < X \leqslant 12$
		4	$12 < X$
车辆类型	**燃料类型**	**子层序号**	**核定载质量(吨)**
载货汽车	汽油	1	$X \leqslant 2$
		2	$2 < X \leqslant 4$
		3	$4 < X$
	柴油	1	$X \leqslant 2$
		2	$2 < X \leqslant 4$
		3	$4 < X \leqslant 8$
		4	$8 < X \leqslant 15$
		5	$15 < X$

b. 样本量的确定与分配。全省各子层最低样本量的确定。各子层样本量是按照95%置信度下，最大相对误差10%，取整计算后的确定，具体见表5。全省样本总量为各子层样本量之和。

全省各子层（各类车型）最低样本量[3]　　表5

全省第 l 类车辆总量 N_l（辆）	全省第 l 类车辆最低样本量（辆）
$N_l \leqslant 20$	N_l
$20 < N_l \leqslant 40$	20
$40 < N_l \leqslant 120$	$N_l/2$
$120 < N_l$	60

系统对各地市样本量的分配按照各地级市每个子层车辆总数在全省同层车辆总数中的占比进行分配。如某 x 市的第 l 子层样本量 n_{xsl} 的计算公式为：

$$n_{xsl} = N_{sl}\frac{n_{xl}}{N_l}$$

式中：N_{sl}——全省第 l 子层最低样本量；

n_{xl}——该市第 l 子层车辆总数；

N_l——全省第 l 子层车辆总数。

根据以上分析，可以建立统计表（表6）。

统计表样式　　表6

车辆类型	燃油类型	车身长度（米）	合 肥 市	芜 湖 市	蚌 埠 市	……
载客汽车	汽油	$3.5<X\leqslant6$				
		$6<X\leqslant9$				
		$9<X\leqslant12$				
		$12<X$				
	柴油	$3.5<X\leqslant6$				
		$6<X\leqslant9$				
		$9<X\leqslant12$				
		$12<X$				
车辆类型	燃油类型	车身长度（米）	合 肥 市	芜 湖 市	蚌 埠 市	……
载货汽车	汽油	$X\leqslant2$				
		$2<X\leqslant4$				
		$4<X$				
	柴油	$X\leqslant2$				
		$2<X\leqslant4$				
		$4<X\leqslant8$				
		$8<X\leqslant15$				
		$15<X$				

c. 样本车辆的选取。按照 x 市运输企业的第 l 子层实际车辆数 n_{xcl} 与该市第 l 子层车辆总数所占的比例计算出该企业第 l 子层的样本量 n_{xcl}。

$$n_{xcsl} = n_{xsl}\frac{n_{xcl}}{n_{xl}}$$

④数据处理方法。

a. 第 x 市某类车第 l 子层车辆里程计算。

第 x 市某类车第 l 子层第 i 台样本车在 D 时间内的总行驶里程 S_{xli}^{Z} 为：

$$S_{xli}^{Z} = \sum_{t=T}^{T+D} L_{xlit}^{Z}$$

第 x 市某类车第 l 子层样本车在 D 时间内的总行驶里程 S_{xl}^{Z} 为：

$$S_{xl}^{Z} = \sum_{i=1}^{n_{xsl}} S_{xli}^{Z}$$

第 x 市某类车第 l 子层第 i 台样本车在 D 时间内的空行驶里程 S_{xli}^{K} 为：

$$S_{xli}^{K} = \sum_{t=T}^{T+D} L_{xlit}^{K}$$

第 x 市某类车第 l 子层样本车在 D 时间内的空行驶里程 S_{xl}^{K} 为：

$$S_{xl}^{K} = \sum_{i=1}^{n_{xsl}} S_{xli}^{K}$$

b. 第 x 市某类车第 l 子层车辆油耗计算。

第 x 市某类车第 l 子层第 i 台样本车在 D 时间内的总油耗 C_{xli} 为：

$$C_{xli} = \sum_{t=T}^{T+D} Q_{xlit}$$

第 x 市某类车第 l 子层样本车在 D 时间内的总油耗 C_{xl} 为：

$$C_{xl} = n_{xl}\sum_{i=1}^{n_{xsl}} C_{xli}/n_{xsl}$$

c. 第 x 市某类车第 l 子层车辆周转量计算。

第 x 市某类车第 l 子层第 i 台样本车在 D 时间内的周转量 T_{li} 为：

$$T_{xli} = \sum_{t=T}^{T+D}（L_{xlit}^{Z} - L_{xlit}^{K}）M_{xlit}$$

第 x 市某类车第 l 子层样本车在 D 时间内的周转量 T_{xl} 为：

$$T_{xl} = n_{xl}\sum_{i=1}^{n_{xsl}} T_{xli}/n_{xsl}$$

d. 全省车辆燃料消耗总量推算。

载客汽车的汽油消耗量推算，全省载客汽车汽油消耗量 C_{kG} 为：

$$C_{kG}=\sum_{x=1}^{16}\sum_{l=1}^{4}C_{xl}$$

柴油消耗量推算，全省载客汽车柴油消耗量 C_{kD} 为：

$$C_{kD}=\sum_{x=1}^{16}\sum_{l=1}^{4}C_{xl}$$

燃油消耗量推算：燃油消耗量是将汽油、柴油分别折算成标准煤后加和计算。折算标准参见表7。

各种能源换算为标准煤参考系数　　表7

名　　称	折标系数（吨标煤）	名　　称	折标系数（吨标煤）
原煤（吨）	0.7143	原油（吨）	1.4286
洗精煤（吨）	0.9000	汽油（吨）	1.4714
其他洗煤（吨）	0.2850	煤油（吨）	1.4714
型煤（吨）	0.6000	柴油（吨）	1.4571
焦炭（吨）	0.9714	燃料油（吨）	1.4286
其他焦化产品（吨）	1.3000	液化石油气（吨）	1.7143
焦炉煤气（万立方米）	6.1430	炼厂干气（吨）	1.5714
高炉煤气（万立方米）	1.2860	其他石油制品（吨）	1.2000
其他煤气（万立方米）	3.5701	热力（百万千焦）	0.0341
天然气（万立方米）	13.300	电力（万千瓦时）（当量值）	1.229

全省载客汽车燃料消耗量 C_k 为：

$$C_k=C_{kG}\times\rho_G\times\alpha_G+C_{kD}\times\rho_D\times\alpha_D$$

载货汽车的汽油消耗量推算，全省载货汽车汽油消耗量 C_{hG} 为：

$$C_{hG}=\sum_{x=1}^{16}\sum_{l=1}^{3}C_{xl}$$

柴油消耗量推算，全省载货汽车柴油消耗量 C_{hD} 为：

$$C_{hD}=\sum_{x=1}^{16}\sum_{l=1}^{5}C_{xl}$$

燃油消耗量推算，燃油消耗量是将汽油、柴油分别折算成标准煤后加和计算。

全省载货汽车燃料消耗量 C_h 为：

$$C_h=C_{hG}\times\rho_G\times\alpha_G+C_{hD}\times\rho_D\times\alpha_D$$

全省客货汽车总消耗 C 为：

$$C=C_k+C_h$$

e. 全省分类车辆总周转量推算。

载客汽车的汽油客车周转量推算，全省载客汽车周转量 T_{kG} 为：

$$T_{kG}=\sum_{x=1}^{16}\sum_{l=1}^{4}T_{xl}$$

柴油客车周转量推算，全省载客汽车周转量 T_{kD} 为：

$$T_{kD}=\sum_{x=1}^{16}\sum_{l=1}^{4}T_{xl}$$

全省客车总周转量 T_k 为：

$$T_k=T_{kG}+T_{kD}$$

载货汽车的汽油货车周转量推算，全省载货汽车周转量 T_{hG} 为：

$$T_{hG}=\sum_{x=1}^{16}\sum_{l=1}^{3}T_{xl}$$

柴油消耗量推算，全省载货汽车柴油消耗量 T_{hD} 为：

$$T_{hD}=\sum_{x=1}^{16}\sum_{l=1}^{5}T_{xl}$$

全省货车总周转量 T_h 为：

$$T_h=T_{hG}+T_{hD}$$

f. 全省百车公里燃料消耗量推算。

载客汽车百公里燃料消耗量，全省载客汽车百公里燃料消耗量 E_k。

全省汽油客车总行驶里程为：$S_{kG}=\sum_{x=1}^{16}\sum_{l=1}^{4}S_{xl}^{Z}$

全省柴油客车总行驶里程为：$S_{kD}=\sum_{x=1}^{16}\sum_{l=1}^{4}S_{xl}^{Z}$

全省客车百公里燃料消耗量为：$E_k=C_k/(S_{kG}+S_{kD})\times100$

载货汽车百公里燃料消耗量：全省载货汽车百公里燃料消耗量 E_h。

全省汽油货车总行驶里程为：$S_{hG}=\sum_{x=1}^{16}\sum_{l=1}^{4}S_{xl}^{Z}$

全省柴油货车总行驶里程为：$S_{hD}=\sum_{x=1}^{16}\sum_{l=1}^{4}S_{xl}^{Z}$

全省货车百公里燃料消耗量为：$E_h=C_h/(S_{hG}+S_{hD})\times100$

全省营运车辆百公里燃料消耗量为：

$$E=(C_h+C_k)/(S_{hG}+S_{hD}+S_{kG}+S_{kD})\times100$$

g. 全省单位运输量燃料消耗量推算。

载客汽车千人公里燃料消耗量：全省载客汽车千人公里燃料消耗量 P_k。

$$P_k=C_k/T_k\times1000$$

载货汽车百吨公里燃料消耗量：全省载货汽车百吨公里燃料消耗量 P_h。

$$P_h=C_h/T_h\times100$$

系统处理流程如图 8 所示。

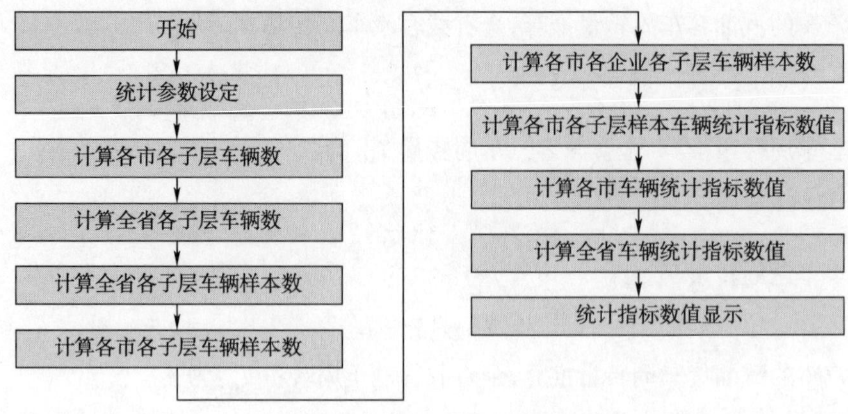

图 8　统计指标数值计算流程图

3.2　节能减排监测

监测的总体思路是在建立健全能耗统计指标体系的基础上，通过对各项能耗指标的数据质量实施全面监测，评估各地、各重点企业能耗数据质量，客观、公正、科学地评价节能降耗工作进展，全面、真实地反映各地区以及重点耗能企业的节能降耗进展情况和取得的成效。

3.2.1　监测指标

根据《国务院批转节能减排统计监测及考核实施方案和办法的通知》（国发〔2007〕36 号）文件要求，结合道路运输行业实际情况，确定道路运输能耗监测指标，共 6 个具体指标，如表 8 所示。

节能减排监测指标体系　　表 8

指标类型	分类指标	序　号	技术指标
各地级市监测指标	产品增速指标	1	客运周转量增长率（%）
		2	货运周转量增长率（%）
	能耗增速指标	3	载客汽车燃料消耗增长率（%）
		4	载货汽车燃料消耗增长率（%）
重点企业监测指标	能耗效率指标	5	载客汽车综合千人公里燃料消耗总量
		6	载货汽车综合百吨公里燃料消耗总量

以上监控指标均可以通过 3.1 节中统计指标计算获得。

为增强统计指标对后期节能减排相关政策的制定以及短期工作的指导作用，可以通过现有的历史数据对各个统计指标未来发展趋势作预测，如能耗、周转量、百公里油耗等。本文通过时间序列对统计指标进行预测。

时间序列是指将某种现象某一个统计指标在不同时间上的各个数值，按时间先后顺序排列而形成的序列。时间序列法是一种定量预测方法，亦称简单外延方法。在统计学中作为一种常用的预测手段被广泛应用。时间序列分析在第二次世界大战前应用于经济预测，随后在军事科学、空间科学、气象预报和工业自动化等领域的应用更加广泛。时间序列分析（Time Series Analysis）是一种动态数据处理的统计方法。该方法基于随机过程理论和数理统计学方法，研究随机数据序列所遵从的统计规律，以用于解决实际问题。

时间序列的预测方法很多，如 AR 模型、MA 模型、ARMA 模型以及指数加权预测等。MA 模型只能进行短期预测，而且还需要有大量的历史数据计算得到残差数据，处理相当繁琐，不便应用。ARMA 模型建模比较麻烦，工程中也比较少用。基于对几种预测方法的比较，本文确定使用 AR 模型进行预测。

对与 n 阶 AR（n）模型 l 步预测公式（$l \leqslant n$）有：

$$\hat{x}_t(l)=\varphi_1\hat{x}_t(l-1)+\varphi_2\hat{x}_t(l-2)+\cdots+\varphi_{l-1}\hat{x}_t(1)+\varphi_l x_t+\varphi_{l+1}x_{t-1}+\cdots\varphi_n x_{t+l-n}$$

所以可以推得 1 步预测为：

$$\hat{x}_t(1)=\varphi_1 x_t+\varphi_2 x_{t-1}+\cdots+\varphi_n x_{t+1-n}$$

第 2 步预测为：

$$\hat{x}_t(2)=\varphi_1\hat{x}_t(1)+\varphi_2 x_t+\varphi_3 x_{t-1}+\cdots+\varphi_n x_{t+2-n}$$

其中，φ 为未知系数，x_t 为已有历史数据，$\hat{x}_t(1)$ 为第 1 步预测值，$\hat{x}_t(2)$ 为第 2 步预测值。

当 $\{x_t\}$ 成正态分布，且取置信水平为 0.05 时，真值 x_{t+l} 以 95% 的概率落入区间：

$$\left[\hat{x}_t(l)-1.96\sigma_a\sqrt{\sum_{j=0}^{l-1}G_j^2},\hat{x}_t(l)+1.96\,\sigma_a\sqrt{\sum_{j=0}^{l-1}G_j^2}\right]$$

从上述第 1 步和第 2 步预测公式可以看出，x_t 数据都是原有的存在的，要求出预测值，对于 n 阶 AR（n）模型，需要求出 φ_1 ~ φ_{15} 这 15 个未知数。对于这 15 个未知数，可以采用 burg 算法、FPE 准则进行计算获得。程序运行流程如图 9 所示。

参数 φ 获得后代入预测公式计算预测值，并将历史数据与预测数据一起显示。

预测前要先进行预测指标设定，暂定可以预测的指标有 5 个，分别是总能耗消耗量、百公里能耗、运输周转量、百吨公里能耗、总行驶里程，每一个指标数值点以不同连接线区分，如图 10 所示。

设置预测指标项，将所需预测指标以往的历史数据（应该是相同间隔周期）保存在指定位置，点击“预测”即可进行预测。指标显示单位根据所要预测的指标性质决定，且刻度根据数值大小动态变化。通过左右或上下拖动滑块进行观察。显示区的最后两点（画圈）是基于历史数据进行的第 2 步预测。

通过监测指标的预测，能及时掌握行业能耗发展的趋势，为政策的制定提供更好的依据。

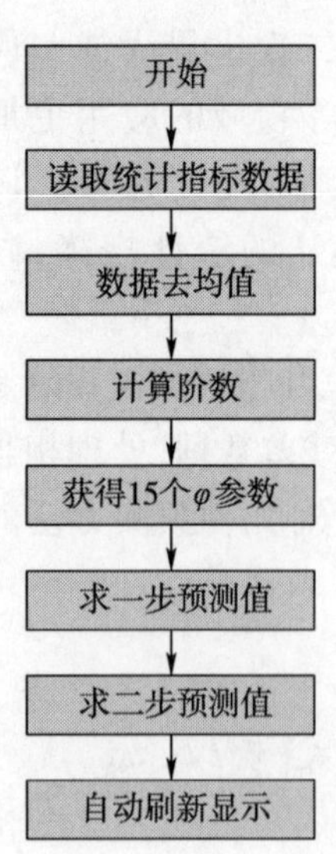

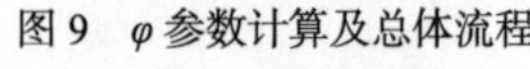
图9　φ参数计算及总体流程

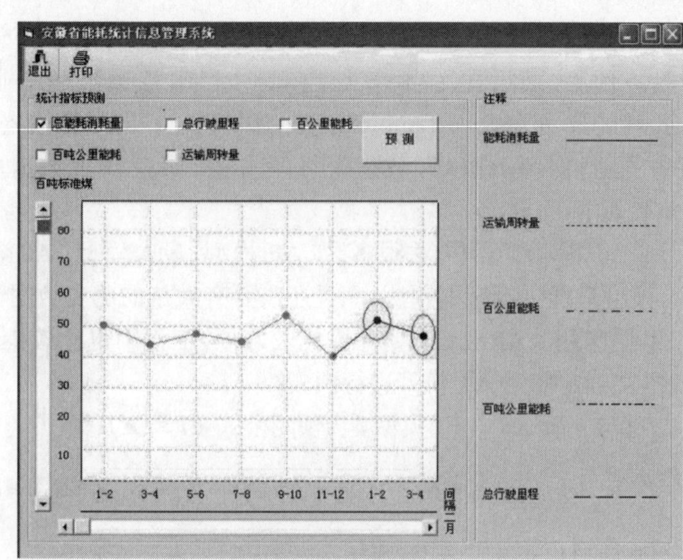

图10　预测界面

3.2.2　监测实施

监测主体:省交通厅是监测主体（具体由省运管局负责）,实行逐级监测的方法,节能降耗目标及其数据指标分别由上一级管理部门对下一级管理部门的监测数据指标进行定期监测。各市运管处对自己的节能减排指标进行监测,并对地区重点运输企业的指标进行监测。

监测范围:采取“全面监测＋重点监测”相结合的形式,以地级市为单位开展节能减排指标的全面监测,对各地级市年耗能5000吨标准煤以上的重点企业实施监测、在监测周期上兼顾年度、半年期,最大限度地提高监测的准确性和时效性。

监测方式:通过本文设计的安徽省能耗统计信息管理系统对能耗统计指标进行计算,并根据结果对监测指标再计算。根据当前的指标数值与以前年份对应期间数值相比较的方式,反映节能减排进展情况。

3.3　节能减排考核

3.3.1　总体思路

按照目标明确,责任落实,措施到位,奖惩分明,一级抓一级,一级考核一级的要求,建立健全节能目标责任评价、考核和奖惩制度,强化行业管理部门和企业责任,发挥节能政策指挥棒作用,确保实现道路运输行业“十二五”节能目标。

3.3.2　考核方案

（1）考核目的:

考核目的是进一步推动道路运输行业节能工作,落实完成“十二五”节能目标,强化交通部门的节能责任,促进交通部门紧紧围绕落实国家、省、市节能目标,抓实交通节能工作重点,建立交通节能长效机制,实施“目标明确,责任落实,措施到位,一级抓一级,一级考核一级”的节能目标责任和考核制度,确保交通节能目标的实现。

（2）考核对象：

考核对象是各地市道路运输管理机构和重点能耗单位。

（3）考核方法：

采用量化办法，相应设置节能目标完成指标和节能措施落实指标，满分为100分。节能目标完成指标为定量考核指标。

（4）考核程序：

①各市按照年度节能减排工作要求，确定年度节能目标并报告省运管局备案。

②每年2月底前，各市运管处将上年度本地区节能工作进展情况和节能目标完成情况自查报省运管局。10月份，省运管局组成评价考核工作组，通过现场核查和重点抽查等方式，对各市节能工作及节能目标完成情况进行评价。

③对重点耗能道路运输企业的节能目标责任评价考核按属地原则由市级节能主管部门负责组织实施。企业每年定期向所在地市级运管部门提交上年度节能目标完成情况和节能工作进展情况自查报告，同时抄报省运管局。省运管局（也可依托协会）组织以社会各界专家为主的评估组，对企业节能目标完成情况进行评估核查。

（5）奖惩措施：

①对完成和超额完成的运管机构，结合全省节能表彰活动进行表彰奖励。对考核等级为未完成的运管机构，领导干部不得参加年度评奖、授予荣誉称号等。未完成的运管机构，应在评价考核结果公告后一个月内，向省运管局做出书面报告，提出限期整改工作措施。整改不到位的，由监察部门依据有关规定追究该地区有关责任人员的责任。

②对超额完成和完成的企业，由省运管局予以通报表扬，并结合全省节能表彰活动进行表彰奖励。未完成的企业，予以通报批评，一律不得参加年度评奖、授予荣誉称号，并在评价考核结果公告后一个月内提出整改措施报所在地运管部门，限期整改。

3.3.3 考核内容

根据当前节能减排工作实施的情况，结合交通运输部相关考核指标，制定考核方式，具体指标见表9和表10。

地方道路运输管理部门节能考核表 表9

评价指标	序号	评价内容	分值	评分标准
节能目标（40分）	1	上级行业管理部门或政府要求的节能目标	40	完成年度计划目标得40分，完成目标的90%得36分，完成80%得32分，完成70%得28分，完成60%得24分，完成50%得20分，完成50%以下不得分。每超额完成10%加3分，最多加9分。本指标为否决性指标，只要未达到年度计划确定的目标值即为不合格
组织领导（10分）	2	工作协调	6	①建立由行业主要负责人为组长的节能领导小组及节能工作协调机制，职责分工明确，有节能工作规划和年度工作计划，2分。 ②定期召开会议，研究重大问题，定期检查行业节能减排工作，有会议记录和检查记录，1分。 ③各级道路运输管理部门设立了节能减排及能源消耗统计机构并提供工作保障，1分。 ④安排节能减排专项资金并足额落实，2分

续上表

评价指标	序号	评价内容	分值	评分标准
组织领导（10分）	3	节能宣传	4	①开展行业节能宣传，有报道，1分。 ②开展经验交流，有会议记录，1分。 ③开展节能竞赛活动或表彰活动，2分
节能措施（50分）	4	节能管理	12	①按照行业节能目标进行逐级分解，行业节能目标不高于上年度的，2分。 ②建立行业节能减排的统计、监测、考核制度，有实施记录并定期公布，3分。 ③建立重点运输企业的节能目标考核制度，有实施记录并定期公布，3分。 ④建立重点运输企业能源利用状况报告制度，组织企业参加相关培训并实施，1分。 ⑤组织实施节能示范项目，组织企业获得交通运输部及国家节能示范项目的，2分；获得省级示范项目的，1分。 ⑥建立节能技术推广的服务机制，1分
	5	运输组织	18	①新增客运线路实载率达70%（含）以上，5分。不符合要求每条线路扣1分，本项分数扣完为止。 ②配发《道路运输证》的新增营运车辆应为《达标车型表》内核查合格的车辆，或符合按过渡车型或特种车型办理条件的车辆，5分。 ③引导发展城市公共交通系统，有相关政策和措施，2分。 ④引导物流业发展，有相关政策和实施措施，2分。 ⑤引导甩挂运输的应用，有相关政策和实施措施，2分。 ⑥鼓励运输企业淘汰落后高耗能运输装备，有相关措施，2分
	6	技术支持	16	①利用信息化手段，引导运输业户货运车辆合理配载，2分。 ②综合性能检测站严格按照GB 18565—2012《营运车辆综合性能要求和检验方法》开展检测，2分。 ③按照JT/T 198—2004《营运车辆技术等级划分和评定要求》标准的要求开展营运车辆技术等级评定，有相关的措施，2分。 ④依据GB/T 4352—2007《载货汽车运行燃料消耗量》、GB/T 4353—2007《载客汽车运行燃料消耗量》引导运输企业制定营运车辆运行燃料消耗量定额，1分。 ⑤建立营运车辆维护制度，引导运输企业执行GB/T 18344—2001《汽车维护、检测、诊断技术规范》标准，2分。 ⑥在营业性驾驶员从业资格培训中加入节能驾驶的培训内容，4分。 ⑦鼓励推广使用替代燃料和清洁能源车辆，并提供车辆性能保障技术支持，1分。 ⑧把节能减排技术研发列入年度科技计划，2分
	7	其他	4	①新、改、扩建的客、货运输站场应按照《汽车客运站节能评价方法》或《汽车货运站（场）节能评价方法》进行评价，2分。 ②制定公共机构节能规划，建立考核制度，开展公共机构能源统计，1分。 ③公共机构应使用节能型设备，能源消耗少于上一年度消耗定额，1分
总计			100	

考核结果分为A（超额完成，95分以上）、B（完成，80 ~ 94分）、C（基本完成，60 ~ 80分）、D（未完成，60分以下）四个等级。未完成节能目标的，直接评定为不合格。

地方道路运输企业节能考核表　　表10

评价指标	序号	评价内容	分值	评分标准
节能目标（40分）	1	行业管理部门或政府要求的节能目标	40	监测指标不高于年度计划目标得40分，高于目标的10%（含）之内得35分、10% ~ 20%（含）得30分、20% ~ 30%（含）得25分、30% ~ 40%（含）得20分、40% ~ 50%（含）得15分、50%以上不得分。每低于年度计划目标5%（含）加2分，最多加6分。本指标为否决性指标，只要高于目标值即为不合格
节能措施（60分）	2	组织领导	5	①建立由企业主要负责人为组长的节能工作小组，职责分工明确，有工作计划，定期检查企业节能减排工作，有会议记录和检查记录，2分。 ②设立或指定企业节能减排管理部门并提供工作保障，安排节能专项工作资金，3分
	3	节能宣传	3	①召开员工大会宣传活动，企业内部有宣传报道，1分。 ②开展节能竞赛活动，2分
	4	节能管理	11	①建立企业节能减排的统计、监测、考核制度和奖惩制度，有实施记录并定期公布，2分。 ②制定了年度万元运输收入能耗指标并逐级分解，能耗指标不高于上年度实际万元运输收入能耗，1分。 ③依法依规配备能源计量器具，并定期进行检定、校准，1分。 ④建立能源统计台账，并按要求登录信息管理系统上报基础数据，4分。 ⑤建立主要用能设备管理制度并有实施记录，1分。 ⑥建立从业人员管理及节能培训制度并有实施记录，1分。 ⑦建立节能技术推广、节能经验交流制度并有实施记录，1分
	5	运输组织	12	①车辆实载率： 货运：在75%（含）以上，8分；在65%（含）至75%间，6分；在50%（含）至65%间，4分；在50%以下，0分。 客运：在65%（含）以上，8分；在55%（含）至65%间，6分；在45%（含）至55%间，4分；在45%以下，0分。 ②工作车率： 在90%（含）以上，4分；在85%（含）至90%间，2分；在85%以下，0分
	6	机务保障	12	①按照JT/T 198—2004《营运车辆技术等级划分和评定要求》标准，营运车辆技术等级为一级达60%（含）以上，3分；在50%（含）至60%间，2分；在50%以下，0分。 ②车辆完好率达到97%（含）以上，3分；在90%（含）至97%间，2分；在90%以下，0分。 ③制定了车辆维护制度并得到执行，2分。 ④按规定淘汰落后耗能运输装备，2分。 ⑤制定了各类车辆运行燃料消耗量定额，并根据车辆技术性能、道路条件、运输组织变化等进行修订，2分

续上表

评价指标	序号	评价内容	分值	评分标准
节能措施（60分）	7	驾驶员	15	①对新招聘的驾驶员开展驾驶节能操作培训，4分；没有进行驾驶节能操作培训每个新招聘驾驶员扣0.5分，本项分数扣完为止。 ②定期开展驾驶员驾驶节能操作轮训及驾驶节能操作经验交流，4分。 ③按照各类车辆运行燃料消耗量定额实施了对驾驶员节超奖惩，5分。 ④通过对装有GPS车辆的驾驶员进行监控，指导驾驶员的节能操作，2分
	8	其他	2	①开展了节能技术、替代燃料等新技术应用，1分。 ②有节能技改计划并得到实施，1分
小计			100	

考核结果分为A（超额完成，95分以上）、B（完成，80～94分）、C（基本完成，60～80分）、D（未完成，60分以下）四个等级。未完成节能目标的，直接评定为不合格。

4　道路运输业节能减排的控制举措

道路运输行业加强节能减排工作，除了建立节能减排评价指标体系，提出考核办法进行考核外，还可以采取多方面的对策，如宣传、标准、能源管理、运力结构、运输组织等方面，结合国内外道路运输行业节能减排的先进经验并充分利用现有资源开展节能减排工作。

4.1　倡导节能减排理念

以国家每年举行的节能宣传周为活动载体，在全行业开展节能宣传活动，通过宣传、教育和培训，提高道路运输从业人员对节能减排工作的认识，使节约能源逐渐成为全行业的自觉行为。

4.2　建立能耗统计及考核制度

建立和完善行业能源消耗统计、监测及考核制度。可以通过立法，强制建立和完善道路运输行业能源消耗统计制度，解决统计数据缺失和数据失真的问题，全面掌握、监控行业能耗状况和水平，为道路运输行业节能减排评价考核提供基础数据。

4.3　加大节能减排资金投入力度

道路运输主管部门通过建立节能减排专项基金，专款专用，加大节能减排工作的资金投入，保障能源统计、节能减排标准、节能规划等基础性工作的展开，保障节能减排考核激励措施所需要资金的及时到位，促进节能技术研究应用、节能示范工程推广等项目的及时开展并顺利实施，引导全行业节能减排工作的全面进行。

4.4 优先大力发展公交

通过合理布置站点，优化行驶线路，建设高效快捷并与城市发展相适应的公共交通系统；放开搞活公共交通行业，完善支持政策，提高运营质量和效率，为居民出行提供安全、方便、舒适、快捷、经济的公共交通服务；积极有序地发展快速公交、轨道交通等大运量公共交通系统，解决汽车化背景下的带来交通拥挤、堵塞、环境污染等一系列问题。

4.5 加强道路运输企业燃油管理

燃油消耗定额制度的实施不仅可以挖掘驾驶员的节能潜力，而且为制定合理有效的考核与奖惩制度提供依据[4]。加强以燃油消耗统计考核为基础的道路运输企业工作，对节约社会资源、促进经济发展具有重要意义，社会效益显著。对所有车辆的燃油消耗采取分车型、分线路、分类型的期或不定期的节能跟踪调查，然后根据企业的财务报表，计算油耗的盈利节点来控制油耗水平[5]。

4.6 推进道路运输企业驾驶员管理

驾驶员是汽车的直接操作者，汽车驾驶操作是影响燃油消耗的重要因素。在相同车辆、同样运行条件的情况下，由于驾驶操作技术水平的不同，油耗可以相差 30% 左右[6]。因此企业首先应当以提高驾驶员的培训质量为核心，开展营运驾驶员节能技术培训。其次建立驾驶员严格的考核制度，定期对燃油消耗超标的驾驶员进行考核，实行末位淘汰制，通过这种定期考核，提高驾驶员的环保意识。

4.7 强化道路运输企业车辆管理

以营运车辆结构调整为主线，优化营运客车运力结构，严格控制盲目增加运力。发挥市场作用，使车辆老旧、排放大的在用车辆逐步淘汰出客运市场。推进高效低耗大容量客车的发展，提高单次运输能力，降低单位能源消耗。尽量选用自重轻、承载量大、能耗低、污染小的环保型、节约型运输车辆，优先发展运输效率高、能耗低的重型货车和特种专用货车。大力发展集装箱半挂、分体（甩挂）运输。鼓励汽车运输企业提供仓储、包装、运输等全过程一体化的第三方服务，构建现代化大物流。做好道路运输车辆技术管理，是汽车节能减排的基础。做好车辆的使用技术管理与车辆的修理技术管理。加强法制力度及监察力度，对在用车的排放进行定期检测和随机抽查，促进车辆进行严格的维修、保养，使车辆保持正常的技术状态[7]。

参考文献

[1] 朱伽林．节能减排——我们共同的责任［DB/OL］，2011.
[2] 李忠奎．公路水路交通运输节能减排规划和政策的解读［DB/OL］.2011.

[3] 李海东,高南林,涂建军.交通行业节能减排的研究与实践[M].广州:暨南大学出版社,2010:30-48.

[4] 高翔,吴云让.谈汽车运输企业的燃油管理[J].山东冶金，2002(8):4-5.

[5] 倪国定,王瑾.道路运输企业降低油料消耗的可行性措施[J].交通与运输,2006(4):52-53.

[6] 苏慧青.汽车驾驶与技术状况对节油的影响[J].汽车技术，2003(10):20-23.

[7] 黄雄健.柴油机排放污染的控制[J].广西工学院学报，2000(3):35-38.

城乡道路客运一体化发展策略研究

张　军，王洪安，陈　理

【摘要】本文旨在通过对城乡道路客运发展的现状及其发展环境进行分析，并对城乡道路客运发展实践进行总结的基础上，进一步理清城乡道路客运发展思路，提出保障城乡道路客运健康有序发展的政策建议。

【关键词】城乡客运；一体化；政策建议

1　研究背景及方法

1.1　研究背景

城乡道路客运是联系城乡、服务居民出行的重要纽带，是城乡经济社会一体化发展的重要基础，与人民群众生产生活息息相关。推进城乡道路客运一体化发展，实现城乡道路客运资源共享、政策协调、衔接顺畅、布局合理、结构优化、服务优质，是贯彻中央统筹城乡协调发展战略、落实中央"三农"政策的重要举措，是加快转变城乡道路客运发展方式、提升行业可持续发展能力、发挥行业比较优势的迫切需要，对推进城乡道路客运基本公共服务均等化具有重要意义。

近年来，在各级政府的大力支持下，各地交通运输主管部门和道路运输管理机构创新推动，广大运输企业和从业人员积极奉献，我国城乡道路客运一体化发展步伐加快，成效初显。与此同时，城市公共交通、城际客运、农村客运发展不平衡，网络不协调，衔接不顺畅，政策不配套等问题仍很突出，制约了城乡道路客运公共服务能力和保障水平，影响了城乡道路客运的竞争力和可持续发展能力。因此，有必要对推进城乡道路客运一体化发展过程存在的机遇、面临的挑战进行系统分析，提出切实可行的政策措施，引领城乡道路客运规范有序发展。

1.2　研究思路与方法

本文首先明确城乡道路客运一体化的内涵，随后对城乡道路客运发展现状和发展环境进行了分析，通过选取国内及安徽省内部分地区发展城乡道路客运一体化的实例，总结归纳出城乡道路客运一体化发展的经验，最后提出发展城乡道路客运一体化的模式、工作重点及保障措施。

研究方法方面,本文通过 SWOT 法对城乡道路客运一体化发展的环境进行分析,并采用规范分析与实证分析相结合的方法总结出城乡道路客运一体化发展的经验和模式,提出了相应的政策建议。文中的基本研究思路框架如图 1 所示。

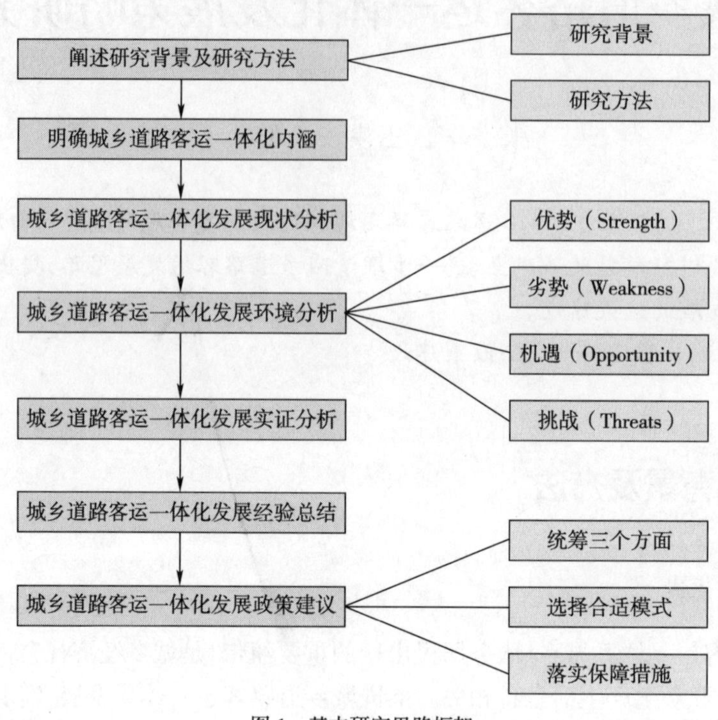

图 1　基本研究思路框架

2　城乡道路客运一体化内涵

2.1　区域客运系统构成

按照客运的组织形式,区域客运系统可以分为城市客运、城乡客运和城际客运三类,如图 2 所示。

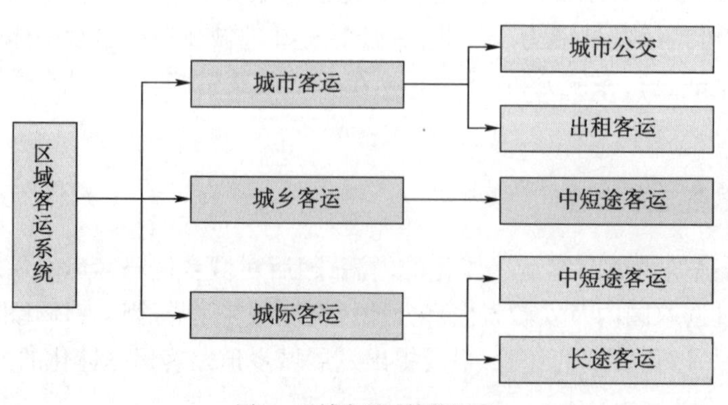

图 2　区域客运系统的组成

城乡客运系统是由线路、场站、车辆、管理等几大要素构成的有机联系、相互补充、相互促进的统一整体。城乡客运以中短途客运为主。推进城乡客运一体化主要是促进城市公交与农村客运的协调发展。

2.2 城市公交与农村客运技术经济特征

城市公交与农村客运具有一定的共同点。两者都是客运方式的一种,需要乘客支付一定的费用,购买从出发点到目的地的运输服务。

城市公交与农村客运又有较大差别。

一是需求特征不同。城市公交主要服务常发性出行,以通勤和生活性出行为主。城市居民对票价具有较高的敏感度,价格是选择客运方式非常重要的因素;农村客运主要服务偶发性出行,以事务性交通为主,农村居民对票价敏感度相对较低。

二是服务范围不同。城市公交运营集中在城市范围;农村客运集中在城乡、村镇之间。

三是管理模式不同。城市公交的竞争性或垄断性取决于政府的管制政策,城区允许多家经营,但单一线路一般只允许一家公司经营;农村客运单条线路允许多家公司(或主体)经营,线路经营权由道路运输管理机构许可。

四是定价机制不同。城市公交实行政府管制的公益性低票价政策;农村客运实行成本效益定价,基于统一的单位里程价格标准。

五是运营组织不同。城市公交发车密度较高,单条线路日均发车班次较多,客运量大,允许乘客站立;农村客运发车密度较低,与线路长度有关,差异较大,按核载人数载客。

2.3 城乡客运一体化内涵

城乡客运一体化就是在城乡区域范围内,城市客运、城乡客运中的各种交通方式按照其技术经济特点组成分工协作、有机结合、连接贯通、布局合理的综合客运交通体系。城乡客运一体化表现在客运体系内的充分整合,具体应包括以下四层含义。

2.3.1 管理主体一体化

管理主体一体化是指城乡客运实行统一归口管理,主要包括城乡客运经营许可、市场管理规定的制定、对违规行为的处罚等。通过打破城市公交与农村客运二元分割局面,理顺城乡客运管理体制,建立一个集建设和管理一体化的组织体系与制度,分工明确合理、调度指挥灵活,可进行良好的组织协调管理。

2.3.2 基础设施一体化

基础设施一体化是指在城乡客运规划建设中,加强道路、场站等系统规划,充分考虑各种经营方式的有机衔接,合理规划调整线路网络和场站布局,追求零距离换乘和无缝衔接。

2.3.3 经营主体一体化

经营主体一体化是指建立统一、规范、合理、高效的城乡客运一体化市场经营主体,在实施城乡客运一体化的条件下,引导城市公交客运和道路客运进行整合,按照规模化、集约化、公司化的要求组建客运公司,使其真正成为产权清晰、利益明确、自主经营、自我约束、自谋发展的具有独立法人资格和独立经济利益的市场主体,推动客运朝企业规模化、生产专业化、技术现代化、经营规范化方向发展。

2.3.4　法规政策一体化

城乡道路客运在法规、政策方面应逐步做到一体化，经营者和特殊乘客在城乡道路客运中应享受同等待遇。此外，城乡客运服务标准要统一，车辆投放要统一规范，统一接受社会监督。

3　城乡道路客运发展现状

随着城镇建设规模的扩大和基础设施的逐步完善，人流、物流、资金流、信息流向城镇集中，形成集聚、流转效应，城乡居民消费结构由“吃、穿、用”开始向“住、行、休闲”升级。城乡居民收入持续提高，必然要对出行的可达性、安全性、快捷性、便利性、舒适性等交通服务质量提出要求，并对城乡客运的通达深度、运输能力、客票价格等加以关注。另一方面，随着国家和各省级高速公路网规划的实施，干线公路、农村公路、“通畅”工程以及农村客运网络化工程的全面推进，中国城乡道路快速发展。城乡道路网和公共交通基础设施建设的日趋完善，为发展城乡客运一体化奠定了坚实的基础。

3.1　基本状况

据统计，到2010年年底，全国有农村客运线路8.8万条、车辆35.7万辆、日均发班110万班；城市公共汽电车线路已达63.4万公里，运输总量达726亿人次，全国城市轨道交通总里程达1471公里。2010年与“十五”末道路客运发展对比情况如表1所示。

2010年与“十五”末道路客运发展情况对比表　　表1

具体指标	2005年	2010年	增长幅度
营运客车数量（万辆）	72.8	83.1	14.2%
客运量（亿人次）	169.7	305.3	79.9%
客运量在综合运输体系中占比（%）	91.9%	93.4%	1.5%
旅客周转量（亿人公里）	9292.1	15020.8	61.7%
旅客周转量在综合运输体系中占比（%）	53.2%	53.8%	0.6%
客运线路条数（条）	162330	168247	3.6%
客运线路平均日发班次（班次/日）	1410590	1835650	30.1%
载客汽车平均座位（位/辆）	21.8	24.3	11.5%
客运班车中中高级客车占比（%）	39.5%	53.5%	14%
乡镇通班车率（%）	97.8%	98.1%	0.3%
建制村通班车率（%）	84.7%	90.1%	5.4%
道路客运站（个）	14895	240152	16倍
二级以上客运站数量	2570	2776	8.0%
客运站平均日旅客发送量（万人次/日）	1808	2259	25%

从安徽省情况来看，“十一五”期间，安徽省初步构建了城乡协调的运输网络。城际快速客运通道大力发展，省辖市间共开通126条直达班线，基本实现了16个省辖市间客运直达。全省班线客运线路、班次达10500条、76000次，比“十五”末分别增长23.3%、30.4%。目前，安徽省有各类公交企业100家，公交车辆12257标台，从业人员42721人，16个地级市全部开通公交线路，覆盖率为100%，61个县（县级市）中，有57个县（县级市）开通公交线路，覆盖率为93.4%。农村客运发展迅速，通公路行政村班车通达率达到98.5%，比“十五”末增长了17%，建设农村客运站1002个，新建候车点13000个，方便了农村老百姓候车。一个以县城为中心，村村相通、乡镇相连、城乡一体、便捷安全的农村客运网络基本完善。

3.2 行业发展政策

早在2003年，原交通部就下发了《关于加快发展农村客运和开展农村客运网络化试点工作的通知》，并在东部、中部和西部选择了7个省13个地级市和县作为全国农村客运试点地区，以探索发展农村客运的经验。在客运需求的推动下，产生了农村客运公交化的特殊发展模式。此后，各地结合当地的经济社会发展水平，因地制宜地出台了一系列统筹城乡客运发展的政策。

安徽省政府将农村地区通车工程作为47项便民措施之一。安徽省交通运输厅也及时下发了《关于农村客运班车通达工程的实施意见》，提出了农村客运班车通达工程的主要目标、应达到的标准，对农村客运的发展进行了周密的部署。随后又下发了《省交通厅、省财政厅、省物价局关于对通乡村客运班车交通规费征收实行优惠政策的通知》，为农村客运经营者减负达1.8亿。为加强农村客运基础设施建设，省交通运输厅下发了《关于加强农村客运站点与农村公路建设协调发展的通知》，明确农村客运站点规划建设要与农村公路同步规划、同步设计、同步建设、同步交付验收。这些文件的出台，大大推动了安徽农村客运的发展。2010年，安徽省下发《全省开展城乡客运协调发展效能建设主题实践活动实施方案》，将“城乡客运协调发展”作为全年的效能建设主题实践活动，要求通过完善城乡道路、站场等基础设施，构建高效运作、相互融合的城乡客运网络，综合利用各种客运资源，不断提高城乡道路客运的运行效能和服务质量，规范客运经营行为，最大限度减少城乡居民换乘次数，实现城乡道路客运在统筹规划、运输组织、经营方式和市场监管等方面协调发展。为发挥示范效应，安徽省在铜陵市、阜阳市和滁州的天长市进行了城乡客运协调发展的试点工作，并总结了三种经营模式在全省推广。

2011年，交通运输部再次下发了《关于积极推进城乡道路客运一体化发展的意见》，提出“力争用5年左右时间，全国城乡道路客运一体化发展取得重要突破，城乡道路客运发展更加协调、网络衔接更加顺畅、政策保障更加到位，服务广度和深度逐步提升，服务质量显著改善，可持续发展能力明显增强”的工作目标。具体目标包括：一是基本建成分工明确、衔接顺畅、保障有力、安全高效的城际、城市、城乡、镇村四级客运网络。二是建设一个管理规范、服务优质、衔接顺畅、方便灵活的城际客运系统，有效衔接城市公共交通、农村客运及其他客运方式，不断巩固道路客运的保障能力、竞争优势及其在综合运输体系中的主体地位。

三是基本建成能力充分、方便快捷、安全舒适、节能环保的城市公共交通系统，实现地市级以上城市公共交通网络覆盖郊区主要乡镇。四是加快构建覆盖全面、运行稳定、安全规范、经济便捷的农村客运系统，实现全国乡镇通班车率达到 100%，建制村通班车率达到 92%，100% 的中心镇建成客运站、候车亭或招呼站；积极推进农村客运线路公交化改造，力争实现县域内 20 公里范围内的农村客运线路公交化运行率达到 30% 以上。

3.3　存在问题

3.3.1　城市公交与道路客运协调发展不够

根据传统观念，城市公交一般在城市市区经营，主要为城市居民提供出行服务，城乡道路客运则为城乡居民长途出行提供服务，两者的市场相对分割。随着城市化进程推进和行政区划的变化，城市市区和郊区的界限很难界定，造成两种运输组织形式的市场相互渗透，城乡道路客运市场和城市客运市场认识上的相对分割违背了运输经济发展的客观规律，已经不适应城乡一体化发展的需求。现实表现为城市公交与道路客运没有形成一个统一开放、主体平等、公平竞争的大市场，缺乏统一的市场准入制度、服务规范和发展保障措施等。

3.3.2　城乡客运管理体制亟待理顺

随着经济社会的发展，城市客运和短途道路客运逐步开始融合，传统的城市客运和短途道路客运分治的管理体制也逐渐变得不适应。尽管大部制改革打破了体制坚冰，但在基层，体制不顺的问题依然存在。传统的多部门分治模式是长期延续下来的模式，体制上存在多头管理和职能交叉，没有形成精简、高效、统一的综合交通管理体制，不利于统筹城乡客运协调发展。目前，交通运输主管部门的职责范围仅限于公共客运的运营管理，而由其他部门负责城市交通基础设施规划、建设以及服务定价和财政补贴等，如果协调机制不跟进，统筹协调依然受体制制约。

3.3.3　客运线路等资源配置不合理

线路重叠、运力浪费现象突出。随着城市规模的不断扩大，城乡一体化进程的加快，城乡道路状况的改善，人民群众出行的要求越来越高，为适应市场需求，城市公交和农村客运的经营主体都抓住这一发展契机，新增或拓展了部分经营路线，从而出现了城市公交客运和农公班线客运相互渗透重叠运营情况，造成了资源浪费和无序竞争以及企业的亏损。由于各自受利益驱动，相互争夺客源，不时会产生经营纠纷，影响了和谐稳定。另一方面，线路资源配置不合理，线网分布不均匀，出现热点班线争破头、偏僻线路无人跑的局面。

3.3.4　农村客运亏损严重，财政补贴难以落实到位

农村公交车主要的运行线路在乡镇，它的特点是客流量少，流向、流时不固定，运价水平低和车辆油耗高，同时它又享受不到城市公交的种种优惠政策，从而面临入不敷出、全面亏损的尴尬局面。

3.3.5　市场监管难度大

目前，阻碍城乡道路客运一体化发展的一个重要因素，就是“黑车”屡禁不止。行业管理部门虽然将打击非法营运作为重中之重来抓，但由于“黑车”具有机动性强、灵活性高、廉价等特性，一些群众还是愿意乘坐“黑车”。而管理部门的执法手段有限，对非法营运取

证又难，导致打击“黑车”工作举步维艰。

4 城乡道路客运一体化发展环境的SWOT分析

4.1 优势（Strength）

4.1.1 有较为充足的运力作为保证

截至2011年年底，安徽省从事农村客运班车数量为19644台，座位数327390个。全省已开通农村客运班线4250条，日发班次57894个，分别占整个道路客运的41.6%和72.16%。农村客运的运力逐年增加，车辆结构进一步改善。与2006年年底相比，车辆数和座位数分别增加了13.7%和38.47%，中级车由463台，增加至4349台，增长近10倍，农民群众的乘车条件大为改善。

4.1.2 有庞大的从业人员队伍作为支撑

截至2011年年底，安徽省农村客运班车的从业人员4多万人。根据交通运输部《道路运输驾驶员诚信考核办法（试行）》，安徽省自2009年4月起启动道路运输驾驶员诚信考核工作。道路运输管理部门通过加大宣传力度、简化考核程序、主动上门服务等多种措施，扎实推进诚信考核工作，促使考核覆盖面稳步扩大。截至2012年5月，全省经诚信等级评定的道路运输驾驶员占考核期满应评定人数的63.5%，比2010年上升了32%，随着驾驶员诚信考核的深入开展，我省驾驶员素质得以稳步提高。

4.1.3 有行之有效的管理措施作为保障

交通运输部先后下发了《关于加快发展农村客运和开展农村客运网络化试点工作的通知》、《关于积极推进城乡道路客运一体化发展的意见》等文件，安徽省先后出台了《关于加强农村客运站点与农村公路建设协调发展的通知》、《全省开展城乡客运协调发展效能建设主题实践活动实施方案》等配套措施，这些政策的出台有力地促进了安徽省城乡客运一体化快速发展。近年来，各市、县政府，将推进城乡道路客运一体化作为政府的惠民工程，也纷纷出台了相关的农村客运改造方案、城乡道路客运一体化实施方案，以及相关的优惠、补贴政策。道路运输企业结合自身实际，积极参与城乡客运一体化的改造，将成熟的班线客运管理制度有效地运用到城乡客运一体化改造之中，加快了城乡客运一体化实现的进程。

4.2 劣势（Weakness）

4.2.1 经营主体市场集中度不高

目前，安徽省从事农村客运的经营业户有3279家，其中个体经营业户达2814家，占全部业户数85.8%。农村客运经营主体分散，市场集中度不高，抗风险能差，经营秩序混乱。同时生产组织化程度低，无固定经营场地，无健全的管理规章，个体经营单打独斗，经营者之间恶意竞争，争客源、抢线路、欺客、宰客等违法违规经营现象屡禁不止，服务质量差。安全隐患突出，重大交通事故时有发生。更为严重的是发生重大交通事故时，乘客生命财产得不到及时有效的救助和补偿，引发群众恐慌及社会不稳定因素。

4.2.2　整体服务质量不高

从事农村客运的从业人员素质参差不齐,人员构成复杂,行业准入门槛低;企业多年来在工作中也存在重驾驶员、轻乘务人员的倾向,对乘务员的教育、培训投入甚少,往往走走过场,混个上岗证完事。而乘务员一旦上线,被牢牢地拴在车上,没有节假日、休息日,更谈不上脱产学习、培训。另外,农村客运装备技术水平落后,绝大多数为普通级客车,中、高级客车比重较小,车辆档次和技术水平低,安全状况差且监管薄弱,服务设施不齐全。

4.3　机遇(Opportunity)

随着经济社会的发展以及行政管理体制、国家财税政策改革的深入,城乡道路客运一体化迎来了战略机遇期和黄金发展期。

4.3.1　大部制改革为实现城乡客运一体化消除了体制障碍

大部制改革前,城市公交客运、农村客运分属不同的行业管理部门管理。城市公交主要是城建部门管理,少数市、县由交通部门管理,个别县由交警部门管理。交通部门负责农村客运管理,并对从事道路客运的车辆投入营运进行规划和审批。由于不同的部门管理的职责及管理重点不同,依据的法律法规不同,行业标准及规章制度不同,多头管理造成职能交叉、权责不清,履行职能不到位,管理出现真空。交通大部制改革较好地解决了城市公交和道路客运多头管理、政令不统一、利益分割的矛盾,为加快推进城乡客运一体化改革创造了有利的条件。管理体制的统一,有利于通过对城市公交和道路班线客运的运输资源进行统一规划、组织、管理和配置,使城市和乡村之间的各种客运运输组织方式达到协调发展。在城乡一体化发展的框架下,根据城乡的不同功能定位和发展目标,合理科学配置运输资源,实现两者功能上的互补,从而实现资源配置最优和发展效益最大化,对加速城乡一体化进程和推进新农村建设都会起到良好的促进作用。

4.3.2　燃油税费改革为加快推进城乡客运一体化改革创造了有利条件

燃油税费改革后,由于相关成本项目的性态发生了变化,原为固定成本的变为变动成本,成本与运距的正相关关系进一步加强,这就促进了城乡客运车辆向节能型发展。为此,企业根据运营线路调整车辆结构,并对不合理的运营线路进行了调整,改变高产低效的局面,寻求高产高效的生产经营模式。同时,由于燃油成本占运输总成本的比例进一步增大,为了节约经营成本,客运企业加大对运营车辆的技术管理力度,投入与线路相匹配的客运车型,并保持车辆良好的运输性能,以达到节约油料的目的,从而减小运输成本,也起到了节约能源、减少环境污染的作用。另外,为减轻城市公交、农村客运经营者的负担,燃油税费改革后,国家取消了二级公路收费站,财政部、交通运输部出台了《城乡道路客运成品油价格补助专项资金管理暂行办法》,对从事农村客运、城市公交客运的车辆使用燃油差额给予补贴,如燃油价格高于2006年成品油价格改革时的分品种成品油出厂价的部分,公交客运由国家全额补贴,农村客运由国家补贴一半。由于油价的不断上涨,客运运价也随之上调,农村客运的票价也有所提高,加之旅客流量增加,客车实载率的增加,对于农村客运经营者来说,客运营运收入比费税改革之前所有增加。据统计,随着燃油价格的上涨,国家对农村客运和公交客运的燃油补贴资金也随之增加。安徽省农村客运燃油补贴情况如表2所示。

近年来安徽省农村客运燃油补贴情况　　表2

年　份	2006	2007	2008	2009	2010	2011
补贴资金（万元）	4424	7042	21800	4899	39275	56767
平均每座补贴（元）	133	251	764	166	1247	1760

4.3.3　国家惠民政策和城镇化进程为实现城乡客运一体化提供客源保障

各级党委和政府始终把解决好"三农"问题放在重中之重，从2004年开始，国家连续下发的一号文件，都是关注"三农"问题，并出台了一批强农惠农政策，详见表3。

2004—2011年中央一号文件主要内容　　表3

年　份	文件名称	主要内容
2004	关于促进农民增加收入若干政策的意见	①集中力量支持粮食主产区发展粮食产业，促进种粮农民增加收入；②继续推进农业结构调整，挖掘农业内部增收潜力；③发展农村二、三产业，拓宽农民增收渠道；④改善农民进城就业环境，增加外出务工收入；⑤发挥市场机制作用，搞活农产品流通；⑥加强农村基础设施建设，为农民增收创造条件等
2005	关于进一步加强农村工作提高农业综合生产能力若干政策的意见	①稳定、完善和强化扶持农业发展的政策，进一步调动农民的积极性；②坚决实行最严格的耕地保护制度，切实提高耕地质量；③加强农田水利和生态建设，提高农业抵御自然灾害的能力；④加快农业科技创新，提高农业科技含量；⑤加强农村基础设施建设，改善农业发展环境等
2006	关于推进社会主义新农村建设的若干意见	①统筹城乡经济社会发展，扎实推进社会主义新农村建设；②推进现代农业建设，强化社会新农村建设的产业支撑；③促进农民持续增收，夯实社会主义新农村建设的经济基础；④加强农村基础设施建设，改善社会主义新农村建设的物质条件；⑤加快发展农村社会事业，培养推进社会主义新农村建设的新型农民等
2007	关于积极发展现代农业扎实推进社会主义新农村建设的若干意见	①加大对三农的投入力度，建立促进现代农业建设的投入保障机制；②加快农业基础建设，提高现代农业的设施装备水平；③推进农业科技创新，强化建设现代农业的科技支撑；④开发农业多种功能，健全发展现代农业的产业体系；⑤健全农村市场体系，发展适应现代农业要求的物流产业等
2008	关于切实加强农村基础建设进一步促进农业发展农民增收的若干意见	①加快构建强化农业基础的长效机制；②切实保障主要农产品基本供给；③突出抓好农业基础设施建设；④着力强化农业科技和服务体系基本支撑；⑤逐步提高农村基本公共服务水平等
2009	关于促进农业稳定发展农民持续增收的若干意见	①加大对农业的支持保护力度；②稳定发展农业生产；③强化现代农业物质支撑和服务体系；④稳定完善农村基本经营制度；⑤推进城乡经济社会发展一体化
2010	关于加大统筹城乡发展力度进一步夯实农业农村发展基础的若干意见	①健全强农惠农政策体系，推动资源要素向农村配置；②提高现代农业装备水平，促进农业发展方式转变；③加快改善农村民生，缩小城乡公共事业发展差距；④协调推进城乡改革，增强农业农村发展活力；⑤加强农村基层组织建设，巩固党在农村的执政基础
2011	关于加快水利改革发展的决定	①新形势下水利的战略地位；②水利改革发展的指导思想、目标任务和基本原则；③突出加强农田水利等薄弱环节建设；④全面加快水利基础设施建设；⑤建立水利投入稳定增长机制；⑥实行最严格的水资源管理制度等。

在国家和当地政府不断增加“三农”投入的情况下，农村经济快速发展，人民生活水平大为改善。据统计，2004—2011年8年时间，我国农民年人均纯收入持续增长，2011年农民人均纯收入比八年前增加近1.4倍，如表4所示。

2004—2011年我国农民人均纯收入（单位:元）　　表4

年　份	2004	2005	2006	2007	2008	2009	2010	2011
收　入	2936	3255	3725	4140	4761	5153	5919	6977

随着农业科学技术在农村的普遍运用，大批的农民从土地上解放出来，纷纷走进城市、工厂。同时，随着城镇化的快速推进以及城市建成区不断扩大，农村人口不断向城镇集中，城乡之间的交流日益频繁。农村居民出行的人数与频率的增加，急切盼望开通客运班车。

4.3.4　基础设施不断完善为实现城乡客运一体化创造了有利条件

近年来，在各级党委、政府的领导下，交通运输主管部门加快推进农村公路和农村客运站等交通基础设施建设，大力实施农村客运通达工作，广大农村群众出行条件得到了很大改善。据统计，截至2011年年底，我省农村客运站达到1066个，比2005年增加了837个的，通公路行政村班车通达率达到98.5%，比2005年高出17.3%。初步建立了以市、县为中心，乡镇为节点，辐射行政村，布局合理、功能完善的城乡道路客运网络体系，为下一步实现城乡客运一体化奠定了基础。近年来安徽省农村客运站场建设情况如表5所示，班车通达率情况如表6所示。

安徽省农村客运站场等基础设施新建建设情况　　表5

年　份	2005	2006	2007	2008	2009	2010	2011
农村客运站（个）	91	150	173	166	110	116	64
候车亭、招呼站（个）	143	600	4752	3652	1708	2958	2028

安徽省通公路行政村班车通达率情况　　表6

年　份	2005	2006	2007	2008	2009	2010	2011
通达率（%）	81.2	85.6	90.6	96	97.6	98	98.5

4.3.5　运输服务需要不断提高，为实现城乡客运一体化提供了外在动力

农村经济的快速发展和农民生活水平的不断提高，对道路运输业提出了更高的要求，不但要走的了，更要求享受与城市公交一样的安全、便捷、经济、高效的出行服务。服务需求的变化，为推动城乡一体化提供了外在动力。

4.4　挑战（Threats）

目前，尽管许多地区在城乡客运一体化发展中做了许多有益的尝试，然而城乡客运一体化发展过程中仍旧存在诸多挑战。

4.4.1　政策的不均等阻碍了城乡客运一体化发展

“公交优先”被约定俗成为城市公共交通优先，正是行业定位的差异使城市公共交通与农村客运在政策支持上存在较大差异。城市公共交通在基础设施建设投入、土地政策、票价

优惠和税收政策等诸多方面,较农村客运享受更多的优惠,这加剧了城乡客运的发展差距。目前农村客运只是享受国家燃油差额部分一半的补贴,大部分中西部地区的地方政府没有配套的资金支持,没有像城市公交一样在车辆更新、政策性亏损补贴、基础设施建设等方面的优惠政策。由于部分“镇镇、镇村、村村”农村客运支线、冷线经营收益差,导致出现“开得通、留不住”的尬尴局面。

4.4.2 公交客运、农村客运运营区域重叠造成的冲突不断

随着城市规模的不断扩大,城乡间的界线也越来越模糊,原先城市公交与道路客运在经营区域、服务对象等方面的区别正在缩小。城市周边乡镇群众要求城市公交延伸服务的呼声越来越大,城市公交顺应时代发展的要求,进行了延伸,缓解了乡镇居民出行难的问题。但城市公交在经营线路延伸时,未对同线经营道路客运的影响给予充分考虑,导致城市公交与农村客运的矛盾日益突出。与城市公交汽车延伸经营相比,农村客运起步较早,在解决群众就业、方便百姓出行方面做出了巨大贡献。尤其是近几年农村公路建设力度加大,农村客运的道路状况、车型档次均有了很大提高,农村客运有了长足的发展。城市公交延伸后,不需要经过市场培育期,直接和原有已经营多年的农村客运经营者在同一条线路上展开竞争。由于税赋较低导致票价等方面具有明显优势,受到了当地老百姓的欢迎,农村客运车辆实载率急剧下降。而客运市场旅客资源是有限的,上述不平等竞争导致原本微利经营的农村客运者经营更加困难,难以为继。农村客运经营者为了维护自身的利益,对公交延伸进行阻挠,甚至采取一些过激行为,影响了社会的稳定。

4.4.3 公共交通资金投入及财政补贴不足

在城乡客运一体化进程中,客运基础设施建设、公交化改造等均衡各方利益,均需要大量的资金投入。然而地方政府对公共交通的资金投入普遍不足,公共交通财政预算偏少。调查数据显示,公共交通投资占固定资产投资的比重较低,尚未达到总投资的10%。

4.4.4 非法营运对城乡道路客运的冲击

非法营运对城乡道路客运的冲击。农村客运线路上的“黑车”大部分属于当地村民的“私家车”和摩托车,他们利用农闲时节非法载客,有生意的时候就捞一把,没有生意或遇有执法检查的时候就在家“休整”,灵活机动,随叫随走。甚至,有的地方黑恶势力欺行霸市,坑、宰、甩客等各种违规经营行为严重侵害了农民乘客和合法经营者的利益,农民群众乘车没有安全感。

4.4.5 道路安全形势不容乐观

由于广大农民群众在乘车时安全意识薄弱,对舒适性要求低,加之农村客运收益率低,农村客运车辆普遍存在着车辆技术性能差的问题。旧车、破车以及从干线上淘汰下来的或应报废的车辆投入农村客运的现象突出。一些地方三轮车、摩托车、简易机动车从事客运现象屡禁不止,安全隐患严重。

5 城乡道路客运一体化发展实证分析

在发展城乡客运一体化方面,全国各地很多市、县通过不同的城乡客运发展模式,取得

了良好的成效。

江苏省城乡客运一体化发展的基本模型是由若干个“哑铃型”组成的“蜂窝状”网络结构。“哑铃型”是指城市客运和镇村客运作为两端，以公交运营模式为主，解决基本公共服务；县乡客运为中间，以经过公交化改造的班线运营模式为主，市场化运作；城市、县乡、镇村三级客运无缝衔接，形成“哑铃型”的城乡客运基本单元。通过若干个“哑铃”有机组合，最终形成“蜂窝状”的城乡客运一体化网络。通过实践，江苏省认为“哑铃型”的三级网络是符合省情的最简单、最经济、最具推广意义的发展模式。2011年，江苏省在原有8个试点县（市、区）的基础上，扩大到其他18个县（市、区），其中，苏北经济最薄弱也是该省脱贫攻坚的泗洪县西南岗地区，已于2011年上半年成功开通镇村公交。

江苏省溧阳市确立了“政府主导、镇区配合、行业运作、共同推进”的工作模式，改变了城市公交与农村客运二元分割的局面。该市按照“多予少取、让利于民”的原则，出台了《镇村公交实施方案》，在农村客运站占地规划布局、建设用地、配套资金等方面制定了一系列优惠扶持政策。在场站建设建设方面，将公交枢纽站、换乘站、港湾式停靠站、终点回车场等五类场站纳入市镇两级规划和预算，并优先安排建设用地；在经营方面，市政府对所购营车辆每车给予总价1/3的补贴，对经营镇村公交的企业经营性亏损部分给予补贴。

浙江省提出“城乡一体化、区间网络化、镇村辐射化、布局合理化”的经营模式和发展思路，取得了良好的成效。特别是浙江省嘉兴市结合当地经济与社会发展的实际情况，着力构建市域范围内的公交网络，并以“公交优先、有序推进、便民利民、划区经营、集约化管理”为原则，理顺了公交管理体制。其中嘉兴市海宁县实现了“村村通公交”和城乡公交“零换乘”，成为全国成功实现城乡客运一体化的典范。另一方面，2004年以来，浙江省以保险“团购”模式，把全省近2000个客运及旅游企业捆在一起，以3.3万辆客运车辆、74万个座位为标的，进行了承运人责任险公开招标。通过招标，农村客运车辆每个全座位的平均投保成本从“团购”前的350元/年左右降到130元/年左右，单位最高理赔金额从10万余元提高到40万元，每年为农村客运企业节约保费5000万元以上。

安徽省广德县从改善民生、统筹发展、体现公益的目的出发，将城乡公交一体化列为为民办实事的十件实事之一，制定了《广德县城乡公交一体化发展实施意见》，明确了城乡公交的发展方向和目标，制定了城乡公交票价标准，在原农村客运班车票价的基础上下调10%～15%，对城乡公交因政策性亏损给予财政补贴，保证了城乡客运企业良性、持续发展和群众安全、便捷、舒适出行。

安徽省天长市通过对农村客运三个阶段的改造，实现了全市农村客运公司化经营。在控制发展阶段，自2004年起，该市对个体挂靠经营的车辆一律停止更新，同时不再新增运力；在集中改造阶段，自2005年起，原有班线车辆经营逐步到期，该市将所有农村客运班线整体公司化打包交由市公路运输有限公司运作，公司通过收购老旧车辆、动员原个体经营者参与、引入社会资金等措施，稳步推进全市农村客运班线改造工作；在规范管理阶段，在一家企业集中运营的基础上，以产权为纽带，引导企业相继成立了汊涧、铜城等9家分公司，形成总公司统一管理、分公司具体运作的体制。

6 城乡道路客运一体化发展经验总结

各地发展城乡道路客运的好的做法，对于深刻认识和把握新形势下城乡客运发展规律，推动城乡道路客运健康发展，具有重要的指导意义。概括起来主要有以下几个方面。

6.1 政府重视是城乡客运发展的重要保障

发展城乡客运涉及交通、公安、建设、物价等多个部门，只有政府出面组织，积极协调，给予农村客运经营者必要的财政补贴，多部门齐抓共管，严厉打击非法营运，规范农村客运市场秩序，同时，加强对城乡客运公司化改造的指导，采取积极措施消除可能出现的不稳定因素，城乡客运各项工作才能顺利开展。实践证明，哪个地方政府将发展城乡客运作为当地的中心工作来抓，哪个地方的城乡客运发展就较快。

6.2 培育合格的市场主体是发展城乡客运的关键

要按照“放水养鱼”的思路，制定发展城乡客运优惠政策，切实减轻经营者的负担。同时，城乡客运经营者一方面必须强化自身管理，切实提高服务质量，另一方面还要增强社会责任感，切实履行普遍服务义务，把服务广大人民群众安全便捷出行放在突出重要的位置。实践证明，只有培育出合格的市场主体，才能真正将政府的重视、群众的需求落到实处。

6.3 拓展经营模式是发展城乡客运的必然选择

经营模式的僵化必然导致城乡客运发展缺乏生机和活力。各地在发展城乡客运中，积极探索一些新的经营模式。如根据旅客流量来确定班车开通方式，在旅客流量大的线路，采用公交化营运，加大运力投放和发车班次密度，及时疏散旅客；对偏僻地区的旅客运输，采取灵活的线路、票价和发车方式；对客流稀少地区，可组织小型客车定点运行，把乘客送到干线候车点，实现干线与支线小客车相互对接。在农村客运班线的开发上，坚持原有线路延伸为主，新增线路为辅，积极开通乡镇（村）之间的循环班、周班、赶集班。实践证明，在发展城乡客运的过程中，只有因地制宜、开拓创新，才能确保客运班车“开得通、留得住、有效益”。

6.4 加快基础设施建设是发展城乡客运的重要基础

各地在发展城乡客运过程中，高度重视农村公路和农村客运站点基础设施建设，在大力实施“村村通”工程的同时，本着“安全、方便、经济”和“谁投资、谁受益”的原则，鼓励社会各界加大对农村客运站点基础建设的投入。实践证明，只有农村基础设置建设与农村客运同步规划、同步建设、同步验收，才能保证城乡客运健康可持续发展。

6.5　提高服务质量是发展城乡客运的根本要求

在客运市场竞争日益激烈的新形势下,作为直面社会的客运行业,如何适应新形势新情况的要求,提供高品质的道路运输服务,一直是业内人关注的重大课题。发展城乡客运,既要“走得了”,又要“走得好”。目前,很多地方农村客运实行了公交化运行,但由于从业人员来自社会各个阶层,整体素质参差不齐,再加上车辆转让频繁,从业人员流动性大,得不到系统的教育培训,整体素质难以提高,服务质量达不到城乡公交一体化的要求。所以城乡客运企业要树立“信誉是效益之源,服务是制胜之本”的经营理念。实践证明,只有加大对从业人员的职业道德教育和职业技能培训,努力提高从业人员的整体素质,同时制定服务标准,加大监督考核,才能切实提升服务质量。

7　发展城乡客运一体化的政策建议

在实施城乡客运一体化建设过程中,要依据城乡经济社会发展的实际情况,制定相应的城乡客运政策,利用市场经济的调节作用引导客运企业良性发展,加快城乡客运一体化的建设进程。

7.1　统筹三方面关系

统筹处理好城与乡的关系,重点在乡。统筹城乡客运一体化发展首先要立足农村、又要跳出农村,把农村客运与城际客运、城市客运对接起来。要坚持区域衔接,在推进本区域内城乡交通一体化的同时,要考虑与周边区域的衔接,不以行政区域划地为界,要以方便群众出行和促进区域经济发展、实现协调对接为目的。其次要以城带乡、城乡融合。要把城乡客运一体化规划与城镇规划协调起来,优先扶持中心镇、中心村的客运交通建设,充分发挥其辐射带动作用,促进城乡经济社会的融合发展。

统筹处理好“硬”与“软”的关系,关键在运。我们要认识到建设是基础,但关键是运输,其中客运是更艰巨、长久的任务,要逐步实现客运一体化发展。注重提高交通安全保障水平。安全是民生之首,是交通运输的生命线,没有安全就没有民生,就没有交通运输。同步发展城乡运输服务,建设是基础,运输是目的。在基础设施完善后,要积极发展运输生产,让老百姓不但有路走,还能有车坐;不但人便于行,还能货畅其流,生活生产两促进,切实提高公共管理水平。统筹城乡交通发展核心是要统筹城乡运输一体化,要把城市比较成熟的交通公共管理覆盖到农村,基本实现公共服务均等化。

统筹处理好政与企的关系,主导在政。交通是公益性产业,城乡交通发展不协调,尤其是农村交通发展滞后,很重要的原因在于长期以来实行的城乡二元体制,对农村公共基础设施和公共事业欠账太多。因此,各级政府要切实履行公共管理者的职能,加大公共财政投入,主导城乡交通统筹发展工作。同时要把政府主导与市场机制有机结合起来,积极发挥市场机制的作用,让政府与市场在各自的优势领域、环节中发挥作用。结合的方式也可以多样化,既可以由国有企业统一经营城乡公交,也可以用“政府购买服务”的形式,对经营城乡公交的非国有企业进行补贴。

7.2 选择合适的城乡道路客运一体化经营模式

在不断完善城区公交线网和城乡客运线网的基础上，可采取五种模式逐步实现城乡道路客运一体化发展。

7.2.1 公交下乡模式

随着城市周边高速公路、国省干线公路、农村县乡公路的快速发展，城市公交与公路客运逐步结合的条件已经成熟。在原有道路运输、客运班线还没覆盖到的地方，可由城市公交向副中心、重点乡镇、旅游景点等延伸，由城市公交骨干企业延伸线路或开设新线，扩大对周边地区的公交线网覆盖。

7.2.2 农班进城模式

原有城市周边区县已有开往中心城区的短途客运班线且运力充足，但服务质量、运营模式等达不到城乡统筹要求的，以开通新线、改造老线、整合城乡结合部线路等多种模式，积极推行公交化改造，并引导运输企业以资产为纽带，以并购、联合、参股、融资等方式全面清理挂靠。

7.2.3 公交与农班接驳模式

在各区县进出城区的主要道路、城乡结合部选择接驳站点，实现城市公交和农村客运班车无缝衔接，实现旅客零距离换乘。在选择接驳站点时，既要考虑集疏运功能，又要考虑农民的乘车习惯，切实提高站点的利用率。

7.2.4 合股经营模式

在城市公交线路与城乡客运线路共同存在、矛盾较为突出的地方，由政府牵头，交通运输及相关部门统筹协调城市国有公交企业与城乡客运企业具体参与，共同出资组建新的股份制公司，通过建立现代企业制度，用市场机制调节各种矛盾和利益冲突，逐步整合线路资源。

7.2.5 差异化经营模式

由于城乡客运线路通常里程较长，在条件成熟的地区可以考虑采用形成快线与慢线相结合的方式，慢线可以参照公交标准执行，快线参照道路路客运标准执行点到点运输。

此外，对于副中心至乡镇的线路，可由区县交通部门规划，区内公交公司运营，推进区域内公司整合，经营企业可以灵活安排线路走向和车辆数量，合理安排班次，实现网络化经营，提高车辆使用率。

针对地区发展的不平衡性，对不同阶段、不同水平、不同地区采用不同的方法。首先，在经济发达地区，按照更高标准先行一步的要求，以低票价、公益性、均等化的城乡公交一体化改造为目标，一步实现城乡客运统筹发展目标。其次，在较发达或欠发达平原地区，采取分阶段分步骤有序推进，先以“区域经营、冷热捆帮、公车公营、换乘衔接”的城乡客运一体化为目标进行城乡统筹改造，再根据当地社会经济发展情况，不断完善，逐步向城乡公交一体化推进。第三，在部分山区等客流量较小的地区，首先以满足农村居民基本出行为目标，因地制宜，加快提高通达率，解决农民的基本出行，然后视条件成熟情况，逐步向区域化经营的城乡客运一体化或公交化目标推进。

7.3　落实保障措施

7.3.1　制定城乡客运发展规划

按照统筹城乡、统筹各种交通运输方式的要求，编制城乡一体、区域共享的城乡客运交通专项规划，确保城市公共交通与农村客运的有机衔接和协调发展。各地结合本地实际，统筹考虑长途客运、轨道交通、地面公交、出租汽车等综合交通因素，科学编制城乡客运网络规划和站场设施布局规划，强化城市公交与城乡客运及其他运输方式的衔接，构建布局合理、节点联网、运营高效的一体化站场体系，逐步形成资源共享、相互衔接、布局合理、方便快捷、畅通有序的城乡交通运输网络。

制定规划时，要体现"一个优先、三个服务、五个协调"的原则。"一个优先"是优先规划城市综合交通规划中的城乡公共交通。"三个服务"是指城乡客运要服务于国民经济和社会发展全局，与城市规划整体匹配和谐，支撑城市经济社会可持续发展；服务于城市功能完善和新农村建设，与城乡生态环境和谐相处，确保交通可持续发展；服务于人民群众安全便捷出行，满足居民多元化的交通需求。"五个协调"是指干线及农村公路、城市道路、轨道交通的结构与布局协调发展；路网站场、换乘枢纽、停车设施及行车交通设施协调发展；基础设施、运输装备与智能化管理、信息化服务协调发展；公共交通与其他运输方式优势互补、协调发展；交通资源高效利用与资源节约、环境保护协调发展。

制定规划时，要深刻认识现状，准确把握所处阶段，审视发展条件和环境，明确各阶段发展目标，从而对每个时段决策政策有的放矢；科学地安排阶段工作重点，循序渐进，提高工作效率。

7.3.2　培育统一开放、适度竞争的城乡客运市场

彻底打破以城乡地域界限划分客运市场的陈旧观念，逐步建立统一开放、主体平等、公平竞争的城乡客运市场。

（1）建立现代企业制度。按照"产权明晰、权责明确、政企分开、管理科学"的要求，通过政策引导、市场推动，鼓励城乡道路客运企业之间的业务协商，合作共赢，找出适合各自发展的组织形式和管理模式，为城乡道路客运一体化发展奠定基础。

（2）加强宏观调控。城市公交客运、班车客运、轨道客运、出租客运以及旅游客运等各种城乡客运方式的服务范围、服务对象、服务方式上如何定位、分工协作，行业管理部门应科学规划、统一管理、合理分工，保证各种客运方式健康协调发展。

（3）提高客运市场集中度。构建城乡道路客运一体化系统时，按照提高运输市场集中度的要求，对运输管理方式、运输组织方式、经营方式进行变革，本着集约化、规模化、网络化、公司化的原则，形成少数若干大型道路客运企业主导城乡道路客运市场的格局，维护城乡客运市场健康、有序发展。

（4）完善市场准入制度。要求客运经营主体必须具备和拥有一定的经济实力才能进行入客运市场实施运营。为维护城乡道路客运市场秩序，防止低效、无序竞争，道路运输管理机构应加大对城乡道路客运市场的监管力度，依法严厉查处各种违规违法行为，营造一个公

开、公平、公正的市场竞争环境。

（5）加快立法建设。完善城乡客运管理的法律法规，出台相关实施细则和管理办法，做到有法可依、执法必严，稳定和促进城乡客运市场的可持续发展。

7.3.3 加大政策扶持力度

有针对性地开展城乡客运政策扶持，提高城乡客运服务质量，诱导农村居民出行，形成需求与供给良性互动在城乡一体化进程中显得非常重要。

（1）经营扶持政策。对于公益性线路行采取特殊政策，如对经营乡到村和村到村客运线路的经营者或在贫困地方、偏远农村从事客运经营，客流量小、经营难以盈利甚至亏损的客运班线减免相关税费，对极少数客流量长期很小，而群众又确有需求的班车，可对运输经营者采取财政补助或冷热线搭配经营的办法。保险方面，可对城乡客运灵活设置险种，减少城乡客运安全损失。统筹承运人责任险，实行团购保险，既可以有效减少保险费用，降低城乡客运经营者的运输成本，又可以保证安全事故能够得到有效赔付，降低城乡客运经营者的经营风险。

（2）完善运价机制和补贴机制，进一步体现城乡客运的公益性。城乡客运票价的制定要依据公益性与经济性有机结合的原则，既要体现一定比例的客运企业运营成本，与公交客运所提供的服务价值保持阶段性的总体平衡，又要体现农村消费结构和出行需求的变化。城乡客运应依法定价，广泛听取社会各界的意见和建议。建立价格评估体系，有关部门要对从事城乡客运企业的财务管理进行有效监督，对企业的经营成本进行科学测算，对线路的成本和效益进行定期的动态监控，为科学定价提供准确的依据。城乡客运的公益性要求政府部门有必要建立合理的价格补贴机制，对从事城乡客运的企业予以扶持。在保证客运服务质量不下降的情况下，从事城乡客运的企业由于油价上涨等政策性原因，利润率没有达到一定的标准时，政府应予以一定的财政补贴。

（3）开展城乡客运一体化评价。科学客观的城乡客运一体化评价，可以提供全面、准确的决策依据，便于决策部门真实了解城乡客运一体化发展水平、科学把握城乡客运一体化发展方向，进而有针对性地制定相关政策、合理控制城乡客运一体化进程、广泛开展城乡客运统筹发展的建设。政府或相关部门可以根据评价结果，采取以奖代补的形式，对一体化水平高的地区进行奖励，推动城乡客运良性发展。评价指标体系可参见图3。

（4）将城乡客运场站的建设纳入惠民项目中，确保建成一定量的城乡公共客运站。其中要求各地确保国家和省站场建设专项补助资金的投入，制订并落实相关优惠政策；县乡政府及交通部门应切实履行城乡公共客运站建设、管理和维护的职责，防止建而不管；严格控制建站规模，建设一批经济实用的城乡公共客运站，防止建而不用。在站场用地方面给予优惠，并在各方面给予支持。开拓多元投资渠道，规范引入社会资金，鼓励企业投资兴建城乡公共客运站场及服务设施，政府应提供征地拆迁等优惠和便利，享受公益性用地政策。

（5）设立专项资金推进城乡客运发展。农村公路和城乡公共客运站点建设应坚持政府性投入占主导地位，除国家和市级专项补助资金外，各区县政府也要多方筹资，加大地方财政配套力度。城乡公共客运站的规划建设与农村公路同步进行，对于城乡公共客运站点的建设用地，原则上以调剂或划拨方式予以保证。除要求国家对城乡客运的燃油补贴必须全额用于发展城乡客运外，地方政府每年还可以分别从本级财政预算和本级交通经费中安排部分资金，设立城乡客运发展专项资金，用于客运车辆更新补贴、统一购买承运人责任险等。

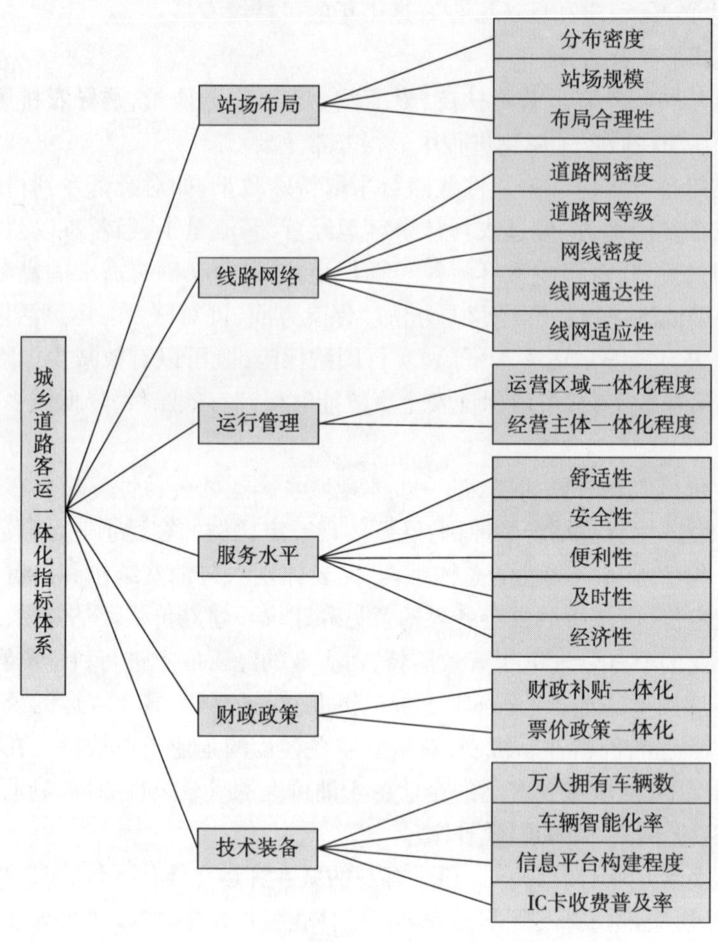

图3　城乡道路客运一体化评价指标体系

7.3.4　加强安全管理，减少事故隐患

城乡公共客运安全是道路运输安全中的薄弱环节，必须引起高度重视。应加快农村公路标准化建设，提供安全行驶道路条件；完善交通信息系统建设，诱导车辆安全行驶。加强对客运经营者，特别是驾驶人员的管理。未经道路运输管理机构考试合格的，不得上岗。加强客运车辆管理，从事城乡客运的车辆要符合《运营车辆综合性能要求和检验办法》（GB 18565—2001）等国家标准的规定，防止非客运车辆、报废车辆、安全技术条件达不到要求的车辆进入城乡客运市场。

对城乡客运经营者进行规范和引导。充分发挥基层政府和群众对经营活动的监督作用，加强经营者的自我教育、自我管理，建立自律机制；开展经营者安全意识培训，建立诚信考评体系，并制定相应的奖惩措施，对那些按章经营的客运经营者，应予以表彰和奖励。严厉打击超载行为，坚决制止城乡客运车辆严重超载现象。同时加强对群众的安全意识教育，使他们不坐无牌无证车、超载车、客货混装车及其他非载客车辆。

7.3.5 加强城乡客运信息化建设与管理

加强交通信息语言系统建设,提高服务水平和行车安全。城乡客运沿线应设立公交站牌,标注服务车辆日运营计划信息,方便乘客出行选择;不良视距道路转弯口设立凸视镜或转弯指示牌,提醒注意减速转弯,避免车辆交汇产生危险;道路条件变化处设立通告指示牌,警告车辆灵活更换线路;道路条件较差地段设立限速指示牌,等级公路交叉口布设标志标线,保障行车安全等。

加强城乡客运交通信息化建设,提高旅客运输效率。以城乡公共客运站作为运输组织与管理节点,构建由信息管理指挥中心、客运管理中心系统、客运站场子系统等组成的信息系统。在规模和等级较高的客运站设置片区客运调度和管理中心,作为信息管理指挥中心的子系统和功能执行者。通过计算机、通信设备,对所属车辆进行动态调度和排班,对运营线路上的车辆实施监控,并在区域范围内形成网络,与管理指挥中心信息联动。随着信息技术的进一步发展和完善,城乡客运企业的经营观念、组织方式会发生根本改变,车辆的利用率会大大提高,运输效益会逐步改善。

参考文献

[1] 过秀成,姜晓红. 城乡公共客运规划与组织[M]. 北京:清华大学出版社, 2011.

[2] 窦慧丽,边浩毅,付昌辉. 城乡客运一体化发展评价指标体系及方法研究[J]. 公路与汽运, 2012(2).

[3] 姜长杰. 推进城乡客运一体化. 保障公共服务均等化[J]. 交通与运输, 2011(4).

[4] 吴洪洋. 城乡客运一体化实施建议[J]. 中国道路运输, 2012(2).

[5] 任卫军,郝记秀,孙黎莹,等. 大部制背景下城乡客运一体化对策[J]. 长安大学学报, 2010(12).

[6] 徐英俊,周一鸣. 探究城乡道路客运一体化评价指标[J]. 交通建设与管理,2011(6).

合肥经济圈道路客运发展对策研究

朱路明，温耀斌，匡安乐

【摘要】交通运输与区域经济发展之间的关系主要表现为“交替拉推”，两者相辅相成。便捷的交通环境为区域经济快速发展提供基础条件，区域经济的发展、转型、重新布局要求交通运输系统重新布局、升级使之相适应。因此，城市群区域经济发展战略占据重要地位，在一定程度上支配着综合运输网络的布局与发展方向。随着合肥经济圈经济的不断发展以及合肥经济圈的政策战略定位，合肥经济圈区域经济形态、城市空间布局必将发生明显变化，从而对经济圈客运发展必然产生深刻影响。基于此，本文通过分析合肥经济圈客运分布特点、运力布局等方面现状特征及存在的问题，结合《合肥经济圈城镇体系规划》，研究合肥经济圈城市区域经济发展对交通运输的新要求，为合肥经济圈内区域综合运输体系建设及区域客运体系发展提供对策建议。

【关键词】经济圈；道路客运；区域运输

1 交通运输与区域经济发展的关系

1.1 理论阐述

交通运输是国民经济中一个重要的物质生产部门，它把社会生产、分配、交换与消费各个环节有机地联系起来，是保证社会经济活动得以正常进行和发展的前提条件。交通运输系统是区域社会基础产业中最重要的组成部分之一，是各项产业发展的基础条件，是区域投资环境的主要构成主体。因此，经济系统和交通运输系统是相互影响的，应该相互匹配，协调发展。

1.1.1 便利的城市交通促进区域经济发展

从宏观角度看，城市交通运输作为国民经济的流动载体，沟通生产和消费，是经济发展诸多影响因素中非常重要的一个。运输条件的改善可以使流动资本从某一个地区释放出来，在其他地方作为固定资本产生更大的效益，从而克服生产中的瓶颈状态，进一步促进经济扩张。

从微观角度看，运输作为生产过程中的一种要素投入，使商品和人员能在生产和消费中心之间或者内部流动。而这种流动的大部分在地区之间、城市之间和农村与城市之间，因而良好的运输条件能降低货运成本，使得企业服务的市场逐步扩大，进而能在广泛范围内开拓大规模生产。根据工业布局的一般原理,城市交通运输发展水平高的地区相应地成为了工业选址的最佳地点,工业的发展必然带动地区经济的发展,从而使得当地经济实现迅速发展。

1.1.2 区域经济发展要求区域交通更好的发展

从另一个角度看,根据工业布局的一般原理,城市交通便利的地区成为工业选址的最佳地点,自然也成了工业聚集的最佳地点。随着该区域供给能力的不断提高和辐射范围扩张带来的需求能力的不断扩大,又对城市交通运输的发展提出了新的要求,进一步推动城市交通运输的发展和完善。运输发展满足了产品输出以实现比较利益的要求,追求规模经济和聚集效益则要求更为发达的城市交通运输系统予以支撑。经济发展所产生的效益亦可以为城市交通运输的更好发展提供资金支持,从而使得城市交通实现新的发展。

1.1.3 经济系统与交通运输系统协调发展

交通运输系统与经济系统同是社会经济大系统中具有密切关系的两个子系统。交通运输是经济发展的必要条件,也是经济持续发展的根本保证;经济发展水平又决定着交通运输设施的数量和质量。改革开放以来,区域经济对国民经济的影响和促进作用不断增强,自我发展能力不断提高,成为促进国民经济发展的主要动力之一。为避免在经济发展中各省市区自成体系、重复生产、重复建设,客观上要求在更大范围内考虑各地区的经济发展。只有按照交通运输与区域经济发展的固有规律,制定相应的区域政策和区域规划方案,才能达到全国经济的合理布局和产业结构优化,达到区域经济发展的效益与均衡,保持国民经济持续、稳定、协调的发展。

2009 年 11 月 15 日,安徽省住房和城乡建设厅对《合肥经济圈城镇体系规划》(以下简称《规划》)进行公示,“合肥经济圈”的全貌首次展现在公众面前,为合肥等市乃至安徽的跨越式发展提供了良好的机遇。经济想要发展,便捷的交通环境是不可或缺的条件。为此,《规划》中提出,“构筑以合肥为主枢纽,客运高速化、货运物流化、综合枢纽换乘便捷化的一体化现代综合交通运输体系,形成 1 小时通勤圈和生活圈”。同时明确了发展目标,“以城际快速交通系统建设为重点,加强运输组织和管理,全面提高综合运输能力,增强快捷便利性,尽快形成合肥经济圈‘1 小时通勤圈’和‘1 小时生活圈’,通过‘有的放矢’方式进行交通项目引导,实施非均衡交通发展战略,有效配置交通基础设施,构筑交通网络化的现代交通体系”。

1.2 研究背景及思路

交通运输与区域经济发展之间的关系主要表现为“交替拉推”,两者相辅相成。便捷的交通环境为区域经济快速发展提供基础条件,区域经济的发展、转型、重新布局要求交通运输系统重新布局、升级使之相适应。因此,城市群区域经济发展战略占据重要地位,在一定程度上支配着综合运输网络的布局与发展方向。

目前,随着合肥经济圈经济的不断发展以及合肥经济圈的政策战略定位,合肥经济圈区域经济形态、城市空间布局必将发生明显变化,从而对经济圈客运发展必然产生深刻影响。因此,从城市经济圈发展对综合交通运输的影响角度去分析未来城市交通的发展方向具有重要意义。

本项目的研究思路技术路线图如图 1 所示。

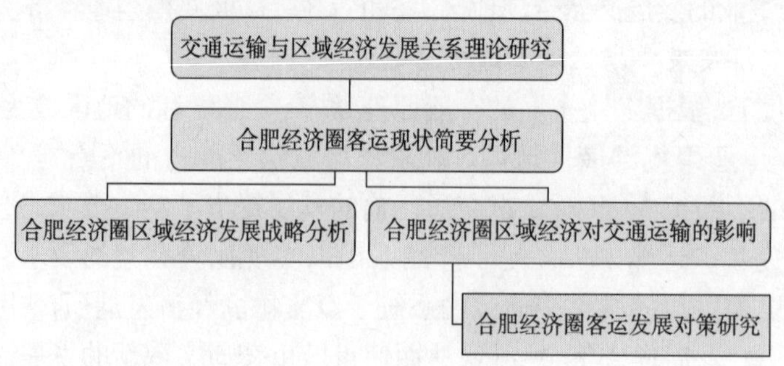

图 1　研究思路技术路线图

2　合肥经济圈道路旅客运输现状分析

2.1　合肥经济圈基本情况

2.1.1　合肥经济圈社会经济发展情况

合肥经济圈目前包括合肥、淮南、六安、桐城四市（原包括合肥、巢湖、淮南、六安、桐城五市），含 23 个县（市、区）。合肥经济圈地处江淮之间，具有承东启西、贯通南北的重要区位优势，合肥经济圈的形成将是中西部面向长江三角洲的重要门户，成为全国重要的现代产业基地和综合交通枢纽。

2.1.2　合肥经济圈交通基本情况

合肥经济圈内公路、铁路、航空、水路建设稳步推进，综合交通框架初步形成；沪汉蓉高铁、宁西、淮南、水蚌、合九、淮阜等铁路贯穿全境；合宁、沪蓉、合徐、合铜黄、合芜等高速公路四通八达，高速公路通车里程共计 680 公里，占全省的 1/4。4E 级的新桥国际机场即将通航。

2011 年合肥经济圈五市共完成客运量 58799 万人次，占全省的 32.7%，旅客周转量 4327742 万人公里，占全省的 37.5%。目前，经济圈的营运客车达到 9728 辆，占全省的 25.8%，营运货车达到 163101 辆，占全省的 21.8%；五市之间开通的班线达 389 条，班线车辆达 861 辆，合肥经济圈内基本实现班车直达；五市共有一级客运站 6 个，二级站 19 个，农村客运站 122 个，候车亭 3374 个；五市公交客运车辆共计 5509 标台，占全省的 38.4%；五市出租汽车共计 17416 台，占全省的 34.7%。

2.1.3　政策扶持情况

建设合肥经济圈，是省第八次党代会和十届人大五次会议省政府工作报告中提出的战略构想。2009 年 8 月 21 日，省委省政府发布《中共安徽省委安徽省人民政府关于加快合肥经济圈建设的若干意见》（皖发〔2009〕23 号），提出合肥经济圈包括合肥、淮南、六安、巢湖四市及桐城市等周边地区。

2010 年 11 月 30 日，合肥经济圈五市相关部门共同编制了《合肥经济圈 2011—2015 年发展规划纲要》和工业、农业、交通基础设施、城际轨道 5 个规划。根据以上规划，到 2015

年年底,以合肥为核心,四个副中心城市协调发展,圈内城市的地区生产总值将超过 10000 亿元,占全省经济比重的 42%。

2011 年 4 月 8 日,《中国省会经济圈蓝皮书——合肥经济圈经济社会发展报告(2010—2011)》正式发布,报告提出合肥经济圈要追求经济 GDP 与社会 GDP 同步增长,"十二五"末合肥经济圈的地区生产总值年均增长 17% 左右,人均生产总值达 56000 元以上。报告还指出,未来五年,要实现合肥经济圈内城市交通、通信网络、供水、供电、供气等方面全面接轨,基本形成以合肥为中心、覆盖区域主要城镇、产业集聚区、重要枢纽的"1 小时通勤圈"。电话区号统一、无线网络统一、路网建设规划统一等,将极大便利圈内经济和社会往来。

2011 年 7 月 14 日,国务院下发国函〔2011〕84 号文件《国务院关于同意安徽省撤销地级巢湖市及部分行政区划调整的批复》,正式同意撤销巢湖市。8 月 22 日,安徽省政府召开新闻发布会正式撤销地级巢湖市,其所辖的一区四县分别划归合肥、芜湖、马鞍山三市管辖。新设的县级巢湖市由安徽省直辖,合肥市代管,原地级巢湖市管辖的庐江县划归合肥市管辖。行政区划调整后,合肥市辖 4 区 1 市 4 县,面积从原有的近 7000 平方公里变成 1 万多平方公里,扩大了 40%。区域经济学家普遍认为,这一重大行政区划调将使中国中东部继南京城市圈、武汉城市圈和长株潭城市圈后诞生又一个特大城市圈——合肥经济圈,将有利于充分发挥中心城市的辐射带动作用,在更大区域范围内统筹安排生产力布局和基础设施建设,有利于全面提升产业转移水平,培育引领全省发展的核心增长极。

2.2 合肥经济圈客流时空分布特征分析

2.2.1 区位商值分析

区位商是用以计量所考察的多种对象相对分布的方法,同时将分析结论体现为一个相对份额指标值,即区位商值。区位商值反映某一要素变量在整个区域的空间分布状况,如道路客运量在整个区域不同空间单元的空间分布形态。

(1)区位商值定义。

区位商指标定义为:

$$L_q = x_i / \sum_{i=1}^{n} x_i / X_i / \sum_{i=1}^{n} X_i$$

式中:L_q——某地区对于整个区域的区位商;

x_i——区域某地区的某一观测指标;

X_i——i 区域与上述观测相关指标(如 GDP、人均纯收入等国民经济指标等)占全域的份额。

道路客运空间分析中,可选取道路客运量、客运周转量等客运观测指标,进行区位商值计算,X_i 可选 GDP 等数据。若 $L_q>1$,表明该地区选取的运输观测指标在整个区域中处于重要地位,相对性具有一定的优势;若 $L_q<1$,表明地区选取的运输观测指标在整个区域中处于相对弱势。

(2)合肥经济圈区位商值分析。

在进行合肥经济圈区位商值分析时,采用的是 GDP 与客运量两个指标。根据区位商计算公式,计算得到合肥经济圈区位商值表(表1)。由于数据的可得性,只计算出2008、年2009年的数据。

2008—2009年各市客运量区位商数据表　　表1

年　份	2008	2009	年　份	2008	2009
合肥经济圈	1.06	1.01	阜阳市	2.19	2.11
合肥市	0.57	0.55	滁州市	0.88	0.91
六安市	2.55	2.68	马鞍山市	0.23	0.23
巢湖市	1.48	1.44	芜湖市	0.68	0.69
淮南市	0.62	0.65	宣城市	1.35	1.46
淮北市	1.12	1.14	铜陵市	1.73	1.69
亳州市	0.76	0.86	池州市	1.35	1.31
宿州市	0.79	0.83	安庆市	0.61	0.56
蚌埠市	1.17	1.34	黄山市	0.52	0.53

数据来源:2008年、2009年安徽省统计年鉴。

从表1看,合肥经济圈区位商值接近1,说明其经济地位与客运量大小基本匹配。六安、阜阳、铜陵等市区位商值均超过1.5,说明相对于经济比重,其客运量在全省占据更重要位置,与这几个市人口数量大、经济发展一般的实际情况较吻合。马鞍山、芜湖等地区位商值均低于0.5,说明经济地位明显占优势。

总体上,区位商值呈中间小、两端集中的状态分布。这说明省域内客运量空间分布不平衡,皖北高,皖中次之,皖南较低。因此,对于皖北地区,应优先满足基本出行需求。皖南地区,在满足基本出行需求基础上,可开展针对不同运输需求的多形式高品质的运输服务。

2.2.2　空间联系强度分析

合肥经济圈内、外道路旅客运输空间联系强度分析应以客运量OD数据为依据(表2~表4)。由于数据的可得性,本文通过采取分析圈内外班线班次的数据来分析空间联系强度。

合肥经济圈主要城市至省内各地级市班次数据表(单位:次/日)　　表2

	合肥市	蚌埠市	亳州市	阜阳市	淮北市	宿州市
合肥	—	35	36.5	63	17	32.5
巢湖	209	3	—	—	1.5	—
淮南	89	102	16	52	11	14
六安	161	5	2	6	1	1
	淮南市	**六安市**	**铜陵市**	**芜湖市**	**滁州市**	**马鞍山市**
合肥	40	114	28	63	67	23
巢湖	2	7	52	70	10	54

续上表

	淮南市	六安市	铜陵市	芜湖市	滁州市	马鞍山市
淮南	—	34	1	1	15	2
六安	11		2	1	1	1
	宣城市	安庆市	池州市	黄山市	巢湖市	
合肥	25	93.5	28	34	146	
巢湖	1.5	42.25	3	2	—	
淮南	0.5	3	—	—	—	
六安	1	6	2	1	3	

数据来源:安徽省局客运班线信息管理系统。

合肥经济圈主要城市至省外班次数据表（单位:次 / 日） 表 3

	江苏省	浙江省	上海市	河南省	山东省	湖北省
合肥	106	40.5	27.5	22.5	13.25	13
巢湖	110	14.75	25	—	0.5	2
淮南	25.5	19.75	8	5.5	1.5	1.5
六安	56	22.45	14	2	1.5	4.5
	江西省	福建省	湖南省	广东省	河北省	其他省份
合肥	7.5	3	3	1.25	1.25	8.25
巢湖	1	—	1.5	0.25		4.75
淮南	—	2.95	—	1	1.5	0.25
六安	—	3.4	—	5.95	—	—

数据来源:安徽省局客运班线信息管理系统。

合肥市三县乡镇至合肥班次数据表及车型比例表（单位:次 / 日） 表 4

合肥 车型	长　丰	肥　东	肥　西
班次	674	1310	821
大型	38	3	—
中型	46	148	9
小型	251	249	402

数据来源:安徽省局客运班线信息管理系统。

圈内运输数据显示,合肥经济圈组成城市之间的客运联系强度明显高于圈外城市,圈外城市中与阜阳、芜湖等市联系较强。合肥市与下辖县之间的班线密度高,联系紧密。从数据分析也可以说明,合肥作为省内核心枢纽城市的辐射范围主要集中在皖中和皖南部分地区。

另外，从三县与合肥市区的车型数据反映，小型车辆占据绝大比例，这是因为下辖县大部分行政村实现了直通合肥班线，农村客流具有零散、点多等特点，采用小型车符合客流特点。

合肥经济圈城市与外省的客流联系中，江苏、浙江、上海三省市为主要流向地，占80.3%。

2.2.3　线路客流方向分布特征分析

线路方向分布特征主要是指同一线路不同方向交通流量不一致。因合肥在整个合肥经济圈当中处于核心地位，是经济圈唯一核心交通枢纽城市，既是交通客流的吸引地，同时承担着过境客流的中转组织。因此，本文选取合肥市作为分析对象，来研究线路客流方向分布特点表5。

2011年5月合肥与各省辖市之间班线出站实载率情况表（单位:%）　　表5

	合肥市	安庆市	蚌埠市	亳州市	巢湖市	池州市
合肥	—	38.5	75	25.4	46.2	72.8
至合肥	—	56.5	49.3	—	34.1	71.5
	淮南市	黄山市	六安市	宿州市	铜陵市	芜湖市
合肥	90.8	77.9	52.8	57	71.2	52
至合肥	85	58.6	35	81.3	53.2	72
	滁州市	阜阳市	淮北市	宣城市	马鞍山市	
合肥	78.2	64.9	31.6	28	47.8	
至合肥	79	87.4	60.4	80.3	66.3	

数据来源：安徽省运管局网站2011年全省5月份重点线路出站客流调查。

从出站实载率数据对比可以看出，少部分地市如蚌埠、黄山、六安、宿州、淮北客流方向系数较大，整体上方向系数基本接近1，处于较平衡的状态。

2.3　合肥经济圈客运运力简要分析

2.3.1　合肥经济圈出租车运力简要分析

据相关数据统计，截至2011年年底，安徽省共有运营出租车50119辆，客运总量为175863万人次。其中，合肥市、芜湖市和安庆市三市在城市运营出租车拥有量方面占较大比重，分别为17.1%、8.1%和8.4%。

合肥经济圈城市运营出租车数据和国内主要大城市运营出租车数据见表6、表7。

2011年合肥经济圈主要城市出租车拥有量情况表　　表6

地　区	全省	合肥经济圈	合肥	淮南	六安
营运车辆（辆）	50119	17416	10546	2970	3900
常住人口（万人）	6131	1756	752	230	606
城镇人口比例（%）	42.1	—	64.1	64.1	36.9
万人拥有出租车量	19	20.4	21.8	20.1	17.4

数据来源：安徽省统计年鉴。

国内其他重要城市万人出租车拥有量数据表　　表7

地　区	出租车数量	万人出租车拥有量
广州	18893	29
南京	10593	17
杭州	8496	20
上海	49900	22
武汉	13673	25

数据来源：广东省、江苏省、浙江省、上海市、湖北省统计年鉴。

据相关统计数据显示，出租车数量的配备主要影响因素有城市总人口、城市市区面积。单从万人出租车拥有量数据来看，合肥经济圈基本上与国内其他重要城市处于同一水平。

2.3.2　合肥经济圈城市公交运力简要分析

截至2011年年底，安徽省拥有城市公交车辆14397标台，城市公共汽车运营线路总长度14224公里。其中，合肥经济圈4市共有5010标台，约占全省40%。与国内其他重要城市相比，相关指标数据见表8。

合肥经济圈及国内部分重要城市万人公交车拥有量数据表　　表8

城　市	公交车数量	万人公交车拥有量
南京	8695	14
杭州	6150	14
上海	18000	8
武汉	7000	13
合肥	3522	8
淮南	878	6
六安	529	2
巢湖	375	2

数据来源：安徽省统计年鉴、省运管局统计数据。

合肥经济圈除合肥万人公交车拥有量数据较高外，巢湖、六安等地数据明显过低。交通运输部“十二五规划”中对城市公交万人拥有量的规划为：300万人口以上的城市、100万~300万人口的城市以及100万人口以下的城市，万人公交车辆拥有量分别达到15标台、12标台和10标台以上。合肥经济圈离规划目标具有一定的差距。

2.3.3　合肥经济圈农村客运运力简要分析

据相关数据显示，截至2011年年底，在全省19177个建制村中，通班车的建制村有18295个，建制村班车通达率达到95.4%。其中，合肥市、淮南市、六安市分别为95%、98%、100%。

交通运输部“十二五规划”对农村客运的规划是:所有具备条件的乡镇和92%的建制村通客车,有条件的地区实现城乡客运一体化。合肥经济圈建制村班车通达率相当高,基本实现了村村通班线,在通车率上提前实现了交通运输部的目标。

至2011年年末,全省完成农村客运量38031万人次,客运班线4250条,平均日发班次57894次。车辆等级划分,中级客车4349辆,普通客车15295辆分别占总数的22.1%和77.9%。农村客运仍是以普通客车为主,高级客车退出农村客运市场,中级客车数量逐渐增加;按车辆车长划分,大型客车453辆,中型客车9582辆,小型客车9609辆分别占总数的2.4%、48.7%、48.9%。农村客运仍是以中型和小型客车为主,大型客车没有较大变化,中型客车逐渐增加。2010年合肥经济圈农村道路客运运力总体情况见表9。

2011年合肥经济圈农村道路客运运力总体情况

表9

按等级分	高级		中级		普通	
	辆	客位	辆	客位	辆	客位
全省	0	0	4349	101322	15295	226068
合肥	0	0	637	13494	1725	27631
六安	0	0	0	0	2968	38814
淮南	0	0	0	0	385	6423
按车长分	**大型**		**中型**		**小型**	
	辆	客位	辆	客位	辆	客位
全省	453	18212	9582	203876	9609	105302
合肥	136	4991	1293	24307	933	11827
六安	10	520	567	13046	2391	25248
淮南	0	0	385	6423	0	0

数据来源:省运管局统计数据。

2.4　合肥经济圈客运发展存在问题简要分析

2.4.1　交通需求增长迅速,供需矛盾突出,城市公共客运基础设施设备落后

随着合肥经济圈的快速发展,经济圈内客运量快速上升,政府对公共交通投资不断增大,但现有交通设施在数量与质量上与国内沿海地区城市群发展水平还有较大的差距,表现为合肥经济圈城市和城际轨道交通发展滞后、万人公交车拥有量低、农公班线公交化运营程度低等方面。

2.4.2　公共交通出行比例不足,城市客运一体化程度不高,缺乏有效的衔接

合肥经济圈城市普遍存在交通结构不尽合理的现象。城市公共交通出行比例较低,公交优先发展不足。目前虽然公交优先措施在逐步落实,如公交专用道的使用,但公交路外站点建设的和道路通行权的优先明显不足。城际交通结构单一,以公路运输为主。铁路主要

以国铁为主而且大多属于客货混和运输,缺乏独立的公共型城际客运系统,铁路所承担的城际交通旅客运输能力十分有限,难以满足不同层次的旅客出行需求,在一定程度上制约了城际交通的发展。

合肥经济圈城市客运缺乏有效衔接主要表现在:一方面,综合运输枢纽的缺乏。城市群中心城市的铁路、公路客运场站以及与机场等重要客流集散点布局之间的合理衔接存在问题,无法实现零换乘。另一方面,信息化建设的落后。城际客运、城市公交、城际铁路交通信息各自独立,不能互联互通和共享。

2.4.3 交通投资主体单一,难以适应交通发展的需要

在现行交通体制和政策条件下,客运交通投入后的产出大多表现为社会效益(商业性的对外客运交通除外),因而无法实现投入的滚动与增值。单靠政府投资是很有限的,应当多元化投资主体、多渠道筹集资金,正确对待交通所具有的商品性、公益性的双重属性。

2.4.4 客运管理体制不健全

一方面是综合运输体系管理体制未完全建立。2009 年大部制改革后,尽管民航、城市公交、邮政等已划入交通运输部门,但多年实行的分方式管理,使得铁路(包括城际轨道)、公路、水路、民航、城市交通依然处于独立发展的状态,较少从综合运输角度去考虑问题。而且目前各种运输方式的市场化程度区别也较大,公路和水运最高,民航其次,铁路最低。这种管理体制导致城市群客运组织管理协调的严重缺位。在枢纽的交通衔接中,管理体制的弊端表现更为显著。其次,由于体制原因,存在各种运输方式之间信息沟通不畅等问题。

另一方面,缺乏与相关部门的协调机制。城市交通与城市对外交通在规划与管理方面都存在严重脱节。大部制改革后,公交划入交通运输部门后使这种情况有所改善。交通是城市规划的重要部分,两者相互影响,不可分割。在城市规划时应当充分考虑交通规划,尤其要考虑城市公交场站、枢纽站场的布局,给城市公交发展预留空间。应当加强与规划部门的协调机制,参与重大建设项目的沟通协调。

2.5 本章小结

(1)合肥经济圈整体区位商值接近 1,说明整个经济圈其经济地位与客运量大小基本匹配,但圈内城市区别较大,六安、巢湖均接近或超过 1.5,而合肥等地则远低于 1。这与合肥、淮南人口相对较少,经济相对较发达的实际情况是相吻合的。

就全省而言,总体上,区位商值呈中间小、两端集中状态分布。说明省域内客运量空间分布不平衡,皖北高,皖中次之,皖南较低。因此,对于皖北地区,应优先满足基本出行需求;皖南地区,在满足基本出行需求基础上,可开展针对不同运输需求的多形式、高品质的运输服务。

(2)线路客流方向分布特征分析显示,合肥至省内其他各地市的班线线路方向分布系数接近 1,即客流无明显方向性。但部分线路存在明显方向性,如宣城、宿州与合肥之间的线路。针对这种具有明显方向性的线路,建议建立线路统一调度协调机制,由线路调度中心

负责调度线路车辆，提高线路实载率，实现节能减排。统一调度中心可由各相关客运公司按照已有经营班次比例建立，并储备一定运力，适应高峰期交通需求。

（3）城市公交相关数据显示，合肥、淮南、六安、巢湖万人公交车拥有量分别为10、6、2、2。合肥经济圈内了除合肥万人公交车拥有量数据较高外，巢湖、六安等地数据明显过低。交通运输部“十二五规划”中对城市公交万人拥有量的规划为：300万人口以上的城市、100万~300万人口的城市以及100万人口以下的城市，万人公交车辆拥有量分别达到15标台、12标台和10标台以上。合肥经济圈离规划目标具有一定的差距。

（4）合肥市、淮南市、巢湖市、六安市建制村班车通达率分别为99%、98%、83%、97%。交通运输部“十二五规划”对农村客运的规划是：所有具备条件的乡镇和92%的建制村通客车，有条件的地区实现城乡客运一体化。合肥经济圈在下阶段应逐步加强城乡客运一体化建设。

3　合肥经济圈城市群发展背景下的交通需求分析

交通运输与国民经济之间的关系主要表现为“交替拉推”。在影响城市综合运输体系建设的诸多因素中，城市群区域经济发展战略占据重要地位，在一定程度上支配着综合运输网络的布局与发展方向。而城市群综合交通系统对区域经济发展及城市群空间布局起着推动效应。目前国内三大城市群的城市空间布局发展历程证明了这一点。因此，在制定城市群综合交通运输体系规划时需根据城市群区域经济发展战略确定城市群交通系统优先发展对象，明确其功能定位、层级结构等。同时必须注重经济发展与运输协调问题。

3.1　合肥经济圈区域发展战略简要分析

3.1.1　合肥经济圈城市群发展阶段

城市群是社会经济和城市化发展到较高水平后的产物。一般认为城市群的形成发展经历了四个阶段：①工业化前分散的城市；②工业化初期加速发展的城市化；③工业化成熟阶段城市群的形成；④形成连绵的城市区。

目前，世界上较为发达的城市群（如美国东北部城市群、日本东海道城市群），其交通系统基本处于快速发展阶段。而我国的长三角、珠三角城市群由于起步较晚，综合交通系统发展水平还处于由第二阶段向第三阶段过渡的时期，即由不同运输方式竞争发展阶段向城市群综合交通系统初步形成阶段发展。就合肥经济圈城市群发展而言，正处于第一阶段。

3.1.2　合肥经济圈城市群结构体系

城市群结构体系是在按自然、经济和社会内在联系的规律划分的、相对独立的、相对完整的整个区域中，各种职能、各种规模、各种等级、相互作用和相互联系的所有城市，按一定的层次、秩序和空间结构组成具有一定结构、功能和发展方向的有机整体系统，它是经济和社会发展空间的表现形式。按城市群中心城市的数量及其组合，可分为单中心结构和多中心结构。

合肥经济圈包括合肥、淮南、六安、巢湖、桐城，从规划定位与 GDP、人口数量等指标分析，合肥经济圈城市群发展明显呈单中心结构形态。

3.1.3　合肥经济圈城市定位与空间布局规划简要分析

根据规划，合肥市为经济圈龙头城市，国家区域性交通枢纽，全国重要的科研教育基地、现代制造业基地、科技创新及高新技术产业化基地和现代服务业基地、区域旅游会展中心、商贸物流中心、金融信息中心；淮南市为北翼中心城市，主要发展电力、装备制造业、高新技术产业、旅游产业和现代服务业等；六安市为西翼中心城市，主要发展商贸商业综合服务、汽车零部件加工、医药化工、旅游服务业等；巢湖市为东翼城市，主要发展以临港重化工业、建材及新材料和休闲旅游业；桐城市为经济圈副中心城市，主要发展包装印刷、机械制造、建材化工以及文化旅游业等。

空间布局上，按照规划，至 2020 年，合肥经济圈形成“一区、五轴、三带、多组团”的城镇空间布局结构体系。远景由点—轴模式向网络化模式发展。其中“一区”是指由合肥市中心城区、淮南市中心城区、六安市中心城区、巢湖市中心城区、桐城市中心城区以及环巢湖地区等组成的城镇密集区。城市等级方面，形成“一心、四翼、多极、九点”的中心等级体系。

交通基础设施建设方面，根据规划，其交通发展战略包括：合肥经济圈核心圈层实施“公交化”发展策略；合肥经济圈紧密圈层实施“高速化”发展策略；坚持建设与管理并重的发展策略。最终建立起以合肥为主枢纽，客运高速化、货运物流化、综合枢纽换乘便捷化的一体化现代综合交通运输体系，形成 1 小时通勤圈和生活圈。

3.2　合肥经济圈区域发展交通需求分析

3.2.1　合肥经济圈交通区位线分析

城市群交通区位指存在于城市群内部、不同经济集聚体之间和城市群与外部其他城市群或经济集聚体之间的交通高发现象。在这些经济集聚体之间，同时存在着互补（集聚）和辐射（扩散）两种作用方式，表现为交通现象的空间集散。在进行城市群交通区位需求分析时，引入经济引力这一量化指标，运用各个城市密集区的人口、经济和时间距离，可以得出不同都市区间的经济引力。

$$F=K\times\frac{P_{A}V_{A}\times P_{B}V_{B}}{r^{2}}$$

式中：F——不同都市区区间的经济引力；

P_A、P_B——分别为 A、B 都市人口指标；

V_A、V_B——分别为 A、B 都市经济指标（GDP）；

r——不同都市区的时间距离；

K——引力系数。

根据引力公式和合肥经济圈各城市（图 2）2009 年的经济指标及人口指标，计算得到经济引力表（表 10），并根据城市间的辐射和互补水平、经济引力的大小，进行交通区位线区划。

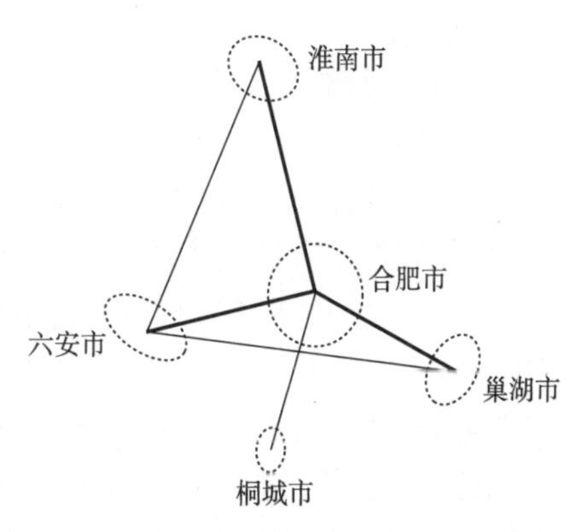

图 2　合肥经济圈交通区位线图

合肥经济圈内部经济引力作用表（已量纲化）　　表 10

城　市	合肥市	六安市	淮南市	巢湖市	桐城市
合肥市	0	3662	901	3299	68
六安市	3662	0	164	245	16
淮南市	901	164	0	88	2
巢湖市	3299	245	88	0	10
桐城市	68	16	2	10	0

数据来源：安徽省统计年鉴。

（1）从经济引力数值来看，超过或接近 1000 的只有合肥—六安、合肥—巢湖、合肥—淮南。每一个组合中均包含合肥，说明合肥处于经济圈的核心地位，其集聚与辐射能力决定经济圈的发展程度。

（2）除合肥市外，其他城市之间的经济引力均低于 300，说明在合肥经济圈发展过程中，将形成以合肥市为中心的单中心城市群结构，同时说明其他城市之间的经济互补性不高，经济辐射能力非常有限。

综上，内部发展的极不均衡性，决定整个经济圈还处于初级发展阶段。交通区位需求分析来看，未来重点将发展合肥—六安、合肥—巢湖、合肥—淮南。其中合肥—六安将是客运发展重点方向。

3.2.2　合肥经济圈交通需求特点分析

（1）运输规模。

随着合肥经济圈的产业规模不断扩大，集聚与辐射能力的增强，人口的不断增加，城市空间不断增大，圈内的分工与协作不断深化，运输总规模将快速增加。

（2）时间特征。

根据经济圈发展的特性，其时间特征与目前城市交通特征相类似。总体表现为：月差异性大、早晚高峰明显、假日流量大。其中，随着经济圈城区范围的不断外展，外围郊区迅速发展。居民生活水平日益提高，以城市为目的地的工作、购物、休闲娱乐等出行需求迅速上升，双休日及节假日将呈现明显客流高峰。

（3）空间特征。

合肥经济圈处于都市圈初级发展阶段，圈域内经济发展极不平衡，中心城市首位度高，客运量空间布局上分布很集中（据相关资料显示，成都都市圈 73% 的客流集中在成都市，南京的客运量占整个南京都市圈客运量的 41.14%）。

同时，根据合肥经济圈处于初级发展阶段的实际情况及国内其他经济圈发展历程来看，运输规模的增长在空间布局上会呈现一定的特征，即运输规模增长主要集中在中心城市与次中心城市、中心城市与周边城镇组团之间。就安徽而言，也就是合肥至六安、合肥至巢湖、合肥至淮南以及各个中心城市与周边城镇组团之间的运输规模将快速增加。

此外，合肥市是整个经济圈内的核心交通枢纽城市，承担着中转、集散的作用。从人们出行需求及基础设施布局等方面出发，合肥将是唯一航空客运需求、集聚中心。鉴于空间范围的约束和实际情况，分布在中心城市的周边城市一般不会发展航空运输。

（4）层次特征。

随着收入增加，都市圈内居民出行目的包括劳动出行、因公出差、外出探亲访友、休闲旅游、外出求学等，不同收入群体的出行需求具有差异性，导致了对运输服务的要求不同，具体表现在运输服务品质、运输价格、运输方式等方面。这些差异，使得整个都市圈旅客运输需求表现出一定的层次性。都市圈客运需求层次的总体特征为：客流群体收入水平较高；中心城市客运量迅速增加；通勤半径迅速增大，商务出行比例上升；重视服务品质；以公路交通为主。

3.2.3 巢湖拆分的影响

巢湖的拆分必然对合肥经济圈经济布局产生较大的影响，产业布局与结构、城市规划等都将发生较大变化，从而经济圈内交通客运布局必然产生深远影响。从区域经济发展趋势分析，其作为合肥经济圈南部核心地位不会动摇，但其已纳入合肥行政区域，必然打破原有客运状况。最大的变化是，对于原有城际客运将逐步公交化运营，同时将沿线农村班线整合纳入。例如，根据合肥市修建环巢湖公路最新规划，合肥市东南组团和滨湖新区、三河、义城、长临河、六家畈等将连为一体，该区域农村线路的整合与公交化运营是大势所趋。同时，根据规划，将开发巢湖市旅游业，将提高区域内旅游客运新需求。

本文重点研究的是在合肥经济圈区域经济发展背景下，对交通运输的新要求，以定性分析为主。巢湖的拆分，在一定程度降低合肥经济圈南翼中心城市的集聚能力，影响合肥经济圈经济增长规模，进而在一定程度上影响合肥经济圈客运量增长规模与空间分布，但不会影响整个经济圈发展的大趋势，对整个经济圈发展过程中交通运输的新需求性质特点的影响程度也有限。因此，本文不对此进行深入分析。

4 合肥经济圈道路客运发展对策

根据合肥经济圈城市群发展特点和交通需求分析，未来合肥经济圈将构筑以合肥为主枢纽，客运高速化、货运物流化、综合枢纽换乘便捷化的一体化现代综合交通运输体系，推进合肥经济圈的运输服务一体化，建立起合肥经济圈高速城际快客模式，形成1小时通勤圈和生活圈。在合肥经济圈核心圈层实施“公交化”发展策略，合肥经济圈紧密圈层实施“高速化”发展策略。

4.1 制定经济圈道路旅客运输发展规划

根据《合肥经济圈城镇体系规划》、《合肥经济圈基础设施规划》、《合肥经济圈市场体系规划》等综合规划，由合肥市牵头，按照合肥经济圈交通一体化的总体思路，制定经济圈道路旅客运输规划，在城市公共交通规划作为城市规划核心环节，应积极与城市规划部门协商，加强城市规划与城市公共交通互动影响研究，完善城市规划流程。通过对城市客运、城际客运、农村客运、旅游客运等方面的规划，促进各种旅客运输方式间无缝衔接，推进城乡公共运输服务的均等化。

4.2　加强经济圈道路运输基础设施建设

做好合肥经济圈内客运场站基础设施的建设。以合肥、六安被纳入到国家公路运输枢纽规划为契机，不断加大站场尤其是综合换乘枢纽的建设力度，提升经济圈内的交通运输组织水平。同时，加大农村客运站、候车亭和招呼站建设。积极贯彻落实国家优先发展城市公共交通战略有关政策措施，争取城市人民政府和有关部门的支持，实行政府主导，从资金投入、路权保障、用地安排、设施建设等方面保障城市公共交通发展。具体包括：加快公交基础设施建设，加大常规公交首末站、中途站、停车场、保养维修厂、城乡客运换乘站的建设；加快公交专用道建设，结合道路改造和大容量公交建设，实施公交专用道施划，有条件的道路可实施公交信号优先；推进公交信息化建设，加快建设智能调度中心。合理规划设置城市出租汽车上下站点，并在机场、车站、码头等地区设置出租汽车专用通道。针对出租车驾驶员反映的“吃饭难”、“停车难”、“如厕难”等问题，综合建设经济圈内的出租车服务场所。

4.3　明确并落实城市公共交通优先发展战略

以提升公交服务能力，增强公交吸引力为主线，优化城市交通出行结构为目的，将城市公共交通规划纳入城市规划核心环节，建立健全相关政策体系。以《道路运输条例》公共交通优先发展政策为指导，加快建立健全安徽省城市公共交通发展政策体系研究，制定城市公共交通安全运营与服务质量评价标准，提升城市公交服务水平。提高公交系统可达性，在合肥中心城区与周边城镇组团之间建立快速公交系统，推动“市区公交”向“都市圈公交”转变，推进城市公共交通和城市周边短途班线客运的融合。

随着合肥市经济规模的不断扩大，其集聚与辐射能力日益增强，中心城区与周边城镇产业互补性也在加强。由于中心城市发展的空间拓展，外围郊区迅速发展以及居民生活水平的提高，各种出行需求的上升，特别是中心城市与周边城镇的通勤量增大。这就需要在中心城市与周边城镇之间建立快捷、大容量的公共交通体系，扩大传统公交的辐射范围，提高可达性。

根据合肥经济圈城镇体系规划，合肥市采取的政策：大力推进“141”城市空间发展战略，加快形成现代化滨湖大城市空间格局，继续强化中心城区与肥东城区、肥西城区、长丰双墩地区以及周边其他乡镇的联系和分工协作。但目前，合肥经济圈处于初级发展阶段，辐射能力较弱，合肥市区与周边城镇联系不够紧密，与周边城镇之间的客运量呈小而散、营运客运车辆小型化等特点。因此，建议目前采取“成熟一块区域，开通一块区域与适度超前，引导发展相结合”的政策，在适当的时候推动“市区公交”向“都市圈公交”转变，推进城市公共交通和城市周边短途班线客运的融合，公共交通发展，提高市区万人公交车拥有量，扩大公交覆盖率，优化运营结构，推进合肥经济圈城乡客运一体化发展。

4.4　大力推进城际快速交通系统建设，优化运能结构布局

都市圈形成后，中心城市与其周边城镇在功能上互补。因此，在商品、服务、资金、信息和通勤等方面形成密切的双向联系、潮汐式流动等特点。为了增强中心城市的辐射能力和吸引力，需要在中心城市与周边城镇之间大力发展快捷、大容量的交通干线，满足中心区与

外部区域之间快速、高密度的客货运输需求。

根据合肥经济圈空间特征及交通区位线分析，合肥市与六安、淮南、巢湖之间的客运量在整个合肥经济圈中处于重要地位，交通需求量将迅速增加。同时，为增加合肥市的辐射力和吸引力，需要与次中心城市建立快速、大容量交通干线以满足中心区与次中心区之间的快速、高密度客运需求。根据发达国家经济圈发展历程，西方发达国家在都市圈的形成过程中，都以高速公路、大容量轨道交通或者是二者并举的方法实现中心城市与周边地区的高效连接。结合合肥经济圈所处发展阶段，快速轨道交通对客流量的要求，初期阶段适合以高速公路快速客运系统作为主要的运输方式。但随着国内高速铁路客运的发展，原先本该由铁路承担的运输将实现一定程度的回归。而最新的合肥经济圈轨道交通线网规划初步方案已经出炉，即以合肥为中心向淮南、巢湖、桐城、六安延伸的“四射”格局。

结合合肥经济圈建设，按照规划同筹、交通同建、信息同享、市场同体的思路，加快城际快速交通系统建设，合肥、淮南、六安、巢湖、桐城五市中心城区通达运输通道的平均行程时间控制在20分钟以内，这样合肥至淮南、六安、巢湖、桐城等城市间将开行直达快客，全程高速、中途不载客，并且统一车型、统一调度、统一管理、统一服务标准。将肥东、肥西、长丰、凤台、含山、庐江、舒城等县县城中心通达运输通道的平均时间应控制在15分钟以内，逐步实现交通一体化（表11）。全力打造合肥经济圈“1小时通勤圈”和“1小时生活圈”。

合肥经济圈运输通道沿线城市通达情况一览表 表11

沿线城市		周边运输通道	通达运输通道的平均时间
地级市	合肥	六合宁区域通道	20分钟
	淮南	京福区域通道	15分钟
	六安	六合宁区域通道	20分钟
	巢湖	京福区域通道	20分钟
县城	桐城	合安区域通道	20分钟
	肥东	六合宁区域通道	15分钟
	肥西	合安区域通道	15分钟
	长丰	京福区域通道	15分钟
	含山	京福区域通道	15分钟
	庐江	合安区域通道	15分钟
	舒城	合安区域通道	15分钟
	金寨	六合宁区域通道	15分钟
	霍山	六合宁区域通道	15分钟
	霍邱	六合宁区域通道	40分钟
	和县	六合宁区域通道	30分钟
	无为	京福区域通道	15分钟
	寿县	京福区域通道	15分钟
	凤台	京福区域通道	15分钟

对于圈内已形成快速客运系统的，重点是推进建设管理规范、服务优质、衔接方便的

城际客运网络,要加快相关服务标准体系的建立,提高线路客运车辆准入标准,加强市场监督。从区位线结果来看,合肥与六安、淮南之间为最主要流向,要加强线路流量调查,优化运能结构布局。

4.5　发展综合运输,提高各种运输方式的有效衔接,提高运输服务的网络性

随着城市功能和社会活动的多样化,交通需求也必然呈现多样化,既有不同时间和区域的交通需求,又有不同人员和目的的交通需求,最终主要反映在人们出行方式的多样化上。随着城市发展和机动化程度的提高,单一的出行方式将难以满足城市所有的交通需求,更多的运输需求将是多种方式的组合,需要形成运输方式链。因此,都市圈要实现运输的有效组织,就必须解决多种交通方式的换乘问题,实现交通运行联运化。

这种有效衔接不仅仅是简单的各种运输方式基础设施上的衔接,更重要的是各种运输服务的衔接。比如,在综合运输枢纽场站,尝试开通铁路与公路联运售票业务,在托运行李的随车运送过程中实现无缝对接。而推行运输服务的网络化的主体必然是运输企业,关键是要给予运输企业更大的市场话语权,去充分实现运输服务的网络化。例如,推行汽车租赁服务实现门到门的一站式服务。推行客运班线区域审批制度,由客运企业组织区域运输网络。主动与民航机场对接,开行经济圈内城市到合肥机场的直达班车,做好中心城市汽车客运站与机场的对接,通过开通公交、机场大巴、摆渡车等形式,方便旅客中转换乘。

4.6　调整运力结构,合理布局运力

一是根据经济圈的发展状况,对现有客运班车的发车起讫点进行调整。将班车发车站点向旅客较为集中的集聚地,且具备班车发车条件的汽车站进行转移。二是增加班车沿途的停靠点。为提高车辆的实载率和班车的组织化程度,在班车途经的旅客集聚地附近增加配客站点,方便旅客出行。三是大力发展节能环保、高效低耗车型。按照交通运输部《道路运输车辆燃料消耗量检测和监督管理办法》的要求,严把营运车辆市场准入关。四是以确保运输安全和切实提高乘坐舒适性、运行可靠性为目标,不断优化营运客车车型结构。五是加强线路资源管理。根据经济圈的建设和发展的需求,通过企业间兼并、重组、托管等方式,对目前经济圈的道路旅客运输资源进行相应调整,以满足广大旅客出行需求。

4.7　实施客运班线许可方式改革,扩大客运企业自主经营权

当前客运班线许可过程中,道路运输管理机构会对客运企业投入的车辆数和经营班次进行严格管制,导致经营企业缺乏经营自主权,不利于客运企业根据客运市场的变化灵活的调整营运车辆数和发车班次,可能会造成旅客出行高峰时不能及时疏运和客运淡季时运力过剩。实施客运班线许可方式改革,改变了以往只对投放车辆、运行班次进行的许可,变更为对整条客运班线进行许可。纳入班线许可改革试点的线路,由线路起讫点道路运输管理机构核定试点班线最低日发班次后,起讫端双方经营者可根据实际客流情况自行调整日发班次,将发班情况向当地道路运输管理机构备案即可。通过客运班线许可方式改革,有利于引导客运企业进行公车公营改造,有利于规范客运市场,有利于提高服务质量,有利于促进

节能减排，使道路客运企业真正成为市场经营主体，对企业实行规模化、集约化、公司化经营起到积极的推动作用。

4.8 建立高层次的公众出行服务出行平台，推进经济圈内道路客运信息网络化，加快合肥经济圈交通一体化进程

加快合肥经济圈交通一体化进程，是合肥经济圈经济发展的客观要求。政策层面应当突破行政区划限制，进行适度改革。如改革行政审批方式，取消省际客运班车对等对开的经营原则，允许具有相应资质的运输企业单开；支持符合条件的客货运企业异地设立分支机构，拓展网络，实现更大范围内的发展。

统一市场管理。应当从从业人员培训管理、从业资格管理、运输监督和服务电话号码、运输有关的形象标志、处罚标准、执法要求、信息沟通等方面实现统一。

建立客运一体化服务体系。建立经济圈内道路客运信息化系统规范标准，推进经济圈内道路客运联网售票系统；完善公交 IC 卡，实现一卡通等。

建立高层次的公众出行信息服务平台，整合公路交通状况信息、公交线路查询、班线查询、租车服务等公众出行服务信息。

4.9 加强经济圈客运一体化安全管理措施研究

联合有关部门，加强完善经济圈客运一体化安全管理措施、制度、标准和规范。重点加强研究班线客运公交化、农村客运公交化后的安全管理措施，明确各个部门的安全监管职责。同时，加强科技监管水平，严格车辆技术标准审查。

4.10 加强研究建立与客运服务挂钩的客运票价体系

目前，客运定价实行的是政府指导价，客运票价主要与运输成本挂钩。随着经济的发展，人们对客运服务的要求不断提高，客运从最初的“走得了”向现在的“走得好”转变，即由实现位移到服务过程的优质化的转变。如何科学合理确定运价水平具有重要意义。因此，要根据服务质量、运输距离以及交通方式换乘次数等因素，建立多层次、差别化的价格体系，而且应包括整个运输服务过程，比如汽车客运站服务等。

参 考 文 献

[1] 王炜．交通工程学［M］．南京：东南大学出版社，2000.
[2] 过秀成．城市交通规划［M］．南京：东南大学出版社，2010.
[3] 许学强．城市地理学［M］．北京：高等教育出版社，2009.
[4] 闫学东．城市规划［M］．北京：清华大学出版社，2011.
[5] 陆化普．城市交通规划与管理［M］．北京：中国城市出版社，2012.
[6] 吴兆麟．综合交通运输规划［M］．北京：清华大学出版社，2009.
[7] 徐宪平．我国综合交通运输体系构建的理论与实践［M］．北京：人民交通出版社，2011.

政府购买城市公共交通服务研究

曹道宏，张作博，毛百慧

【摘要】本文从政府购买公共服务的有关理论出发,在对城市公共交通属性探讨的基础上,阐明了政府购买城市公共交通服务的理论基础;从安徽省城市公共交通的发展状况出发,分析了安徽省各城市人民政府实施购买城市公共交通的必要性和可行性;从国内外城市政府购买公共交通服务的实践出发,分析各种购买模式的优劣势,得出安徽省各城市人民政府当前阶段的模式选择;从参与政府购买城市公共交通服务各相关主体出发,设计了政府购买城市公共交通的基本框架和运行机制;从完善公交政策法规体系、出台城市公交服务标准、加强公交企业内部管理、强化服务质量监督评价、完善购买服务运行机制等方面,提出了安徽省各城市人民政府购买公共交通服务有关政策建议。课题研究成果对于安徽省各城市人民政府实施购买公共交通服务具有一定的指导意义。

【关键词】城市公共交通;政府购买;服务

1 政府购买城市公共交通服务的理论基础

政府购买城市公共交通服务,需要理论支持。本章将从政府购买公共服务的相关理论入手,在分析城市公共交通基本属性的基础上,为政府购买城市公共交通服务奠定理论基础,并在这一理论基础上,探讨政府购买城市公共交通的服务的内涵及方式。

1.1 政府购买公共服务理论

1.1.1 政府购买公共服务的概念

国内学者关于政府购买公共服务的内涵有着不同的观点。

民政部研究中心李慷博士等指出,政府购买服务是政府部门为了履行服务社会公众的职能,通过政府财政向各类社会服务机构的直接购买而实现政府财政效能最大化的行为。

清华大学贾西津副教授等认为,政府购买服务本质上是一种财政性资金的转移支付方式,即政府和社会组织签订合同,使用财政资金,由社会组织承包服务,实现特定公共服务目标的机制。

安徽工业大学虞维华副教授等认为,政府购买服务是政府与盈利、非盈利组织或其他政府部门签订契约,由政府界定服务的种类及品质,向受托者支付费用以购买全部或部分公共服务。

无锡市发改委黄元宰等认为,政府购买公共服务是政府将原来由自己直接承办的、为社会发展和人民生活提供服务的事项,通过"购买"服务等方式交由有资质的社会组织来承接,并根据社会组织提供服务的数量和质量,按照一定的标准进行评估后支付服务费用。

总之,政府购买公共服务是政府为了履行服务社会公众的职责,通过财政向各类社会组织支付费用,用以购买其以契约方式提供的、由政府界定种类和品质的全部或部分公共服务,是一种"政府承担、定向委托、合同管理、评估兑现"的新型政府公共服务提供方式。

1.1.2 政府购买公共服务的相关理论

从以前的研究成果来看,政府购买公共服务所涉及的理论及问题主要包括新公共管理理论、社会治理理论、非营利性组织和政府职能转变等。

(1)新公共管理理论。20 世纪 70 年代,西方一些国家面临着财政危机、管理危机和信任危机。英、美等国政府开始推行行政改革,并由此引发了一场世界范围内经久不息的"新公共管理"运动。英国著名公共管理学家胡德(C.Hood)将"新公共管理"定义为一种强调明确责任制、产出导向和绩效评估,以准独立行政单位为主的分权机构,采用私人部门的管理、技术和工具,引入市场机制以改善竞争为特征的公共部门管理新途径。

(2)社会治理理论。治理理念产生于 20 世纪 90 年代,它代表着一种新的公共管理理念和模式,即多个主体对公共事务的共同参与,治理主体不仅包括政府和其他公共机构,还包括私人部门和公民社会组织。治理是一个上下互动的管理过程,通过合作、协商伙伴关系,确立和认同共同目标等方式实施对公共事务的管理。

(3)社会非盈利组织。社会组织的概念最早是由德国政治经济学家马克斯·韦伯(Max Weber)提出,他认为社会组织是以一种跨越时间和空间的、稳定的方式把人类的活动或他们所生产的物品协调在一起的手段。非营利组织是指"一个非政府非商业性的组织,因此是一个独立的部门,且具有慈善及公共服务等特征"。美国著名的非营利组织研究专家萨拉蒙(Salamon)提出了"第三者政府理论",指出非盈利组织的出现有其历史渊源,当代政府在公共服务输送上依赖非政府机构的事务繁多,而非盈利组织在公共服务上较为多元、创新与弹性的做法,容易取得民众的信赖。

(4)政府职能转变。随着社会的发展,公众对公共服务的需求不断增加,而政府受自身财力与能力的限制,决定了社会公共服务需求的不断增加与政府有限的公共服务供给能力之间存在巨大矛盾,其深层次的原因是政府提供公共服务的缺乏和不足。政府可以利用市场机制推动公共服务市场化,即将竞争机制引入政府公共服务的某些业务领域,实现服务的最佳供给和公共资源的有效配置。政府还可以通过对社会力量的组织、利用和管理,实现公共管理和服务的社会化。

在政府购买公共服务的相关理论指导下,如何将政府购买服务这种新的公共服务理念应用于实际,实现社会服务专业化以及基本公共服务均等化,从而最终实现由统包统揽的"全能型"政府向"服务型"政府转化这一目标,将作为政府购买城市公共交通服务的理论基础。

1.1.3 政府购买公共服务的主要模式

我国政府向社会组织购买公共服务的探索发端于 1998 年政府按照委托协议向上海基督教青年会购买养老服务。此后,全国一些城市陆续进行了这方面的探索,政府购买公共服务的内容和范围逐渐扩大到医疗服务、教育服务、就业服务、计划生育服务、城市公共交通服务等诸多公共服务领域。在对上述政府购买公共服务的模式进行综合分析的基础上，结合西方有关国家政府购买公共服务的较为成熟的经验，可将政府购买公共服务的模式概括为以下三种。

（1）合同承包。合同承包亦称竞争性招标，是西方各国公共服务市场化改革中最重要的形式，其主要内容是政府将原先垄断的公共产品的生产权与提供权向私营企业和非盈利组织等机构进行转让。政府确定某种公共服务的数量和质量标准，然后对外向私营部分和非盈利部门等进行招标承包。中标的承包商和政府签订供给合同，并在合同许可的范围内自由配置资源，按合同约定提供公共服务。政府在此过程中的主要责任就是确定公共服务的数量和质量标准，监督承包合同的执行。在合同订立之前，公共服务的确定是一个政治过程，政治机制起主导作用。合同订立以后，公共服务的提供就进入了经济过程，承包公共服务生产的组织在合同许可的范围内自由配置资源，摆脱了原来传统公共服务供给模式下的各种限制。政府从公共物品和服务直接生产者变为需求的确认者、精明的购买者、对所购物品和服务有经验的检查者和评估者、公平税赋的有效征收者和谨慎的支出者，适时适量地对承包商进行支付。政府用管理与承包商的合同替代了对行政组织的等级控制，通过合同购买公共服务取得了良好的效果，最明显的就是扩大了政府供给公共服务的财源和技术力量。

竞争性招标可以建立起比较透明的竞争机制，更能提高效率和节约成本，是西方国家市场化改革和政府购买公共服务的主要形式，不足之处是有可能引起既得利益人的反对，需要建立起相关过渡机制。除了竞争性招标外，当涉及专业性较强的公共服务时，西方国家大多数采用协议定标（定向购买）的方法。如对监狱、医院、社会服务和专业服务的合同，协议定标是理想的方法。

“合同承包”模式的实质可视作是政府向运营商这一公共服务的生产者进行购买服务。

（2）凭单制。政府可以通过向合格的服务对象签发凭单的方式，对合格的消费者提供公共服务。凭单制被广泛用于食品、房屋、教育、医疗、保健、日托及运输等公共服务的提供。凭单接受者在市场上购买上述物品和服务时，可以凭单弥补资金的不足。凭单制企图在服务提供者中引入竞争机制，由消费者选择服务提供者，公共服务生产组织同样对消费者个体做出反应，消费个体的选择引发了公共服务生产者之间的竞争，从而替代了政府对这些组织的监督，降低成本和价格，提高服务质量，这正是市场化制度安排代替政治化制度安排的优势所在。其缺点在于：消费者的判断和辨别能力良莠不齐；在信息披露不完全的情况下，消费者过分依赖市场；消费失去专业人士和专家的帮助。

凭单制可以给予服务接收者更多的自由选择权，建立起透明的机制，其实质可视作是政府将购买的服务以单据的形式直接提供给合格的消费者。

（3）补贴制。政府购买公共服务也可以通过补贴的方式来实现。与亲自承担一项活动不同，政府通过提供补贴来安排社会组织从事该项活动。在美国，补贴方式被用于公共交通、为低收入者提供住房、远洋运输以及其他数不清的工作。

补贴与合同承包的区别在于：补贴通常仅涉及最一般化的需求（如提供公共交通服务、建造住宅并以低于市场的价格出租、开展某一研究、推动艺术发展等），而合同承包则通常对某一服务提出非常具体的要求，通过合同反映政府的全部要求，政府的合同尽可能细化，并且作为绩效评估的依据（如某段公路每周打扫的次数、有多少工作可以使用机器完成和清洁程度等，都要在合同里全面反映）。

1.2　政府购买城市公共交通服务理论

1.2.1　城市公共交通的二重性

运输经济学的观点认为，运输的产品是人或货物在空间位置上的移动，其具体表现形态是运输服务。城市公共交通是指在规定的线路上，按固定的时刻表，以公开的费率为城市居民提供客运服务的系统，由常规公共汽车、快速公共汽车、电车、轨道交通、出租汽车、轮渡等多种交通方式的相互衔接配合组成。城市公共交通维系着城市功能的正常运转，是城市社会和经济赖以生存、发展的基础，在国民经济发展中占有重要地位。如无特殊标明，本课题研究中所指的城市公共交通服务仅限于公共汽车、电车等常规公共交通服务，不包括地铁、单轨等轨道交通服务及出租汽车等辅助公共交通服务。

根据公共财政理论对公共品的定义，城市公共交通属于一种存在拥挤点的准公共产品。一方面，每一个社会成员都可以共同平等地享受公共交通服务，其行为具有"集体进行、共同消费"的特点，任何人对公共交通的使用，不会影响到其他人对公共交通的消费，即公共交通具有非排他性，表现为公益性；另一方面，城市公共交通在维护企业正常运转、补偿生产耗费等方面具有运营成本，每一位想要获得公交服务的人都需要支付费用，而且当公共交通出现拥挤点时，就会存在边际拥挤成本，影响部分消费者的消费，即公共交通具有一定的排他性，表现为经营性。因此，城市公共交通应该界定为一种具有经营性质的准公共产品，如果单独由市场负责供给则难以满足社会大众的需求，需要政府财政的投入，通过购买服务这一"看得见的手"来协调准公共产品的生产，实现社会福利的最大化。

另外，《国务院办公厅转发建设部等部门关于优先发展城市公共交通意见的通知》（国办发〔2005〕46号）也明确指出，城市公共交通是与人民群众生产生活息息相关的重要基础设施，是关系国计民生的社会公益事业。

综上，城市公共交通服务具有明显的二重性：第一属性为行业的公益性，向社会提供的是准公共产品，属于公共服务的范畴；第二属性为公交企业经营性，以追求合理的利润为目的，属于商业运营范畴。

1.2.2　政府购买城市公共交通服务的理论分析

城市公共交通的二重性为政府购买公共交通服务提供了理论依据。一方面，公交运营商作为企业，必须单独核算，维护企业正常运转、补偿生产耗费并争取一定的利润以满足企业发展和员工的福利；另一方面，作为城市公益性事业，公交线路的开辟、运营时间的确定以及班次调整必须满足群众，公交票价由政府管制，一些边远线路客流少且亏损严重，但又不能终止服务。此外，公交企业还需执行诸如学生半价、残疾人及老年人优待等公益性政策。

公交行业的二重性是内在相互矛盾的，经营性要求回收利润，而公益性要求放弃利润。由于城市公共交通是城市生产生活的基础性服务，其提供方式不能完全按照"优胜劣汰"的价格机制来实现，而是要以最广大人民群众的需求和全社会的福利为出发点。过度强调经营性和企业的利益，会使社会总福利受损；而过度强调公益性，又损害公交企业的利益，最终对公交服务的提供产生负面影响，从而也会损害社会总福利。

化解矛盾的根本出路就是将这二者分离，由公交企业体现经营性而由政府来体现公益性，将公益性的责任从公交企业转移到政府身上。这样不但会化解公交企业沉重的负担，同时也会激励公交企业提供更高质量的公交服务，对全社会的总福利都会有利好影响。

政府购买城市公共交通服务是政府承担公益性的主要手段。政府购买公共交通服务表面上看是财政资金从政府流向了企业（或消费者），其背后隐含着公益性责任由企业转向政府这一更深刻的含义。

当然，政府购买城市公共交通服务往往受制于财力，没有强大的财政实力作后盾，这一切都难免会流于空谈。

1.2.3　政府购买城市公共交通服务的主要特征

政府购买城市公共交通服务与现有“特许经营、政府补贴”模式相比较，其主要特征表现在：

（1）在观念上，从被动型向主动型转变。通过政府与企业建立公共交通产品的购买合同，政府能够将所购买的公交服务产品的具体要求得到落实，服务质量和数量对企业都明确约定，而且由于购买服务的经费要全部纳入预算管理，政府财政部门可以根据财力状况统筹安排资金，也有利于进一步强化预算的约束力，保证政府在公共交通服务方面的财力安排。同时，在购买过程中可以根据不同公交服务产品的情况适度引入市场机制，从而利用经济手段促进公交服务效率的提高。事实表明，市场化手段的引入，对公共产品企业而言具有十分积极的作用。一方面可以明确企业提供服务的要求，一方面也明确了经营管理的目标，从而提高企业管理主动性，挖掘内部潜力。

（2）在定位上，从交叉型向明晰型转变。通过采取政府购买服务，可以使政府按照建设服务型政府的要求，明晰政府从事公共管理的责任和权利，合理界定提供公共服务的范围，依据事权合理确定支出规模，切实解决政府在公交管理中“缺位”和“越位”的问题，确保公交优先战略的有效落实，推动城市公交企业加强内部管理，按照合同约定提供服务产品，从而使公交线网覆盖率、服务质量及服务水平得到根本保证。

（3）在机制上，从短期型向长期型转变。目前，公交补贴属于补贴成本消耗的概念，存在一定的不确定性和即时性，政府和企业都较易关注短期效益和成本，体现在管理思路和目标取向上往往是短期行为。而政府通过合约购买城市公共交通服务，一方面促进政府财政在预算中优化支出结构，保证公交服务的财政投入可控、优化，另一方面由于政府按照市场标准建立的“影子价格”进行支付，使企业具备在真实的市场环境中滚动经营、良性发展的基础条件，能够从长远发展来考虑城市公共交通企业的经营管理和队伍建设，形成良性发展机制。

2　政府购买公共交通服务的必要性与可行性

本章以政府购买公共交通的理论为基础，分析我省城市公共交通发展现状及普遍存在的问题，阐明安徽省各城市人民政府实施购买城市公共交通服务的必要性及可行性。

2.1　安徽省城市公共交通发展现状及存在的问题

2.1.1　全省发展概况

截至2011年年底,全省共有公交企业107家,其中,国有企业26家,有限责任公司57家,其他注册类型24家,职工43564人,共有各类城市公交车辆13983标台。我省城区人口万人拥有公共汽电车标台数为9.9标台,远低于全国平均水平(11.6标台/万人)。全省86%的市、县开通了城市公交运营线路,公交智能调度平台、省市联网的GPS监控中心、公交IC卡服务等得到应用。全省城市公共交通客运总量持续攀升,全省城市公共交通客运量由"十五"末(2005年)的13.97亿人次增加到"十一五"末(2010年)的20.19亿人次,增长了44.3%,年均增长7.6%。各市均实行了城市公共交通的低票价政策,并增加对学生、老年人等的减免优惠机制,为社会提供了经济的公交服务,方便了群众的日常出行,对缓解城市交通拥堵起到重要作用。

2.1.2　主要城市公共交通财政投入

(1)合肥市。根据合肥市政府《关于深入实施民生工程的意见》(合政〔2008〕33号)精神,着力保障和改善民生,落实特殊群体乘坐公交车优惠政策,2008年由合肥市建委、财政局制定的《关于实行特殊群体乘坐公交车优惠政策的实施办法》沿用至今,其核心思想是政府对特殊群体优惠乘车这项城市公共交通服务进行购买,并规定了具体的购买标准及办理流程。《关于实行特殊群体乘坐公交车优惠政策的实施办法》强调,特殊群体乘坐公交车免(减)收的费用,由市财政承担。市财政局负责按季度审核、拨付特殊群体乘坐公交车补贴资金,按年度清算,充分体现了政府按项目进行城市购买公共交通服务的思想。据统计,2010年政府对合肥公交集团投资及补贴共25027.45万元。其中,政府车辆投资134台,金额8803.87万元;民生工程补贴5029万元;中央油贴11194.58万元。

(2)蚌埠市。2011年,该市政府研究制定了《蚌埠市优先发展城市公共交通实施意见》,提出支持公交优先发展是政府的重要职责,要进一步改善和优化公共交通基础条件,加大投入和管理,把公交停靠站纳入城市基础设施统一规划建设;给予交通部门公交车辆购置费补贴、公交线路亏损补贴和特殊免费乘车人群费用补贴等,让广大市民享受高质量的公交服务。目前,蚌埠市城市公交总投入在1亿元左右,更新、新增公交车辆190台,新开辟公交线路3条,优化调整6条,建成小蚌埠停车场、高铁站西公交枢纽站等,方便了百姓出行。

(3)芜湖市。2011年8月12日,芜湖市政府第52次常务会议审议通过了《关于优先发展城市公共交通的实施意见》,明确了至2015年优先发展城市公交的具体目标任务,及实现这一目标的财政保障任务。

一是建立公交补贴补偿机制。完善公交价格体系,按照"简便、高效、科学"的原则,推进票制改革;对政府指令性任务、开辟新线路、实施城乡客运一体化造成的亏损,按照"谁受益、谁负担"原则,由同级财政核实后予以据实补贴。对公益性、福利性营运产生的亏损给予全额补贴,如免费乘车的70岁以上老年人和二级以上残疾人的意外伤害保险费等,由政府列入政策性亏损项目,由市财政补助。公交企业补贴、补偿资金纳入年度财政预算。对因燃油价格上涨形成的亏损部分，按规定享受国家和省补助。市财政局（国资委）会同市审计局、交通运输局等部门要按照科学、可持续发展原则建立规范合理的城市公交成本费用评价制度、政策性亏损评估制度、政府补贴补偿机制和补贴补偿审计考核制度，公交亏损每年年初进行核算，每季度预拨 80% 公交亏损补贴补偿，年终对公交成本和费用进行年度审计与评估，在认定补贴的基础上给予集中补贴。

二是加大政府资金投入。城市公交车辆的新增、更新及公交场站建设等列入民生工程，由市财政局、建投公司、交投公司及各相关区政府、经济技术开发区、长江大桥开发区管委会统筹安排资金。

三是减免相关建设税费。公交基础设施建设免收城市基础设施建设配套费；涉及公交企业运营的房产税、土地使用税、车船税等相关税、费，相关部门按照各自管理权限予以减免支持。

另外，安徽省六安、黄山等市都出台了相关落实公交优先发展的财政政策，充分体现了政府购买城市公共交通服务的思路。

2.1.3　*存在的问题*

从安徽省及省内主要城市近年来城市公共交通的发展状况来看，不少地方政府都出台了落实公交优先发展的有关政策措施，公交发展取得了十足的进步。但是，应当看到当前全省城市公交还存在迫切需要解决的一些共性问题，主要表现在车辆、场站等几个方面。

（1）车辆老化严重。截至 2010 年 12 月 31 日，全省各类城市公交车辆 11257 辆，折合 11417 标台，其中：车龄在 8 年（含）以上的 1466.8 标台，占总数的 12.85%；5 年（含）以上 8 年以下的 3476.7 标台，占总数的 30.45%，车辆老化严重，不利于安全运营，详见表 1。

（2）场站设施匮乏。公交场站严重不足，安全运营得不到保障，已成为制约我省城市公共交通发展的重要因素。各市公共交通场站建设严重滞后，首末站、枢纽站、停保场匮乏（表 2），存在大量租借用地、占道骑路停车现象，带来防火、防盗、交通事故等一系列隐患。池州、阜阳、蚌埠、淮南等市占道停车现象尤为突出。阜阳曾发生停放在路边的十几辆公交车的蓄电池在一夜之间被盗，严重影响车辆正常运营，企业蒙受了极大的经济损失。

（3）信息化建设滞后。公交 IC 卡、智能调度系统只有在合肥、蚌埠等少数几个城市试点使用，公交运营、管理、调度效率较低。公交信息化管理、调度对于合理地调配车辆资源、安排行车作业计划、统计分析、领导决策、运营安全等方面都具有十分重要的意义，但是与信息化建设的巨大资金投入相比，我省对城市公交信息化的资金投入就显得捉襟见肘了。

（4）驾驶员劳动强度大。从全省范围来看，公交从业人员尤其是驾驶员的劳动强度大、待遇低，人员流失现象十分严重。新招收的驾驶员远远少于辞职者，很多新招的驾驶员实习期没有满就走了。“司机荒”困扰着整个公交行业的发展。其主要原因是：工作劳动强度大，早出晚归，冬冷夏热，饱受职业病折磨。多数城市公交驾驶员工资待遇低，每月除了代扣部分，收入水平低下。据调查，各主要城市公交企业驾驶员人均月收入最高为马鞍山中北巴士的 3900 元，最低为安庆中北巴士的 2000 元，具体如图 1 所示。

安徽省城市公交车辆注册登记时间一览表（截至 2010 年 12 月 31 日）

表 1

序号	市	运营车辆（台）	运营车辆（标台）	车辆注册登记时间																	
				2010 年		2009 年		2008 年		2007 年		2006 年		2005 年		2004 年		2003 年		2002 年以前	
				台	标台	台	标台	台	标台	台	标台	台	标台	台	标台	台	标台	台	标台	台	标台
0	全省	11725	11919.2	1063	1180.5	1521	1605.7	1455	1503.3	1116	1156.2	1478	1321.2	1160	1213.1	1148	1197.2	1094	1126.4	1690	1615.6
1	合肥	2909	3337	217	249.9	248	330.5	315	372.2	357	375.4	270	314.4	317	355.1	329	394.7	494	579.5	362	365.3
2	芜湖	1365	1285.7	44	43.4	233	271.4	86	102.9	77	85.4	416	280.5	172	167.5	136	129.1	83	80.3	118	125.2
3	蚌埠	946	987.4	126	151.8	18	20.4	96	95.4	54	69	104	80	229	279.1	111	92.7	30	21	178	178
4	淮南	895	850.9	88	114.4	12	9.6	67	66.7	56	54.2	83	79.1	49	47.8	130	143.5	77	68.6	333	267
5	马鞍山	494	525.5	70	91	81	81	81	81	0	0	30	30	65	66.8	77	80	44	44	46	51.7
6	淮北	331	369.4	30	33.6	53	64.4	40	40	20	26	20	26	0	0	30	39	52	61.6	86	78.8
7	铜陵	327	378.6	55	67.3	106	134.8	26	28.1	43	55.9	28	28.9	6	7.5	39	36.3	13	9.4	11	10.4
8	安庆	634	598.9	88	86.2	126	105.9	47	33.2	46	46	100	96.4	27	31.8	59	62.6	7	6.4	134	130.4
9	黄山	288	259.3	71	54.8	6	4.5	69	69	67	55.7	7	9.7	33	32.4	35	33.2	0	0	0	0
10	滁州	586	578.3	35	32.6	164	162.9	88	88.3	108	112.5	94	89.8	6	5.7	33	32.4	14	13.7	44	40.4
11	阜阳	704	737.3	64	82.9	155	156.5	106	111.1	99	97.8	58	61	46	38.2	15	15	25	25	136	149.8
12	宿州	464	402	24	24	113	82.7	72	61.8	22	17	81	77.1	15	15	32	27.8	32	32	73	64.6
13	巢湖	406	361.9	0	0	6	6	67	59.2	78	69.6	26	23	64	55.9	2	2	61	54.1	102	92.1
14	六安	539	518	86	86.3	58	57.1	61	61	45	44.7	58	53.2	41	32.9	70	73.3	55	49.3	65	60.2
15	亳州	224	191	30	25.2	74	51.8	80	80	0	0	0	0	20	14	0	0	20	20	0	0
16	池州	190	190.9	35	37.1	21	21	27	27	34	38.8	0	0	58	55	12	9	2	2	1	1
17	宣城	423	347.1	0	0	47	45.2	127	126.4	10	8.2	103	72.1	12	8.4	38	26.6	85	59.5	1	0.7

"十一五"末安徽省各城市市区公交场站发展情况　　表2

城市	公交场站占地面积（平方米）	首末站（个）	停车场、保养场（个）	中途停靠站（个）	公交枢纽站（个）
合肥	574935	121	6	3900	8
蚌埠	103621	46	13	474	3
巢湖	17000	31	2	427	3
池州	27000	31	2	768	0
滁州	24000	1	2	620	0
阜阳	135000	54	6	470	0
马鞍山	87694	35	3	700	3
铜陵	40002	—	1	106	0
芜湖	93842	49	8	480	0
宣城	13262	2	0	298	0

数据来源:《安徽省城市公共交通"十二五"规划指导意见研究报告》。

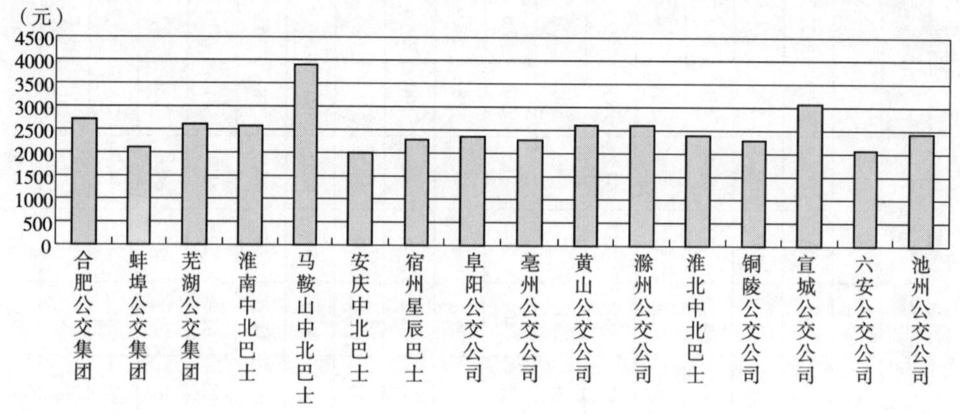

图1　2012年上半年各主要城市公交企业驾驶员人均月收入

数据来源:2011年城市公交企业经理座谈会。

少数城市的政府财政收入比较好,财政补助相对到位,公交驾驶员工资待遇略高一些,月工资收入达到3000~3500元。稍做比较便可以看出,同一个城市、同属一个性质的社会公益性行业,劳动强度与风险比任何一个行业都要大得多的公交驾驶员,工资待遇却是最低的。

不断攀升的成本、低票价政策、公益性亏损等因素,使得公交企业经营困难,发展后续乏力。需要政府充分发挥"兜底"的作用,对城市公共交通公益性部分进行补贴。但当前,政府财政补贴不到位、公交企业亏损严重是造成我省公交企业生存危机、公交行业不能健康发展的根本原因。

因此,城市公共交通的发展,其核心是要解决政府购入不足的问题,平衡行业公益性和企业经营性之间的矛盾,政府承担起公益性的亏损服务项目的购买资金投入,同时,充分激发公交企业的积极性,促使其降低经营成本,提升行业服务能力和水平。

2.2 安徽省各城市政府购买城市公共交通服务分析

2.2.1 必要性

通过对安徽省及省内主要城市公共交通的发展现状来看，财政投入资金的不足已成为城市公共交通发展过程中面临的瓶颈。在发展的过程中，采取政府购买城市公共交通服务的模式就显得十分必要。

（1）解决政府投入的资金问题。采取政府购买城市公共交通服务这一发展模式，无论是总额购买、项目购买，还是乘车补贴，其核心问题是将政府购买公共交通服务这一做法法制化、制度化，有效地解决各城市人民政府对公共交通的资金投入问题。

（2）规范政府投入资金的监审问题。以往，政府对城市公共交通进行补贴时，由企业进行亏损项目及额度的申报，政府相关主管部门进行审批。由于相关数据匮乏，政府相关部门不能够完全审核出企业申报数据的真实性，其相应的补贴金额的发放也存在着严重的不确定性。实施政府购买城市公共交通服务，强化资金的预算管理与使用绩效评价，这样可以使政府投入资金的使用更具有针对性及说服力。

（3）强化了城市公共交通服务质量的监管。政府实施购买城市公共交通服务政策，将政府的职能和企业的任务加以严格区分，使双方更加专注分内工作。政府以制定公共交通发展战略、政策、服务规范为依据，委托行业管理部门及行业协会对城市公共交通企业进行考核，考核结果与购买的金额相挂钩，这样可以有效地促进城市公共交通企业更加专注于内部的经营管理，更加专注于服务质量的提升。

2.2.2 可行性

（1）从既定的政策来看，《国务院办公厅转发建设部等部门关于优先发展城市公共交通意见的通知》（国办发〔2005〕46 号）和《关于优先发展城市公共交通若干经济政策的意见》（建城〔2006〕288 号）等文件都明确政府是公交服务的主体，并指出要坚持政府投入为主，要建立健全城市财政投入、补贴和补偿机制，统筹安排，重点扶持。

（2）从实施的城市来看，国际上公交发展较好的国家和地区，政府对城市公共交通均普遍实施了购买服务政策，比较典型的如美国、韩国、德国、我国香港等国家和地区。我国杭州、佛山、常州等城市都成功实施了政府购买城市公共交通服务政策，极大地促进了城市公共交通事业的发展，其城市发展水平与我省相近，具有十分重要的借鉴意义。

（3）从我省的实际来看，合肥市采取的对“新增公交车辆政府买单、免费人群乘车政府买单、信息化建设政府买单”等政府投入机制，可以说为政府购买城市公共交通服务政策奠定了良好的基础。同时，蚌埠、芜湖等市都先后出台了公交优先发展意见，强调了公共交通的财政投入；黄山、六安、淮南、滁州、马鞍山等市发展城市公共交通的决心和意志都尤为强烈，这也为政府购买城市公共交通服务政策实施奠定了良好的外部基础。

3 政府购买城市公共交通服务的实践

本章重点对国内外政府购买城市公共交通的一些案例进行搜集、整理、分析、比较，总结出适应安徽省公共交通发展的经验。

3.1　国外案例

3.1.1　德国

德国作为欧盟重要成员国之一，地理面积小、人口密集、公交需求旺盛，公交服务被视为社会公众服务的一部分，当地民众对公交服务的要求很高，公交改革也被当地政府提上了日程。到20世纪90年代，德国等欧盟国家的许多城市基本实现了向政府购买公共交通服务模式的转变，公交分担率不断提高，已经成为当地民众工作和生活不可或缺的一部分。

德国各城市政府在实施政府购买公共交通服务过程中，特别注重以下几个方面。

首先，德国建立了从国家到州政府的补贴补偿机制。以政府主导的公共交通补贴补偿是其显著特征之一，从公共交通基础设施建设到运营亏损补偿，基本是以财政投资为主，且实现了从国家到州，再到城市的多级财政扶持机制。如有需要，欧盟也会提供财政扶持。政府财政扶持力度较大，以汉堡公共交通基础设施投资为例，每年从国家和州政府获得资金占总投资的75%，其余25%是由汉堡公交联盟VVO和公共交通企业共同承担。

其次，补贴补偿机制纳入法律法规。欧盟《公共客运交通（轨道和公路）服务法》明确规定了在经营合同中要把补贴的基数、指标体系等体现出来。德国《公共市郊客运法》明文规定，“当公共市郊客运由于执行它在公共经济方面的任务，而这个任务又不允许它用交通收入来弥补费用支出时，它可以得到经济补偿”。依据德国城市交通财务法，城市公共交通都得到政府的财政补助。票款收入约占公交公司收入的40%，州和城市或县政府的补助比例占公交公司收入的50%以上。

再次，建立财政补贴补偿资金监督机制，力求做到公正透明。以德累斯顿为例，最近一次财政补贴补偿额度核算，聘请了第三方咨询公司进行评估。此外，还成立了由公共交通联盟和公共交通运营商共同组建的监事会，监督补贴补偿使用的合理性。德国公共交通经营补贴的经费主要来源于国家政府，城市政府对运营进行部分补贴，例如城市政府补贴学生月票的50%。城市公共交通服务的经营通常由一家国有企业集团承担，包括水电分公司、公共交通分公司等。公共交通分公司亏损部分，可由集团进行内部平衡。

对于国家给每个公共交通联盟的财政拨款，通常由第三方咨询公司进行评估，由公共交通运营商提供申请资金报告。为了监督财政补贴补偿的公平性和透明性，由公共交通联盟和公共交通运营商共同组建监事会监督补贴补偿的合理性。当政府财力不足，即不能给予公交企业足额的补贴和补偿时，公共交通联盟则减少公共交通服务的购买。

最后，政府灵活调整购买公共交通服务的力度，当财政补贴不能够达到公交企业的实际开支时，公共交通联盟则将减少对公共交通服务的购买。

3.1.2　韩国

近年来，韩国也在政府购买城市公共交通服务方面做了一些尝试，以构建交通共同体（TC公交）模式为手段，大力发展城市公共交通，取得了不错的效果。以首尔市为例，探讨其具体做法。

（1）建立和健全管理体制和机制。引入TC公交模式，设立“首尔市市民政策委员会”，由政府相关部门、公交企业、交通专家、市民代表等组成，负责制定城市公交发展有关政策。成立公交行业协会，通过立法规定了公交企业必须加入协会，强化协会的管理职能，加强行业自我管理，构架起政府与企业之间的桥梁。协会主要有以下职能：一方面，受企业委托，与政府协商企业盈利率和补贴标准；另一方面，又受政府委托，负责平衡企业间利益和会同票款结算中心的清分。值得注意的是，公交车辆广告收入均归协会统一管理，并根据政府要求使用。

（2）建立企业营收管理、运营补贴和服务质量考核等机制。其主要内容包括：

①企业营收管理机制。公交企业年净利润包括基本营收利润和考核利润两部分。在公交企业的收入中，票款收入平均约占80%，政府补贴约占20%。票款收入又包括交通卡收入和现金收入两部分，交通卡收入约占总票款收入的92%，现金约占总票款收入的8%。交通卡收入的部分是按照所乘车辆的公里数分配清算原则，由结算中心与公交企业统一结算。其中，70%票款收入在3日内结算给企业，其余30%根据该线路运营服务实际情况在次月8日之前结算拨付。而现金票款收入则由各公交公司自行收讫，年终须向政府提交财务审计报告。

②合理成本认定、补贴和营收利润确定机制。由交通管理部门会同公交协会和相关专家，于每年年底，对各条公交线路的运营车公里成本进行合理成本补贴认定。具体流程是：首先，政府以车辆为核算单位，由结算系统计算出全年各条线路的车公里运营成本；然后，会同公交协会，与公交企业一起，结合不同线路实际运营和考核情况，就合理运营成本（含企业管理成本）进行协商认定；最后，确定各企业的运营车公里合理成本补贴和利润方案。

③服务质量考核和奖励机制。考核利润是指每年市政府交通管理部门会同公交协会等单位，按照公交服务质量考核标准中的要求，对公交企业运营服务质量进行考核，然后根据考核结果排名，对完成运营服务质量好的企业，在满足其获得基本利润（含合理成本补贴）后，还给予一定考核奖励利润。政府设立考核利润主要是为促进企业提高服务质量。其公交服务质量考核标准最大的特点是引入了“经营改善”考核指标，如引进天然气巴士、驾驶行业人工费节俭度及改善度、劳动关系争议及违反实例、CNG柴油费用改善度考核、财务健全性、现金收入管理及透明性、经营健全性等。

（3）改革成效。一是收益结构变化，避免了过热竞争，并提供了可靠的服务。二是公交公司的管理水平得到提高，企业收入和支出处于平衡状态。三是日常运营质量和服务得到了提升，增加了乘客满意度。四是提高了公交企业员工福利，增强员工职业道德，从而提高服务质量。上述改革直接促使公交乘客数量明显上升，巴士事故下降，市民满意度得到提升。

3.2 国内案例

目前，国内部分城市已经前期试点开展政府购买城市公共交通服务，积累了一些经验，为我省各城市人民政府购买城市公共交通服务提供了借鉴。以下是部分城市政府购买公共交通服务的做法。

3.2.1 杭州市

杭州市是国内较早实施政府购买公交服务、推进公交优先战略的城市。2007年杭州市出台了《关于政府购买城市公交服务的实施意见》，为公交优先提供了有效的政策制度保障。主要明确了政府购买城市公交服务的主要内容、公交线路范围、计量方法、定额标准及相关事项。根据该意见，政府购买城市公交服务的主要内容包括：70周岁以上老年人、盲人、离休老干部；现役军人、伤残军人、因公致残人民警察等优抚对象，其享受政府福利性免费乘车服务的费用，政府给予全额补贴；学生、成人、60~69周岁老年人、低保人员等乘车所享受优惠部分的费用，政府实行差额补贴；承担城市公交服务、新辟线路和开通冷僻线路等收入不足以弥补成本的部分，由政府适当补贴。

关于计量方法，该意见规定，享受免费或优惠乘车，可刷卡计量的，实行按实计量补贴；享受免费或优惠乘车，无法刷卡计量的实行定额补贴；承担城市公交服务、新辟线路和开通冷僻线路等收入不足以弥补成本的部分，另行核定财政补贴。

就定额标准，该意见明确，根据市公交集团2006年免费或优惠乘坐线路范围内现行平均客票票价1.82元的91%折计算补贴额度，对可计量的公交服务进行补贴。70周岁以上老年人等免费乘车，每人次补贴额度为1.66元；学生优惠乘车，每人次补贴额度为1.20元；普通乘客优惠乘车，每人次补贴额度为0.75元。

该意见还强调要建立两个机制：一是建立正常的工资增长机制。城市公交企业要完善职工工资增长机制，使职工的平均工资增长水平不低于杭州市区城镇单位职工的平均工资增长水平。二是建立油价补贴联动机制。以2006年全国石油价格形成机制综合配套改革前的杭州市区成品油价格为基数，公交油价的上涨部分，除按规定享受中央财政专项补贴外，不足部分由市财政实行专项补贴。

此外，公交场站建设作为城市公共交通的基础设施投入，该意见明确要求由市财政局列入预算安排。按照“适应城市发展需要，方便市民出行”的原则，由城市公交企业提出具体建设计划，市相关职能部门依据“公交优先”专项计划审核下达，按规定程序报批后列入预算。建设资金按专项计划、项目概算和项目实施进度及时给予拨付。

杭州市“政府购买公交服务”制度，弥补了长期以来政府补贴在公交发展实践中的不足，是公共交通公益性和市场化有机结合的新探索，对于保证公共产品的供应和促进公交服务水平的提升产生极大的促进作用，使城市公共交通确立了在城市交通中的主导地位，实现了公交优先、公交优秀、公交优化、群众满意的目的。为此“政府购买服务”的杭州公交优先模式，成为2008年中国城市管理进步奖推荐案例。

3.2.2　佛山市

2007年以来，广东省佛山市进行了政府购买城市公共交通服务的实践，其主要做法是构建TC公交模式（交通共同体）。TC运营体系分为政府、共同体公司和运营商三部分，政府对公交线路系统进行规划，原有线路和新增线路通过共同体公司进行招标，中标企业成为运营商。共同体公司负责收取乘客票款并监控运营商执行合同的情况，根据完成情况支付运营商费用，乘客票款和运营费用的差额则由政府财政购买。运营商不收取乘客票款，只需要按合同要求履约，考核达标后即可获得营运费用和利润。佛山市政府试图通过推行TC管理模式，理顺政府层、管理层和运营层的关系，即在合理布置站场和线路的基础上，通过对每条线路的成本核算，向社会推出特许经营，实行招投标或邀标，与中标单位签订总成本合同。

佛山市禅城区、顺德区等区都在不断地推进TC公交的进程。以下为顺德区政府对城市公共交通服务的购买额度的测算方法：

中标人应将每月的运营数据报表于次月第5个工作日前上报采购人，采购人在收到报表后8个工作日内进行核实并向中标人支付运营服务费。运营服务费按下列方法计算：

（1）每月实际支付总运营服务费M：

$$M=\sum_{i=1}^{n}A_i+\sum_{i=1}^{n}B_i-C-D$$

式中：$\sum_{i=1}^{n}A_i$——各车型该月基本运营服务费总和；

A_i——车型i的月基本运营服务费；

$\sum_{i=1}^{n}B_i$——各车型该月临时运营服务费总和；

B_i——车型i的月临时运营服务费；

C——应缴的违约金；

D——其他应扣费用。

（2）车型i的月基本运营服务费A_i：

$$A_i=f_i\times p_i\times \text{该月天数}\times\frac{s_i}{h_i}+\sum_{j=1}^{m}(s_{ij}\times v_{ij})$$

式中：f_i——车型i日固定服务费价格；

p_i——车型i的车辆数；

s_i——车型i该月计划内完成的有效运营里程；

h_i——车型i该月计划总运营里程；

s_{ij}——车型i该月在j线路上计划内完成的有效运营里程，$s_i=\sum_{j=1}^{m}s_{ij}$；

v_{ij}——车型i在j线路上的变动服务费价格。

（3）车型i的月临时运营服务费B_i：

$$B_i=\frac{f_i\times p_i\times \text{该月天数}}{h_i}\times k_i\times r_i+\sum_{j=1}^{m}(k_{ij}\times v_{ij})$$

式中：r_i——计划外固定服务费价格收取比例；

k_i——车型i该月计划外完成的有效服务里程；

k_{ij}——车型i该月在j线路上计划外完成的有效运营里程，$k_i=\sum_{j=1}^{m}k_{ij}$。

佛山市借鉴欧美公共交通先进发展模式，在全国首创TC公交模式，成效明显。从2007年年底到2011年年底，佛山市公交线路从246条增至496条，公交分担率和万人公交拥有量从改革前7%和8.8标台/万人提升到21.4%和13.4标台/万人，公交投诉率比实施前下降60%，中心城区500米的线路站点覆盖率由实施前的87%上升到95%，公交IC卡刷卡量从实施前的10%上升到90%左右。

3.2.3 重庆市

为推动城市公共交通发展，提高公共交通服务质量，完善规范财政补贴管理，促进公交企业公平竞争，提高资金使用效益，重庆市人民政府印发了《重庆市政府购买主城区公共交通汽车客运服务财政资金管理办法（试行）的通知》（渝府发〔2007〕105号），对政府购买公共交通服务做出了明确的规定，主要有以下内容。

（1）享受免费或优惠乘车政策的群体范围：主城九区常住城镇户口中，凭免费IC卡刷卡乘车的革命残废军人（警察）、盲人和70岁以上的老年人，以及凭优惠卡刷卡乘车的未配备交通车的九年制义务教育中、小学校学生。

（2）政府购买服务的对象：依法取得主城九区行政区域内公共汽车客运线路特许经营权的各类城市公共交通汽车客运企业。

（3）政府购买服务的方式：以重庆渝城交通一卡通有限责任公司、票务费用结算中心IC卡系统和客运企业GPS系统提供的有关数据作为政府购买服务的依据，对乘车人群实施科学分类、实行刷卡据实结算的政府购买服务。

（4）政府购买服务的结算期限：按会计年度，即从1月1日起至12月31日止。

（5）政府购买服务资金来源：市级财政预算安排；依法拍卖城市公共交通汽车客运线路特许经营权收入。

3.2.4　上海市闵行区

历史上，上海市闵行区城市公共交通服务由国有全资公交公司闵行区客运服务公司提供，存在公交行风建设滞后、部分线路营运秩序混乱、乱停站、乱拉站等现象，尤其是随着社会经济的发展，传统的公交管理模式难以满足市民乘客的出行需求。

2009年9月，闵行区政府以改善居民公交出行为出发点，按照市政府“一区一骨干”的公交改革要求，闵行客运服务有限公司改制成为区属国有全资公司。在新公司筹建时，闵行区以公开招标的形式向社会招聘优秀的客运服务公司管理团队，并通过政府购买服务的方式许诺每年100万元的高额奖金。经过两轮角逐，民营企业江南旅游服务公司派出的管理团队获得了为期三年的“闵客运”管理权，接受了闵行区建交委为管理团队制定的近乎苛刻的考核指标体系和各项管理制度。

闵行区政府十分重视公交的公益属性，允许“闵客运”公司存在一定的营运政策亏损，由区财政全额补贴。为此，区政府专门聘请上海市公交行业协会对“闵客运”的成本规制和绩效指标进行设定，规定每年亏损额上限为4662万元。这迫使“闵客运”管理团队采取一系列降低成本增效益举措，例如他们引入“流动加油车上门加油”方式，每年为企业节约300多万元燃耗成本。数据显示，“闵客运”全年实际亏损3000多万元，为区财政节约了近1200万元。成本要控制，服务质量却不能打折扣。闵行区建交委还聘请专家对闵客运公交的服务进行测评。“闵客运模式”，其实就是一种“投资与经营相分离、运营和管理相分离”的公交模式。“闵客运模式”实施以来，闵行区公交线网密度由0.92公里/平方公里上升到如今的1.5公里/平方公里，新增公交长度215.2公里，基本消除了区域内公交盲点，乘客出行成本降低一半以上。

3.3　案例分析

3.3.1　购买模式方面

从国内外各城市人民政府购买公共交通服务的探索与实践来看，主要有以下几种模式（表3）：

政府购买公共交通服务的主要模式　　表3

模式	主要特征	优点	缺点	代表城市
TC模式	实行“票运分离”,由政府统一收取票款,对公交网络进行规划,对运营商提出服务质量要求,通过成本核算以政府购买服务的形式向企业购买公交服务	实行“票运分离”,线路的经济收益与企业脱钩,企业能够集中精力做好公交服务,从根本上解决了以前公交企业承包、挂靠,服务质量不高等问题	经营性亏损和政策性亏损界定困难,成本核算无法做到准确、合理,企业利润空间低,积极性受挫,继而引发公交车难等、驾驶员态度差等	首尔、佛山
经理人模式	职业经理人团队来对原国有企业进行接管,做到“投资与经营相分离、运营和管理相分离”	城市公交管理更加专业、科学	公交成本规制的额度难以准确,政府需要不断加大公共交通场站、车辆等基础设施投入	上海市（闵行区）
补贴模式	对城市公交企业提供的“优免”公交服务进行购买及对冷僻线路开通服务进行购买	与传统的政府补贴模式有效衔接,做到了政府购买公共交通服务的长效化、制度化	城市公交企业缺乏竞争机制,在提升服务质量方面缺乏动力	杭州、重庆

从以上几种模式来看，TC模式和经理人模式充分体现了“合同购买”这一政府购买公共服务的重要思想,政府或委托行业管理机构将城市公共交通运营服务进行“打包”,通过招投标活动,选择有资质、有能力的中标人,以采购合同的形式,确定公交运营服务的基本内容和要求,按照合同约定的成本利润率及企业申报的财务决算数据以及双方约定的其他权利和义务购买城市公共交通服务模式。两者也有本质的区别:TC模式下,企业需要自行购置提供公交服务的“生产工具”,即承担车辆、信息系统等投入;而经理人模式下,其仅仅是一个管理团队,按照合同约定的内容,对原国有资产进行运作、管理,向社会提供公交服务,获取政府给予其的购买资金。

补贴模式,与现行的“特许经营、政府补贴”模式有着很好的衔接,其通过政策法规的形式明确了政府购买服务的内容、标准等,通过建立制度化、长效化购买机制,有效解决了长期以来政府对城市公共交通投入不足及缺乏保障的问题。但是补贴制尚未在城市公交行业引入竞争机制,属于非竞争性、形式性的购买服务,有待进一步改进。

3.3.2　*政策法规方面*

德国等国家通过立法的形式,来保障政府购买城市公共交通服务的顺利实施,如德国《公共市郊客运法》、欧盟《公共客运交通（轨道和公路）服务法》将政府购买城市公共交通服务纳入法律法规。同样,国内重庆、杭州等城市在国家层面公共交通条例缺位的情况下,通过政策性文件的形式出台了政府购买城市公共交通服务的相关办法,为政府购买城市公共交通服务奠定了政策法规基础。

目前,安徽省各城市人民政府在实施政府购买城市公共交通服务的进程中,首先要解决的问题是出台相关政策性文件,使之有政策法规可依。

3.3.3　*技术应用方面*

补贴模式下,杭州、重庆等市政府对公共交通服务的购买额度主要是通过公交IC卡有关数据作为依据的,从而对优惠、免费乘车群体按照相应的标准进行补贴的。因此,公交IC

卡的推广应用是当前我省城市公共交通发展的一个基本趋势。

TC 公交模式下，首尔、佛山等市将城市公交企业应用信息技术为出行者提供实时查询、可视化等出行服务作为招投标的重要内容，有效推动了智能调度、在线查询等公交信息化建设，公交出行吸引力得以提高。

目前，我省公交 IC 卡已经得以全面推广使用，为政府购买城市公共交通服务时有关费用的计量打下了良好的基础。

3.3.4　服务质量方面

TC 模式及经理人模式下，直接将公交服务质量与购买的额度进行挂钩，迫使中标的公交企业及经理人不断满足乘客出行需求，努力提升服务质量，获取更高的购买额度。

补贴模式下，对公交服务质量的要求较为宽松，需要进一步进行完善，既要让公交企业获得可持续发展的能力，又要让其专注于服务质量的提升。

3.4　经验借鉴

本着“有效衔接、循序渐进”的原则，我省各城市人民政府在选择政府购买城市公共交通服务模式方面，应以“补贴模式”入手，强化前期资金投入，解决当前城市公交发展的突出矛盾和问题，待条件成熟时，可逐步向“TC 模式”及“经理人”模式过渡，更加强调城市公交服务质量和服务能力的提升。

本文认为，安徽省各城市人民政府在实施购买城市公共交通服务进程中，一种较为可取的办法是，在补贴模式下，借鉴 TC 模式的层级设置，引入公交企业服务质量信誉考核制度，由城市公交行业管理部门定期对公交企业进行考核，考核的结果向社会进行公布，对于考核成绩较低的企业采取诫勉谈话、警告等手段，直至削减购买额度，督促其提高服务质量。

4　购买城市公共交通服务的总体思路

城市公共交通服务的参与者主要有政府部门、行业管理部门、公交企业、行业协会、社会公众等诸多主体。安徽省各城市人民政府在实施购买城市公共交通服务政策的过程中，各相关主体应各司其职，充分发挥其内在优势，不断促进城市公共交通服务能力及水平的提升。

4.1　框架设计

在补贴模式下，借鉴 TC 公交的层级结构，课题组认为购买城市公共交通服务主要有三方面：购买方、提供方、第三方；相对应地，其也构成了购买城市公共交通服务的行政层、服务层和管理层，如图 2 所示。

4.1.1　城市公共交通服务的购买方——行政层

政府提供公共服务是政府义不容辞的责任，而作为向社会提供准公共产品的公共交通事业，以其行业公益性和企业经营性的特征决定了政府采用购买服务的方式向社会提供服务。政府所属各职能部门，充分行使各部门的职责，交通运输、财政等各部门，共同作用于政府购买城市公共交通服务这一进程中。

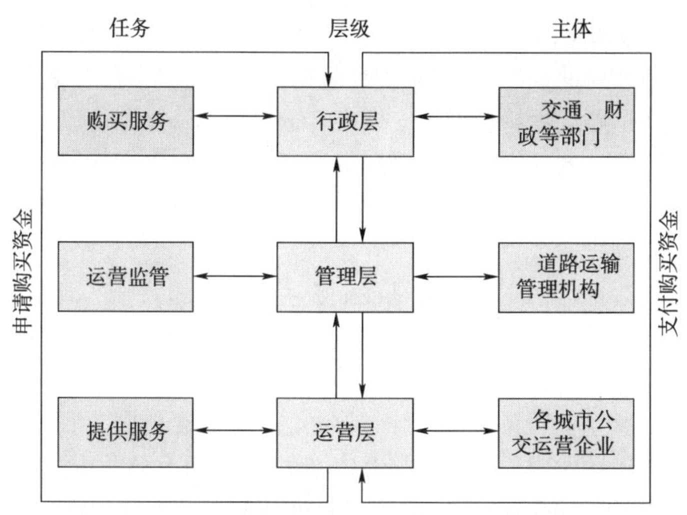

图2　政府购买城市公共交通服务基本框架

（1）交通运输部门。加强行业指导，协调各职能部门推动政府购买城市公共交通服务工作的具体落实，包括制定购买城市公共交通服务财政预算、提供购买资金的分配依据等。

（2）财政部门。财政部门在政府购买公共交通服务工作中发挥着举足轻重的作用，主要工作是将购买城市公共交通服务所需的资金列入年度预算，确保购买资金到位；按照科学、可持续发展原则组织制定城市公交购买资金管理办法，按照交通运输部门提供的依据，及时兑付购买资金。

（3）审计部门。加强对购买资金使用情况的审计，尤其是重点对城市公交企业财务状况进行审计，确保购买资金的专款专用，防止挪作他用。

（4）城建部门。按照交通运输等部门制定的公交规划，按要求组织建设公共交通场站等基础设施。

另外，规划、公安、物价、税务、土地等部门作为政府购买公共交通服务的行政层成员，根据其所承担的政府行政职能，具体落实相关工作。

4.1.2　城市公共交通服务的提供方——服务层

城市公交企业是城市公共交通服务的提供方，企业的使命是在满足社会利益的同时，追求合理的经济回报，其经济回报一般用成本利润率来测量。

城市公交企业在满足现代企业管理制度、财务制度的同时，与其他企业相比具有显著的特征：公交企业是以服务为宗旨的，其基本任务是以营运服务为中心，为乘客提供“安全、准点、方便、舒适、经济”的乘车需求，为城市建设、经济发展和提高市民生活质量做贡献。因此，公交企业需要正确、完整地处理好两个效益的关系：一方面，要坚持行业公益性原则，履行公共服务义务，认真完成各项公益性任务；另一方面，也要突出坚持企业运作市场化原则，实施全面预算和成本控制，强化内部管理，提高运行效率，形成适应发展要求、符合社会需求、体现公交特点的管理体制和运行体制。

4.1.3　城市公共交通服务的监管方——管理层

根据《国务院办公厅关于印发交通运输部主要职责内设机构和人员编制规定的通知》

（国办发〔2009〕18号），交通运输部门逐步接手了指导城市公共交通的管理的职能。以安徽省为例，在省委、省政府的领导下，安徽省交通运输厅作为城市公共交通主管部门，指导其下属事业单位安徽省道路运输管理局（安徽省客运出租车管理办公室）来承担城市公共交通行业管理的具体任务。各市道路运输管理机构同样也承担着指导辖区城市公共交通发展的职责，合肥、安庆二市指导城市客运发展的职能隶属当地交通运输主管部门，尚未划转到其所属的道路运输管理机构。

城市公交行业管理部门的主要任务是在上级主管部门的领导下，调研、制定符合本地城市公共交通发展的相关政策，落实国家优先发展城市公共交通战略，在政府购买城市公共交通服务过程中，其主要任务是：

（1）组织制定公交企业服务质量信誉考核办法。公交企业服务质量信誉考核办法的制定可参照现行的道路运输业服务质量信誉考核办法，内容由企业基本情况、营运安全服务指标、社会责任指标、社会评价指标、完成政府指令性运输以及有社会重大影响的先进典型事件等组成。考核等级可分为优良、合格、基本合格和不合格，分别用AAA级、AA级、A级和B级表示。

（2）组织开展公交企业服务质量信誉考核。行业主管部门对公交企业实行服务质量信誉考核，同时，为增强服务质量信誉考核的公正性，可委托公交行业协会等第三方组织对公交企业的服务质量信誉考核进行复核，并向社会进行不低于10天的公示。考核的基本流程为："企业自评——所在市（县）行业管理部门初评——省级运管部门复核——公示——公布——结果应用"。

在对公交企业进行服务质量信誉考核时，要充分尊重并考虑公交协会、公交企业的意见和建议。

（3）对政府购买城市公共交通的资金安排提出分配意见。建立公交服务质量信誉考核与购买资金联动的考评制度。公交行业管理部门对公交企业的服务质量进行定期考核，将考核结果进行信用登记，作为政府购买、线路招标、线路延续或撤销的重要依据，督促公交企业不断提高服务质量水平。对年内考核达到AAA级的企业在城市公共交通服务购买资金的安排上予以优先，同时对连续两年考核为B级的企业，由许可机关依法收回其线路经营权，另行分配。

4.2　实现途径

4.2.1　出台购买办法

购买城市公共交通服务办法由购买方——行政层来具体落实。行政层在城市人民政府的领导下，交通、财政、审计等部门参与，充分吸取公交企业、交通专家、市民代表的意见，制定购买办法，并不断予以完善。

安徽省各城市人民政府在实施购买城市公共交通服务的进程中，应由市政府出台城市公交服务购买办法。购买办法的出台其实质是一个优先发展公交理念的转变过程，变过去以"议价"模式的补贴方式为"购买"方式，对城市公交事业的扶持在制度上予以落实。购买办法的核心是对服务的购买，以增强公交吸引力和提高乘客满意度为目标，保障各城市公交企业提供良好的公交服务的基础上，为社会提供安全、方便、快捷、舒适的公交服务，使广大人民群众愿意乘公交、更多乘公交。

各城市公交管理部门要密切配合财政等部门，积极推动购买办法的出台。

4.2.2 选择购买对象

政府选择购买对象的过程实际上是选择公共交通服务提供方——服务层，也就是通常所说的城市公交企业。众所周知，城市公交企业有国有、民营、合资等不同的经济类型。从安徽省目前的现状来看，合肥、蚌埠、芜湖等市国有公交企业政府财政力度较大，而宣城、池州等市民营公交企业政府财政投入有限，民营资本举步维艰。举一个突出的例子来说，合肥公交集团和合肥白马巴士两家公交企业市场占有率达到90%以上，前者是国有企业，后者是合肥公交集团控股的合资企业，合肥市政府在车辆投入方面采取了截然不同的两种政策，前者车辆购置由政府买单，后者车辆老旧程度严重，苦苦支撑。

因此，政府在购买城市公共交通服务对象的选择上，应充分考虑企业的服务能力、管理水平及可持续发展能力，对不同经济类型的企业采取一视同仁的态度。在选择购买对象时，要正确运用竞争性购买和非竞争性购买两种手段。当前，我省合肥、芜湖等市公交企业发展势头良好，适宜采取非竞争性购买，即采用补贴模式，而宣城、池州等市公交由民营企业经营，可在补贴模式下，逐步向 TC 模式过渡，采取以服务质量招投标的形式，公开、公平、公正地对购买对象进行比选。

特别注意的是，购买对象的选择还要充分考虑市场现状，统筹兼顾，维护行业健康稳定发展。

4.2.3 确立购买项目

《关于优先发展城市公共交通若干经济政策的意见》（建城〔2006〕288号）中明确了城市人民政府应严格按照国家法律、法规的相关条款和国办发〔2005〕46号文件的规定，合理准确地界定社会公益性服务项目。社会公益性服务项目必须报经省级城市公共交通主管部门审核批准，并向社会公布。

城市公共交通的社会公益性服务项目理所当然成为政府购买城市公共交通服务的必然选择。接下来是城市公共交通社会公益性服务项目的确定问题。在对国内部分城市购买公共交通服务项目进行分析、借鉴的基础上，本文认为，对于城市公共交通服务的购买应集中体现在城市公交客运的“产品”——服务上，即：70周岁以上老年人，盲人，离休老干部，现役军人、伤残军人、因公致残人民警察等优抚对象，其享受政府福利性免费乘车服务的费用，政府给予全额补贴；学生、成人、60～69周岁老年人、低保人员等乘车所享受优惠部分的费用，政府实行差额补贴；承担城市公交服务，新辟线路和开通冷僻线路等收入不足以弥补成本的部分，由政府适当补贴。

对于制造服务这一“产品”的劳动工具——公交车辆、场站等基础设施，可视具体情况来区别对待。建议公交场站设施采取 BOT 模式，由政府将其列入交通基础设施项目，斥资建设，权属国有，竣工验收合格后交公交企业使用，日常维护费用列入企业成本。对于公交车辆购置、信息化建设等费用原则上由企业承担，政府视财力给予一定的财政支持。

4.2.4　制定购买价格

政府建立公交成本项目和指标体系以及公交生产资料价格监测系统，其中指标要采用人车比、公交有效运营里程等。政府参照其他国家和地区高效运营的公交企业的状况设定指标标准，目的是控制公交企业的成本；收集公交生产资料价格信息，编制和发布公交生产资料价格指数，以指标标准和收集到的生产资料市场价格为基础来计算公交成本。

在TC模式下，政府购买价格是由竞标形成的，这保证了政府购买价格的较低水平。而在补贴模式下，为增强公交企业提高服务质量和客流量的激励作用，政府可以以前期客流量为依据设定不同线路的公交分担率指标，对公交企业进行考核，并在政府购买价格中有所体现。

公交服务的政府购买价格是总价，政府以优惠票价销售给公众的是单价，由于政府面对单一公众的成本很高，因此，为更为科学地核算购买价格，应将城市公交企业和IC卡管理中心进行剥离，分属两个不同的法人组织。政府可以借助IC卡管理中心提供的数据，结合对企业成本费用的审计情况，来测算出最终的购买价格。

为简化政府购买价格的计算，在上一期精确核算的基础上，本期的政府购买价格可简化为：

$$\begin{matrix}\text{调整期公交服务}\\\text{政府购买价格}\end{matrix}=\begin{matrix}\text{上期公交服务}\\\text{政府购买价格}\end{matrix}\times\left[1+\begin{pmatrix}\text{公交生产资料价格指数}\\-\\\text{城市公交分担率指数}\end{pmatrix}\right]$$

4.2.5　签订购买合同

政府购买城市公共交通服务体现在以契约的形式，明确双方的权利和义务，一般由交通行政管理部门及其所属的道路运输管理机构代表政府签订购买合同。政府在与入选的服务提供方之间签订购买合同时，要注重以下几个方面：

一是要明确服务的内容、质量标准、行业规范等。具体体现在规范服务内容、合理调度车辆、车容车貌等方面。

二是要强化安全管理。城市公共交通服务的对象广泛，与广大人民群众的人身财产安全息息相关，因此，在与城市公共交通服务提供方签订购买服务时，要督促企业建立健全安全制度建设，遏制事故发生，确保行车安全。同时，要做好应对相关事故的应急预案。

三是设定服务的价格。服务的价格关系营收，而营收关系购买的额度。“低价”是城市公共交通的重要特征，是涉及国计民生的重要事项。政府购买城市公共交通服务的初衷就是让居民享受“低价、便捷、安全”的公共交通服务，缓解城市拥堵，提高出行效率。

四是服务的期限等内容。政府购买城市公共交通服务要明确购买的周期和期限，设定特许经营权收回、变更、续展等条款。

此外，还应明确购买双方必要的其他责任和义务。

4.2.6　加强日常监管

政府购买资金投入充分体现了公交行业的公益属性。但是根据前文的有关论述，公交行业是具有公益和经营双重属性的行业，企业掌握着日常运作成本等信息，而这些信息无法被政府掌握，企业具有信息的优势。在信息不对称的情况下，企业有做大成本、谋求更多购买额度的冲动。为此，政府、公交行业主管部门及广大市民要切实履行监管职责，使购买服务落地生根，产生实效。

城市公交行业管理部门要充分履行监管职责，以为乘客提供安全、方便、快捷、准点、舒适的公共交通服务为出发点，对城市公交企业进行服务质量信誉考核，内容涵盖科学调度、合理发展、按线行驶、按站停靠、安全运营、车容车貌、劳资薪酬等方面，组织乘客满意度调查，将有关考核结果与购买金额进行挂钩，对购买金额提出具体分配建议。

人大代表、政协委员、公交行风监督员等要充分发挥监管作用，对公交企业政府购买资金使用情况进行质询、审议、监督，通过加强预算管理，督促各城市公交企业为社会提供良好的公交服务。

4.2.7 兑付购买资金

购买资金的拨付是建立在行业管理部门在对公交企业实施的服务质量信誉考核的基础之上的，按照一定的挂钩比例，根据行业管理部门提供的分配方案，经向社会公示无异议后由财政部门直接将购买资金转到公交企业账户。当公交企业服务质量达不到规定标准，考核得分低于标准分时，应对公交企业采取警告、诫勉谈话等措施。

5 政策建议

政府购买城市公共交通服务的实施，需要政府的决心、资金的保障及一系列政策措施。本章将从出台政府购买城市公共交通服务配套政策、制定城市公交服务标准、加强企业内部管理等方面进行探讨。

5.1 完善公交政策法规体系

5.1.1 加快公交立法进程

通过立法，明确公交优先发展的法律法规体系，界定地方政府在公交发展中的规划、建设、管理等职权范围；规范公交财政投入的原则；明确城市公交服务购买资金纳入地方政府公共预算；明确公交企业的权责利；给予地方政府灵活的操作权。

在短时间内难以实现立法的情况下，可由城市人民政府出台购买城市公共交通服务具体办法，明确购买对象、项目、价格、资金来源等事项。

5.1.2 省级层面加强指导

为更好地指导各城市人民政府加快政府购买城市公共交通服务的进程，应由省级财政部门牵头、交通运输等部门联合起草，由省政府出台《安徽省城市人民政府关于加快购买城市公共交通服务的指导意见》，指导各市工作开展。

5.1.3 完善配套政策措施

各市应制定城市公交行业发展规划，建立城市公交发展综合协调机制，提高对公交行业的管理效率。规划、国土、住建及国有资产部门要进一步完善政府场站规划、建设及其固定资产投入的使用管理办法。发改、物价部门应适时调整公交票价体系，其他有关部门应完善公交信息化建设、专用道建设、信号优先等配套性政策。

5.2　出台城市公交服务标准

政府购买城市公共交通服务的标准需要进一步明确，这是签订购买服务合同的重要条款。课题组认为，应尽快出台省级层面城市公共交通服务标准，提出服务的内容、规范、测量的办法，为各市实施政府购买城市公共交通服务提供依据。目前，《安徽省城市公共交通服务规范》已经由省质量技术监督部门列入2013年地方标准计划，由安徽省道路运输管理局主持起草，各项前期工作已全面开展，将尽快出台。

5.3　加强公交企业内部管理

目前，各城市人民政府对城市公交的购买方式主要是政府直接拨款弥补企业政策性亏损，补贴的款额是由政府与公交企业进行讨价还价进行确定，缺乏一致的测算方式。双方信息不对称，存在严重的道德风险，致使政府可能对公交企业的非公益性支出进行资金扶持，脱离政府购买城市公共交通服务的初衷。加快推进全省公交企业公司化运营进程，彻底改变目前多数公交企业采用的租赁、挂靠、承包经营等陈旧模式，在全省公交行业全面建立现代企业管理制度，按照国家规定独立建账，单独核算，做到营收与成本清晰透明，按要求向行业主管部门提供相关数据，接受政府有关部门与公众监督。

5.4　强化服务质量监督评价

政府购买也要保证买到质优价廉的服务，质优体现为社会效益的增加，价廉反映公交企业经济效益的提高、政府购买价格的减少和政府公交票价收入的增加。因此，可建立公交企业经济效益（人车比、单车运营成本等指标）和社会效益（公交分担率、满载率、乘客满意率等指标）的综合评价体系，计算效率指数，并建立相应的奖惩制度。

对政府购买城市公共交通服务的服务质量的评价，一是督促各公交企业做好项目预算，提高项目申报的针对性、可行性；二是确保各公交企业能够专款专用，促进公交事业的发展；三是对城市购买城市公共交通的办法进行不断地修正，使其日臻完善，更好地应用到促进公共交通事业发展上来。

5.5　完善购买服务运行机制

政府购买城市公共交通服务是一项系统工程，随着时间推移，各项成本、各项考核指标以及管理部门均会发生一定的变动。在实施政府购买服务的过程中，要不断地完善运行机制，合理确定购买的项目、标准等，对实施过程中发现的问题要及时进行修订，使购买资金的使用能够与时俱进，真正做到促进城市公交事业又好又快发展。

参考文献

[1] 上海巴士公交（集团）有限公司．城市公共交通营运企业财会工作指南［M］．上海：

立信出版社，2010.
[2] 周国光,何公定. 道路运输财务管理学 [M]. 北京:人民交通出版社，2004.
[3] 闫平,宋瑞. 城市公共交通概论 [M]. 北京:机械工业出版社，2001.
[4] 王浦劬 (美),莱斯特.M. 萨拉蒙. 政府向社会组织购买公共服务研究 [M]. 北京:北京大学出版社，2010.
[5] 张一帆. 城市公共交通补贴效率研究 [D]. 北京:北京交通大学，2009.
[6] 周俊巍. 佛山市禅城区公交 TC 改革难点初探 [J]. 城市公共交通，2008 (10).
[7] 魏中龙,巩丽伟,王小艺. 政府购买服务运行机制研究[J]. 北京工商大学学报,2011(5).
[8] 袁才发. 上海公交《企业成本规制》的探索和实践 [J]. 城市公共交通，2009 (6).
[9] 刘建春,朱燕萍. 城市公共交通企业财政补偿机制研究 [J]. 交通财会，2009 (1).
[10] 姚莲芳. 浅析公共交通企业财政补贴机制 [J]. 城市公共交通，2011 (3).
[11] 关山,黄科宏. 城市公共交通运营监管研究综述 [J]. 企业科技与发展，2010 (22).
[12] 吴艳芳. 美国城市公共交通投融资模式及启示 [J]. 商业时代，2009 (33).
[13] 安秀梅,曹雪姣,周子伏. 中国财政学会 2010 年年会暨第十八次全国财政理论讨论会论文集[C]. 商业时代，2010 (4).
[14] 汤永富,沈贤德. 关于政府购买城市公交服务工作的探讨[J]. 城市公共交通,2008(3).

安徽省道路货运发展战略研究

肖　赟，魏海英，朱路明，朱德秀，毛百慧，骆　燕

【摘要】本文在分析现阶段道路货物运输体系现状及存在问题的基础上，研究了安徽省道路货物运输的阶段性特征。目前安徽省道路货物运输发展正处于从量变到质变的关键期。本文以发展战略研究的理论为指导，以战略需求和发展定位分析入手，结合发展面临的形势研究，提出了运输大通道、甩挂大网络、配送大整合和运输大联盟的发展战略框架，战略框架内容在外部机遇、内部基础和推进措施上均占优；以运输通道理论为依据，提出了南北大通道、东西大通道和沿江大通道的通道布局；以运输通道为主骨架，以社会经济和货运需求空间分布为指引，构建8条甩挂运输线，形成三大甩挂运输网；以车辆设施、服务技术等标准为基础，以路权、规划和资金等政策为引导手段，在每个城市扶持若干个示范性的城市配送企业，鼓励发展共同配送，推进城市配送体系集约化、专业化、可持续化发展；在保证个体自主经营的同时，以整合运输资源为目标，以共同采购为基础，以市场需求为指引，以省道协为平台，在成本控制、运输供给和客户资源等方面上开展广泛的合作，最终实现物流供应链、信息链和金融链的整合优化；有针对性地研究了保障政策，对于指导安徽省道路货物运输发展，具有较强的借鉴意义。

【关键词】战略研究；运输通道；甩挂运输；城市配送；运输联盟

1　前言

安徽省地处东南沿海地区与内陆腹地的过渡带，其地理位置沿江通海、承东启西，与长三角无缝对接，与珠三角地域相近，跨长江、淮河中下游，东连江苏、浙江，西接湖北、河南，南邻江西，北靠山东，是沟通京、沪、宁、汉的重要通道。近年来，我省道路货运业在基础设施建设、装备技术水平、运输市场结构、市场法规体系等方面取得了明显进展，为支撑我省经济社会发展发挥了重要作用。

目前，我省道路货运业正迎来了良好的发展机遇。经济的快速增长为道路货运业奠定了基础保障，《促进中部地区崛起规划》、《皖江城市带承接产业转移示范区规划》、《安徽省道路运输业“十二五”发展规划》等一系列规划为道路货运业指引了发展的目标及方向，《安徽省人民政府关于加快交通运输基础设施建设的意见》、交通运输部出台的《投资补助物流园区项目管理试行办法》等文件明确了道路货运业的扶持措施。但与此同时，社会对加快发展现代道路货运业也提出了更高的要求，发展环境更加复杂，世界金融危机影响尚未结束、高

速铁路迅猛发展、综合运输体系逐步完善,使新时期道路货运业发展面临更加严峻的挑战。

今后一段时期是我省“双轮驱动”促发展的重要时期,也是全面建设小康社会、积极构建社会主义和谐社会的关键时期。道路货运业是物流全程服务最后一公里的唯一承载方式,是决定物流现代化的关键环节,然而其面临的问题和困难也较多。为准确把握道路货运业发展的形势和需求,明确道路货运发展的目标、思路和重点,特开展安徽省道路货运业发展战略研究。

报告的研究范围为我省行政区划,研究内容包括站场建设、城市配送、运输组织等方面,研究的期限近期为“十二五”,远期展望2020年。

研究的主要结论有:

以货运通道理论为依据,结合各地经济发展和交通区位特点,构建全省运输通道网,即南北大通道、东西大通道和沿江大通道。全省共新建23个站场。

以货运大通道为依托、建设全省甩挂运输网络:以省会合肥为中心,以枢纽城市为节点,构建8条甩挂运输线,形成三大甩挂运输网络,即省会经济圈甩挂网络、皖江城市甩挂网络、中原经济区甩挂网;引导培育5个先进的甩挂运输企业和50个精品的甩挂运输线路。

根据“总量控制、分类管理、标准引领、鼓励先进”原则,以车辆设施、服务技术等标准为基础,以路权、规划和资金等政策为引导手段,在每个城市扶持若干个示范性的城市配送企业,形成以示范性企业为引领,其他企业为补充的配送体系,推进城市配送体系集约化、专业化、可持续化发展。

在保证个体自主经营的同时,以整合运输资源为目标,以共同采购为基础,以市场需求为指引,以省道协为平台,在成本控制、运输供给和客户资源等方面上开展广泛的合作,最终实现物流供给链、信息链和金融链的整合优化。

2 道路货运发展战略研究理论

2.1 发展战略理论

战略管理理论产生于20世纪60年代,经过了半个世纪的演进和发展,人们对战略的认识在不断深入和完善。从理论研究和实践的角度出发,是不可能形成一个所有人都认同的战略定义,也难以有一个适应于任何行业的理论。由此,本文在介绍较具代表性的战略定义的同时,提出了自己对道路货物运输战略研究的认识。

2.1.1 发展战略的定义

发展战略研究已经成为一个“流派纷呈、学说鼎盛”的重要领域。较为代表的主要人物有:

(1)彼得·德鲁克。彼得·德鲁克在1945年9月提出了战略应该解决的问题:我们是什么(现状),它应该是什么?从而为战略下了一个范围较小的定义。按照这个定义,战略的核心应该是明确行业或企业的中短期目标以及长期目标。

(2)安德鲁斯。1965年,美国哈佛大学的安德鲁斯提出:“战略是目标、意图或目的,以及为了达到目的而制定的方针和计划的一种模式,即战略 = 目的 + 实现手段。

(3)安绍夫。1984 年,美国著名的战略学者安绍夫提出:"战略基本上是一整套用来指导组织行为的决策准则。他认为战略由产品与市场范围、竞争优势、协同作用和增长向量四个基本要素组成。他将战略分为总体战略和经营战略,前者行业应该选择重点发展哪些领域,后者考虑如何在该领域中进行竞争和运行。

(4)明茨博格。加拿大的明茨博格认为战略是一种"决策流",它是通过组织和环境之间的相互作用产生的,并贯穿于整个时间过程,战略决策过程包括辨别过程、决策沟通过程和政治过程。

2.1.2 道路货物运输发展战略的定义

发展战略的定义和理解是一个逐步发展和完善的过程。考虑到现在发展战略理论的演进及现阶段道路运输行业的特点,本文将道路运输行业发展战略定义为:在全面认识道路货物运输需求、发展基础和发展政策的基础上,明确道路货物运输行业发展定位,全面规划、部署和指导道路货物运输行业的发展重点,以有效达成现代道路运输业建设的既定目标。

(1)系统性:战略研究应该从全局的角度去分析战略的设计、实施和评估,研究范围既要涵盖道路货物运输的主要领域,又要考虑货物运输发展的内在动力和外界环境,还要立足于中部地区乃至全国的整体区位去研究我省道路货物运输的发展。

(2)谋略性:战略研究应该注重科学性,要紧紧围绕科学发展的主题,认真谋划关系道路货物运输发展的基础、模式及问题等方面的内容。

(3)稳定性:战略研究应放远眼光,要在今后一段时期内具有很强的指导意义,不能朝令夕改,避免浪费运输资源。

2.2 战略研究的主要方法

2.2.1 战略研究的方法选择

战略选择中常用的方法有价值链分析法、SWOT 分析法和波士顿矩阵分析法。

(1)价值链分析法。价值链分析是由美国的麦肯锡咨询公司提出的,波特在 1985 年出版的《竞争优势》对其进行了充分的发展。价值链分析的核心是将行业(企业)的所有资源要素、价值活动和战略目标紧密结合起来,以价值增值为目的,形成一个简明清晰的结构框架,从而促进行业(企业)清晰地认识自身生存中的相关各链条的重要意义。

(2)SWOT 分析法。SWOT 是优势(Strength)、劣势(Weakness)、机会(Opportunity)和威胁(Threat)的四个英文单词的首字母和缩写词。SWOT 分析法是行业(企业)外部环境分析和内部要素分析的组合,大量地用于战略分析过程中。与价值链分析法相比,SWOT 分析法一个最突出的特点是着重追求企业的内部要素和行业(企业)面临外部市场环境的匹配和契合,而不是仅仅局限于自身竞争优劣势分析。一般而言,SWOT 分析有以下几个步骤:第一步,把识别出的所有优势分成两组,分组的依据为它们是与行业中的潜在机会相关,还是和潜在的威胁相关;第二步,用同样的方法把所有的劣势分成两组,一组与机会有关,另一组与威胁有关;第三步,建立一个表格,把企业的优势、劣势、机会和威胁进行组合,分别放在表格中,根据表格中的不同组合,分析应该采取的战略。

表格中SO组合表示企业的优势要素和外部环境的机会有关，这些要素要实行增长性战略；ST组合表示优势要素与外部威胁有关，在利用这些优势要素的同时，要加强对环境的评估，减少外界环境的威胁，可以实施多元化发展战略；WO组合表示企业的劣势要素和外部环境机会相关，应该对这类要素积极进行改造，抓住发展机会，这时企业应该采用扭转战略；WT组合表明企业的劣势要素与外部环境威胁相关，对此应该消除劣势要素，采用防御式战略。

（3）波士顿矩阵分析法。波士顿矩阵分析法是波士顿咨询集团在20世纪70年代初期开发的，该方法选择市场增长率和市场占有率两个指标的高低组合对行业（企业）的各项经营单元分为明星类、金牛类、问题类、瘦狗类，并据此制定各项经营单位的发展战略。

明星类业务是市场占有率和增长率都比较高，既有一定的市场占有率，发展的前景也较好，所以应对明星类业务采取支持发展的政策，优先供给业务发展所需资源，促进其发展；金牛类业务的市场占有率较高，但是增长率不高，对此类业务一般采取维持战略即可；问题类业务具有较高的市场增长率而市场占有率较低，其前途未卜，应根据其发展前景审慎地进行战略决策。

2.2.2 道路货物运输发展战略研究方法的选择及完善

道路运输是派生需求，其发展的程度受外界因素影响较大。相对于价值链分析法，SWOT分析法、波士顿矩阵分析法同时考虑了行业内部和外部的环境，分析的结果更适用于道路运输发展路径的判断。本文主要借鉴SWOT分析法、波士顿矩阵分析法，并结合道路运输特点来选择研究道路货物运输发展战略的方法。

SWOT分析法、波士顿矩阵分析中，SO表格和明星类表格中的要素是行业要优先发展的重点。虽然两种方法关注的指标有所差异，表示的方法也有所不同，但都是从外界环境和内部基础两个方面去阐述发展的路径选择。这种研究方法在很多行业和企业应用比较广泛。

就道路货物运输发展战略而言，也可以借鉴SWOT分析法和波士顿矩阵分析法这种研究思路。但与此同时，还必须考虑以下几个因素：

（1）道路货物运输的影响面较广，且为派生需求，其发展的质量不仅关系到自身的发展，也关系到社会经济的发展，要从其研究方法必须考虑到社会经济的因素。

（2）道路货物运输涉及发改、土地、公安交警、税务和财政等多种管理部门，道路货物运输发展战略要充分考虑到充分发挥各职能部门的合力，但其制定战略的重点应是发挥交通部门的作用。

（3）道路货物运输发展战略是今后行业发展的行动指南，要充分考虑到科学性和可操作性，在确定发展任务的同时，必须研究推进任务的方法及手段。

由此，我们在使用SWOT分析法和波士顿矩阵分析法研究的同时，从道路运输发展环境和发展基础及推进措施三个层面去确定道路货物运输的发展战略。

具体的研究过程有归纳演绎法和假设求证法，本文通过归纳演绎得出道路货物运输的战略框架，再通过道路运输发展环境和发展基础及推进措施三个层次分析，借鉴SWOT和波士顿矩阵法，看战略框架在中是否处于优先的发展战略。如果是，则说明战略框架符合行业需求,应该加快发展,如图 1 所示。

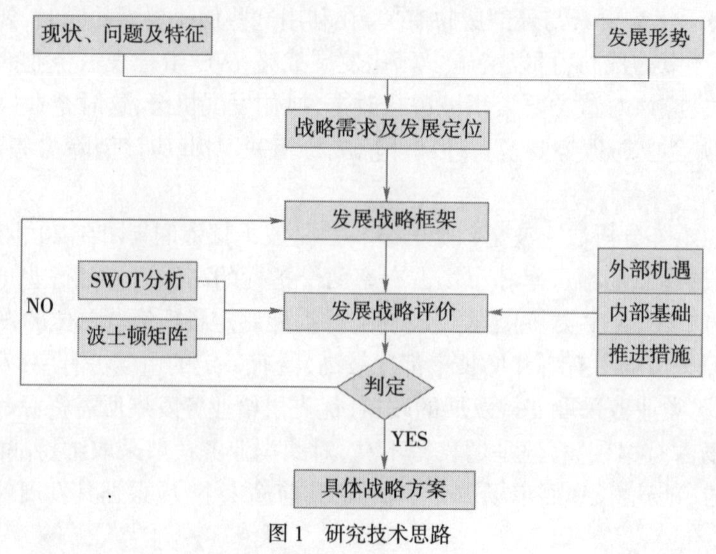

图 1　研究技术思路

3　道路货运业发展的现状及评价

3.1　道路货运业发展的现状

近年来,面对着燃油税费改革等重大改革实施带来的巨大影响,面对综合运输体系建设的繁重任务,面对行业发展中出现的诸多矛盾和挑战,我省道路货运行业紧紧围绕社会经济发展的大局,初步实现了快速、科学、安全、协调发展,取得了明显的成就,主要体现在以下几个方面:

3.1.1　运输能力大幅提升

近年来,我省道路货运量快速增长。2011 年年底,我省道路货运完成货运量 219476 万吨、货物周转量 61232222 万吨公里,比 2000 年分别增长 5.7 倍和 21.3 倍,年均增速达 18.9% 和 32.6%。货物周转量增速高于货运量增速,表明货物平均运距不断延长,我省道路货运的服务范围不断扩大。运输装备稳步增长,载货汽车数量以 11.5% 的年均增速增加,2011 年达 513546 辆;吨位数以 17.4% 的年均增速增加, 2011 年达 3366246 吨位;载货汽车数量和吨位数比 2000 年分别增长 2.3 倍和 4.9 倍。

3.1.2　基础性地位不断巩固

道路货运在综合交通运输中的基础地位不断加强。2011 年我省道路货运量、货物周转量占综合运输体系的 81.89% 和 72.59%,比 2000 年分别提高了 9 个百分点和 47 个百分点。道路运输依托机动灵活、门到门的可达性运输特点,决定了道路货运在中短途运输、农村运输和城市配送运输中的主导地位,不仅作为一种独立运输方式发挥着快速的集疏运输作用,而且为其他运输方式提供了有效的衔接和保障。同时,道路货运在一定程度上弥补了其他运输方式发展相对“缺位”的不足,为保障社会经济发展发挥着不可替代的作用。

3.1.3 运输结构不断优化

近年来,我省大型货物运输企业增多,货物运输企业规模化和集约化程度进一步提高,2011 年年底, 100 辆及以上企业达 663 户,占 5 辆及以上企业总数的 18%。同时,货运企业专业化程度有所提高, 2011 年从事专业运输业户比 2001 年增加 633 户,而普通运输的业户比例不断下降。部分企业已从单一的道路货运企业发展为综合性物流企业。

货运车型逐步向适合大宗货物运输的大型化、重型化和适合城市物流配送等便捷运输的小型化方向发展,运力结构逐步改善。2011 年我省营运载货汽车达 513546 辆,吨位数总计达 336646 吨,比 2000 年分别提高了 231.9% 和 486.4%。其中,大型载货汽车达 198215 辆、小型载货汽车达 252314 万辆,比 2000 年分别提高了 171.4% 和 324.8%。

3.1.4 基础设施逐步改善

2011 年,我省累计完成公路建设投资 2546643 万元。公路网规模逐步扩大, 2011 年年底公路网总里程达 149535 公里,公路网密度达 107.27 公里 / 百平方公里,比 2000 年增长 2.4 倍,初步形成了以高速公路、国省道干线为骨架,县乡村道为辐射的公路网络。

另一方面,我省运输站场建设取得重要进展。2011 年道路运输站场完成投资 7.68 亿元,同比增长 67%。2011 年年底,我省货运站总数 79 个,与 2000 年相比增加了 75 个;一级货运站从无到有,建成了 2 个。目前我省一级货运站场已逐步成为培育现代物流重要的“有形市场”,一级货运站平均日换算货物吞吐量为 0.67 万吨,占全部等级货运站的 6%。

3.1.5 市场机制初步建立

道路货运市场是开放最早、市场化程度较高的运输行业。经过几十年的发展,已经初步形成市场配置资源的机制,基本建立了统一、开放的市场体系,形成了多元化的市场竞争主体和多种形式的市场竞争方式,市场竞争秩序不断规范,市场在资源配置中的基础性作用得到有效发挥。

3.2 道路货运发展存在的不足

尽管我省货运业发展成绩显著,但公路货运发展过程中长期积累的深层次矛盾尚未有效解决,且出现了许多新情况、新问题,主要表现在如下方面。

3.2.1 行业发展方式较为粗放,依靠技术进步和科学管理的集约化发展动力不足

由于运输企业内部广泛推行单车承包,实际上把一个企业分解成了几十至上百个个体经营业户。企业缩小了经营规模,破坏了原有的运输生产经营的网络体系,粗放式的经营模式降低了运输组织化程度,加剧了道路运输行业内部之间的恶性竞争。而行业内部的激烈竞争,造成运输市场秩序较为混乱、经营行为不规范,再加上运输成本较高,运输效率偏低,技术进步较慢,信息化水平低,导致公路运输企业市场竞争力和集约化发展后劲不强。

3.2.2 与支撑现代物流发展的需求相比,道路货运站场的设施条件和服务能力不足

目前,我省大部分货运站为传统货运站,配套设施简陋、功能单一,主要是提供配载信息等业务,难以满足仓储、简单加工、配送等个性化、多样化服务需要。而目前已经建立的物流

中心，也仅以运输、配送、仓储为主，拥有先进技术手段的物流企业尚未出现，一些先进适用技术在运输站场建设过程中应用不足，技术支撑薄弱。另外，目前已建好的货运枢纽场站，由于需求预测脱离市场、与相关部门衔接不畅等原因，频繁出现“有场无市”等现象，难以适应现代物流业发展的需要。

3.2.3　运输主体“多小散弱”、抗风险能力差，对现代物流业发展的支撑力和促进力不足

从道路货运市场结构看，现阶段我省道路货运主流业态是个体车户和小型货运公司。企业普遍规模偏小，经营业务单一，其提供的运输产品绝大多数都是低层级的，90%以上货运企业都仅能提供普通货物运输服务。企业的抗风险能力不足，且经营主体之间缺少合作与交流，各自为政，盲目竞争，背离了集约化发展的方向，货物运输还基本处于单车单干的原始状态，未能形成整体优势。这些因素导致的结果是：运输信息不畅，车辆空驶和车辆超载现象并存且相当严重，运输效率低下；企业专注于低水平竞争，市场竞争激烈，市场秩序混乱。现有道路货物企业已不能满足现代物流业发展的需要。传统货运企业向现代物流业转型，拓展现代物流业务，是社会经济发展对道路货运企业的必然要求。

3.2.4　货运调度和货运组织水平低，新型、高效的运输组织形态发展动力不足

目前我省道路货运调度和货运组织水平差，导致货运车辆实载率低，特别是货运车辆回程空驶现象严重。我省货运的空载率在50%左右，远高于发达国家20%左右的水平。主要原因在于，一是现阶段货运企业尚未充分发挥信息技术在货运调度中的作用；二是货运中心发展滞后，各货运企业共享货源信息、相互提供配载的服务尚未开展起来；三是结点运输、甩挂运输、集装箱运输、小件快运、多式联运等高效运输组织形态发展还处于试点或起步阶段，制约着道路货运效率的提高。

3.2.5　行业节能减排形势严峻，可持续发展的后劲不足

交通运输行业是用能大户，也是节能减排的重点领域。作为交通运输业中的重要组成部分的道路运输业，目前存在着能源消耗大、效率低以及碳排放量高等问题。据测算，道路货运业的能源消耗约占运输业能耗的21%，废气排放量占汽车总体排放量的60%左右，这在很大程度上造成了能源的浪费和环境的污染。

3.2.6　公路运输自身比较优势尚未充分发挥，与其他运输方式间的有效衔接和良性互动不足

公路运输从运输组织形式到经营管理水平，与国外发达国家相比，甚至与国内其他运输方式相比，仍有一定的差距。道路货物运输的机动灵活、运达速度高的优势仍一直未能真正体现出来。同时，由于道路货运场站建设滞后、布局不合理，造成运输网络的线上运输通畅而节点货流转换阻塞，影响了综合运输效率，造成与其他运输方式的有效衔接和良性互动不足。场站的规划应遵循货运“无缝衔接”的原则，统筹线路、场站以及信息传输等设施的有效衔接，提高各种运输方式间的组合效率。

3.2.7　行业管理中法规标准、政策手段、队伍素质的保障能力不足

行业管理对行业的发展至关重要。以往的行业管理针对道路运输企业“多小散弱”的特征，一直都致力于提高货运市场集中度，培养大型货运企业，以求引导行业的发展，但多年

的努力效果甚微，即使有大型企业也只是表面上的大型，本质上仍是由单车运营业主挂靠组成。行业管理者应转变思想，改革管理方式，尝试从其他层面去促进行业的发展，比如优化市场环境，为运输企业提供一个公平公正的竞争环境，规范的竞争秩序等。同时，出台一些优惠及扶持政策，如合理确定油价、建立公共货运信息平台等。另外，还需制定物流发展的法规和有关技术标准、服务标准等，促进传统货运业向现代物流业转型。

3.3 道路货运发展的阶段性特征分析

3.3.1 阶段性特征的内涵

从哲学上来看，根据质量互变规律，在事物根本性质未发生变化而相对次要的性质发生变化的时候，事物发展就会呈现出阶段性特征。社会发展是一个从量变到质变、又从质变到新的量变螺旋式上升的过程，在不同时期会呈现出相应的阶段性特征。

延伸到交通行业，根据事物的发展规律，可以将一个国家或地区的交通发展看成一个连续的、可持续的过程，从而可以按照发展时序，将道路货物运输发展区分为若干阶段，在不同的发展阶段都有特定的发展目标、战略规划及重点任务。

本研究中，我们认为：道路货物运输的阶段性特征，是一个国家或地区道路货物运输发展规模、产业结构、发展方式、管理方式等面临的形势、要求、问题在特定阶段下的具体体现。

3.3.2 交通发展的社会效用及所处阶段分析

针对不同国家、不同地区交通运输发展的多样性和差异性，经济学家们进行了大量的理论探索，研究交通运输发展的动因与呈现出来的阶段性，提出了一系列模型解释交通运输发展的过程。归纳起来，大致有以下三类：一是技术主导理论；二是需求诱致理论；三是基于制度分析的运输发展综合模型。本文的研究采用交通效用理论对交通发展阶段进行划分（图2）。

其中 U、U_+、和 U_- 分别是交通的总社会效用、正社会效用和负社会效用。

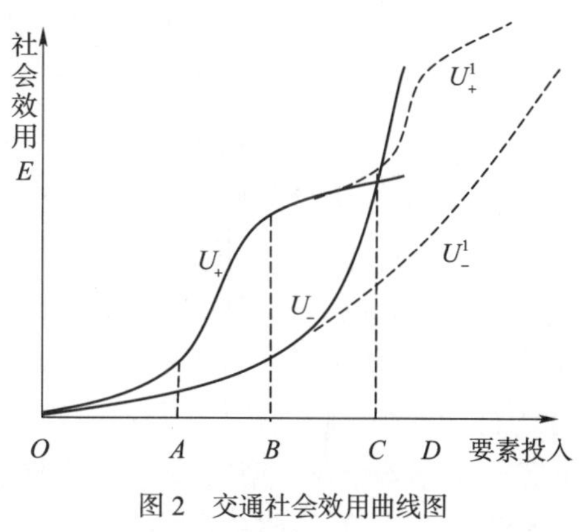

图2 交通社会效用曲线图

交通效用理论将交通发展分为三个不同的阶段。

第一阶段（OA）：总社会效用起步期，对应于交通发展初期。此时经济发展处于前工业化时期，工业化水平低，城市化进程缓慢，交通运输需求增长平缓。主要特征是交通正社会效用显著高于负社会效用，因此交通总社会效用为正，并呈逐渐扩大趋势。这个阶段交通基础设施尚没有展开大规模建设，网络覆盖率很低，汽车基本没有进入家庭，交通只能满足较小规模的生产和较低水平的生活需求。

第二阶段（AB）：总社会效用成长期，对应于交通加快发展阶段。此时经济发展处于工业化前期，工业化加快发展，城市化进程逐步加快，带来运输需求的快速增长，交通基础设施加快发展，总量规模不断扩大，交通的正社会效用快速增长。同时，交通发展占用资源规模迅速扩大、环境影响明显增加、交通事故损失急剧上升等方面问题开始引人关注，交通的负社会效用开始较快增长。

第三阶段（*BC*）：总社会效用衰减期，对应于交通网络形成阶段。此时经济发展处于工业化后期，重工业规模继续扩大，城市化快速推进，服务业加快发展，比重快速提高，这个阶段运输需求依旧旺盛，但增长速度有所降低，交通正社会效用增长减缓。同时伴随着交通发展带来的资源占用、环境影响、交通事故损失等问题日益突出，以及许多曾经行之有效的政策由于时效性产生诸多负面影响，交通发展带来的资源被大规模占用、环境影响加剧、交通事故损失巨大等负外部性问题非常突出，交通增长的负效用急剧上升。此阶段交通发展仍然处在快速发展期，在关注交通的正效用增长的同时，必须充分重视负效用的减少。

3.3.3　道路货物运输发展的阶段性特征

基于上述分析，可以判断我省交通发展目前大致处在第二阶段向第三阶段的过渡时期，呈现出以下的阶段性特征：

（1）道路货物运输发展处于由量变到质变的调整期。

近年来，我省道路货运业得到快速发展，运输能力明显增强，运输供给充足。目前，我省道路运输业已完成了量的积累，进入从量变到质变的调整期。

总的来看，我省道路货运的发展进入了由简单的主要依靠增加物质资源消耗的量的积累向科技进步、行业创新、从业人员素质提高和资源节约环境友好转变，运用先进科学技术、管理手段改造和提升道路货物运输业的质的转变阶段。

（2）道路货物运输发展处于基础设施建设的关键期。

我省道路货运基础设施近年来逐步改善，但已有场站规模、设施及功能的建设滞后，仍不能满足日益发展的货运运输需求以及发展现代物流业的需要。"十二五"期间，正是加快基础设施建设，促进道路货物运输向现代物流发展的关键期。

（3）道路货物运输发展处于粗放式到集约式发展的转型期。

交通运输是建设资源节约型、环境友好型社会的重点领域，在节约资源、保护环境上责无旁贷。近年来我省道路运输的发展过程中，通过提升发展理念、完善政策措施，在节约资源、保护环境中取得了初步成效，可持续发展能力进一步增强。

但是，我省道路货物运输发展方式总体上还比较粗放。从能源利用效率看，我省能源利用效率与世界先进水平相比明显偏低，其中载货汽车百吨公里油耗比国外先进水平高30%左右；与国内其他省份相比，我省高于周边六省，也高于全国平均水平，且客货运输单耗呈快速上升态势，节能形势十分严峻。从低碳交通角度看，我省主要的市场主体还没有把减少排放作为行为准则，排放标准不能适应环境质量要求不断提高的形势。从运输组织角度看，我省道路运输运输企业大型化、运输组织网络化虽然取得一定成果，但是市场的"多、小、散"的基本状况没有改变，运输的网络化效能仍不能充分发挥，效率不高。从科技应用水平看，我省虽然个别大型物流企业深入应用信息等科技手段增加运输的科技含量，但更多的个体或小型运输企业处于靠人工联系业务的比较原始的运营状态，效率比较低下。

（4）道路货物运输发展处于科技引领的突破期。

近年来，安徽省交通发展重视科技投入和支撑作用，科技创新取得较大发展，但与东部发达地区相比，在科技人才、科研基地、信息化建设等方面仍然较为薄弱，科技进步对于交通发展的贡献率不高。安徽省道路运输信息化建设开展了交通科技信息资源共享平台建设，构建安徽交通科技信息资源共享服务网络平台，并成为试点单位，取得一定成绩，但是从总体上来看，交通信息化发展的水平与运输发展的需求、社会公众的需求之间还存在着相当大的差距，以便民为出发点和落脚点，以社会公众最关心、最具影响力的道路运输信息便民体系还没有完全建立，信息化建设中仍有一些关键技术问题需要解决，从事交通信息化方面的人才也较为缺乏。

总的来看，安徽省道路运输科技进步取得一定发展，但行业对先进适用技术的应用还不广泛，信息化建设进程有待进一步加快，"十二五"期间正处于努力提升科技进步水平、大力推进交通信息化建设的关键时期。

4 道路货运发展面临的形势

4.1 道路货运形势分析

近年来，我省经济社会保持快速发展。我省与长三角等地区经济联系更加紧密，工业化、城镇化、市场化、国际化进程加快，国民经济和人民生活水平保持较快发展，经济结构加速调整，发展方式加快转变，运输方式加快整合，对道路货物运输发展提出了更新、更高的要求。

4.1.1 经济社会不断发展要求提高道路货物运输发展能力和水平

2011 年，我省全年生产总值（GDP）达 15110.3 亿元，按可比价格计算，比上年增长 13.5%。工业化、城镇化、市场化、国际化进程加快，城市化水平达 44.8%，工业化水平达 46.2%。综合实力显著增强，人民生活明显改善。

与此同时，产业结构也得到不断优化。当前，我省产业结构正处于产业结构调整的第三阶段，即第二产业高速发展时期。这个时期的显著特点是基础设施包括能源、交通和通信设施迅速发展，第二产业的比重迅速上升。我省未来将大力加快第三产业发展，提高第三产业增加值在地区生产总值中的比重，以第三产业发展促进和带动工业化与城市化的协调发展，产业结构最终会向"三、二、一"的格局转变。

产业结构优化升级，大力发展现代服务业，要求进一步提高运输效率、降低运输成本，提高货运的经济性、便捷性、安全性和专业化水平，发展先进运输组织方式，拓展现代物流等新兴服务领域。

4.1.2 资源环境约束要求转变道路货物运输发展方式

随着我国经济总量规模不断壮大，我国经济社会发展面临的资源环境约束日益显现，党的十七大报告中明确要求，把建设资源节约型、环境友好型社会放在工业化、现代化发展战略的突出位置。近年来，土地资源、能源及环境对道路运输发展的制约开始凸显，基础设施建设用地紧张、能源价格不断上涨、环境压力逐步加大，资源环境约束已经成为道路运输发展的重要影响因素。

《安徽生态省建设总体规划纲要》指出，“到2020年，基本形成资源消耗低、环境污染少的可持续发展国民经济体系，实现经济社会与人口、资源、环境全面协调发展。”道路运输作为资源消耗型行业，道路货物运输作为道路运输的重要组成部分，面对资源环境的约束，必须转变粗放的发展方式，走资源节约和环境友好发展的新路子。“十二五”期间，是道路运输节能减排、转变发展方式的重要时期，必须强化科技作用、提高运输效能、转变粗放发展方式、促进道路运输可持续发展，这事关道路运输业的整体竞争力提高，事关道路运输业的长远发展，事关国家资源节约、环境友好型社会建设目标的实现，具有重要的现实意义。

4.1.3　宏观政策对道路货运发展提出的要求

根据国家《道路运输业“十二五”发展规划纲要》要求，公路货运业必须着力于推进转型与升级，切实加大行业结构调整力度，不断提高运输的灵活性、机动性和多样性，满足个性化、多样化特别是高品质运输服务需求；加快转变发展方式，努力提高集约化发展水平，大力发展运输效率高、通达度深的货运组织形式，推进传统产业形态的改造；建设低碳货物运输体系，要把低碳发展作为道路运输行业节能减排的新起点，打造绿色运输体系。

政策的密集出台为道路货运的发展提供了契机。近年来，国家和安徽省均出台了支持现代物流业发展的规划和政策举措。2009年，国务院将《物流业调整和振兴规划》列入“十大产业规划”。2011年，全国人大十一届四次会议审议通过《中华人民共和国国民经济和社会发展第十二个五年规划纲要》，再次强调“大力发展现代物流业”。安徽于2010年4月和2011年10月连续出台了《安徽省现代物流业发展规划》和《关于促进物流业健康发展的实施意见》。2012年1月，国务院发出《关于进一步促进道路运输业健康稳定发展的通知》，要求完善和落实优惠政策，进一步促进道路运输行业健康稳定发展。这些政策将有效地提升道路货运业的基础条件和市场竞争力，促进规范市场和降低成本，为道路货运的发展带来全新的局面。《安徽省道路运输业“十二五”发展规划》提出了新的蓝图，从场站建设、运输装备、市场主体、运输服务和行业人员队伍建立等方面，对道路货运的发展提出了一系列要求。一是推动站场枢纽建设向立体化、综合化方向发展。重点建设国家公路运输枢纽城市、皖江城市带等区域依托港口、产业园的物流中心（物流园区），引导建设甩挂运行服务中心和专业货运站。二是推动运输装备向标准化方向发展。积极发展干线大型车和专业运输车辆，鼓励发展小型车。三是推动市场主体向规模化方向发展。引导道路货物运输企业建立战略联盟，提高货运网络化、组织化程度。四是推动运输服务向网络化、智能化方向发展。五是推动行业人员队伍建设向职业化方向发展。

4.2　道路货运发展趋势

4.2.1　运输需求将持续快速增长，需求结构和需求分布呈现新的特征

随着经济的进一步发展，公路运输需求必然保持快速增长。农村人口向城镇的转移和城镇人口规模的扩大，将促使人员流动和商品消费增加，进而带动货运输需求量的增长；另外城市群等地理经济形态的出现及产业升级等也将进一步促进道路货运输需求的增长。

从需求结构上来看，工业化进程的加快将使得货运需求结构向极端化发展。一方面工业集中促进生产要素的聚集，导致大宗货物等低附加值货运需求旺盛；另一方面，当工业化的技术集约化发展导致技术和信息交流频繁，批次多、批量小、价值高、随机性强、分散度高的货运需求大大增加。

城市化进程的加快，增强了农村与城市的联系，将大大地刺激农贸运输的发展。同时，随着消费水平的提升、商贸物流的发展、电子商务物流配送的发展，城市物流配送与快速运输的需求也将上升。

货运需求分布主要集中在城市群内部及城市群之间，但与此同时，农村运输将得到快速增长，成为道路货运市场的新兴领域。

4.2.2 运输组织形态多样化，道路货运效率将稳步提高

随着需求的拉动和政策的支持，如大力推进甩挂运输及多式联运的发展等，结点运输、甩挂运输、集装箱运输、小件快运、多式联运等高效运输组织形态将得到快速发展。随着运输市场规范，物流服务产品化、标准化、规范化，定时定点的货运班车运输形式将获得发展。以上运输组织形态的发展将促进公路货运调度和货运组织水平的提高，货运车辆实载率将得到提高，特别是货运车辆回程空载情况将大大改善。

4.2.3 发展方式将朝着集约化、低碳化、智能化方向发展

（1）发展方式集约化。

随着未来运输装备水平的提高，甩挂运输、集装箱运输等新型运输组织形态的出现，货运行业的发展将改变以往粗放式发展的模式，实现集约式发展。另外，节能减排工作也要求道路货物运输转变发展方式，加快运输结构调整，提升运输发展的质量和效益，实现道路货物运输的集约式发展。

（2）发展方式低碳化。

随着油价的上升，市场机制已经起到作用，企业越来越重视货运车辆的节油、环保与低碳。另外政府的号召、节能减排政策的推进、法规的强制以及高油价的市场调节的巨大作用，让企业对货运油耗极为重视。目前很多货运企业采购车辆的关注核心已经专注于油耗问题。未来道路货物运输将朝着低碳运输发展。

（3）发展方式智能化。

随着智能运输系统技术的发展，电子技术、信息技术、通信技术和系统工程等高科技在公路运输领域将得到广泛应用，物流运输信息管理、运输工具控制技术、运输安全技术等均将产生巨大的飞跃，从而大幅度提高公路网络的通行能力。

智能运输将带来货运车联网的大发展，未来五年借助于互联网技术，货运企业的货物运输信息化与网络化将得到普及，先进的企业会逐步发展成货、车、路、库全面联网，建立智能运输系统。此外，车联网还将会向车辆本身各系统延伸，让车辆控制系统、行驶系统、动力系统也借助车载终端实现联网，从而实现主动安全辅助驾驶、省油模式辅助驾驶、驾驶行为分析与改进、运输路径优化等功能，为车队管理带来革命化变革。

4.2.4 经营主体将向现代物流企业发展

（1）货运企业将向现代物流方向发展。

随着我省消费水平提高,公路货运中小批量、多品种、高价值的货物越来越多,在运输的时间性和服务质量方面的要求越来越高。在此背景下,近年来一些大型公路运输企业的物流意识迅速增加,一些先进的企业已开始从单纯的货运公司发展成为能够提供多种物流服务的现代物流公司。

(2)专业化的服务将逐步增多。

在普通货物运价缺乏竞争力的情况下,一些企业已经开始从提高运输技术含量入手,寻求从高端服务领域突围。通过对传统的货运组织方式、服务理念、营销人才、运力结构等进行调整,一些企业开始将发展的重点集中到利润相对较高的专业化运输领域,集中优势资源发展特种货物运输、危险品运输、大件运输、快货运输等班次化运输和托盘运输等先进的运输组织方式上,促使货运业务向"大、特、专、快"方向发展。

(3)企业联盟逐步发展。

随着我省道路货运的迅速发展,市场竞争日益激烈,企业面临的挑战也日趋加重。中小企业为了克服区域性、缺乏快运网络、资金实力不足的劣势,将互相联合,组建各类运输联盟,与大企业争天下。

5　我省道路货物运输发展的战略框架

5.1　战略需求

道路货物运输的战略需求是指根据国家和地区发展战略的整体需要,对货物运输发展提出的具有长远影响、必须在综合交通体系方面进行响应的需要。道路货物运输体系为了满足这些需要而进行的调整或者是一系列相互影响、相互关联的基础设施建设项目,或者是为对整个运输系统的效能提升发挥关键作用的建设项目。

根据对我省道路货物运输发展外部环境的分析,可以认为,从我省区域发展的角度来看,提高货物运输发展质量是我省道路货物运输发展的当前任务。同时,我省道路货物运输的发展必须置于国家、中部地区和安徽省发展的大背景下。据此,可以从国家交通发展战略、区域经济发展战略、我省社会经济发展战略和改善道路货物运输发展质量等四个层面的上分析我省道路货物运输发展的战略需求。

我省道路货物运输发展的战略需求框架,如表1所示。

安徽省道路货物运输发展战略需求框架　　表1

战略层次	道路货物运输战略需求
提高道路货物运输发展质量	完善道路运输发展基础
	优化道路货物运输组织结构
	改变道路货物运输经营模式
区域经济发展战略	呼应中部地区崛起、长三角区域发展
	促进合肥经济圈、皖江城市带、皖北地区发展

续上表

<table>
<tr><th>战略层次</th><th colspan="2">道路货物运输战略需求</th></tr>
<tr><td rowspan="6">城市社会经济发展战略</td><td colspan="2">城市的正常运转</td></tr>
<tr><td colspan="2">主导产业升级、产业链延伸</td></tr>
<tr><td rowspan="2">城市转型</td><td>产业多元化</td></tr>
<tr><td>环境友好与宜居城市</td></tr>
<tr><td colspan="2">城市空间结构调整</td></tr>
<tr><td colspan="2">公共服务均等化</td></tr>
<tr><td rowspan="2">国家交通发展战略</td><td colspan="2">低碳运输、节能减排</td></tr>
<tr><td colspan="2">转变交通发展模式</td></tr>
</table>

5.2 发展定位

道路货物运输的发展既要服务于区域经济发展，又要发挥引导区域产业结构调整和城市空间结构调整的作用。基于我省的整体发展战略和战略需求框架，我省道路货物运输发展的战略定位是：融入交通体系、服务主导产业、促进城市转型、实现城乡一体、推动区域发展。

5.2.1 融入区域运输网络，形成运输通道

我省农业、牧业和养殖业生产条件得天独厚，矿产资源丰富，这些是经济发展的有利条件。要促进经济转型，构建经济发达、社会和谐、环境宜居的省份，就必须融入整个东部和中部的产业链条，使安徽成为区域经济体的必不可少的组成部分。要实现这一战略目标，首先就要尽快改善加快完善道路货物运输基础设施，形成运输通道，使安徽道路货物运输行业融入到区域综合运输体系中去。这样才能有效拉近我省与东部、中部市场的时空距离，为我省发挥资源优势和产业优势、直接参与区域经济产业分工、承接产业转移创造有利条件。

5.2.2 融入到综合交通运输网络，促进现代物流业发展

道路货物运输是现代物流活动的重要环节和纽带，在物流供应链的运行过程中，道路货物运输因为其通达度高、覆盖面广、运输组织灵活、运输品种多样等特点，成为物流不可或缺的重要环节。道路货物运输在特定的时间内实现物品的空间转移，创造了物流的时间价值和空间价值，是物流系统最核心的功能要素。根据测算，运输费用占全社会物流总费用的52.6%，道路运输又占运输费用的60%以上，可见道路货物运输是左右社会物流成本的重要组成。因此，道路货物运输要加快转型升级，整合运输资源，促进现代物流业的发展。

5.2.3 服务主导产业，支持多元化产业结构

我省在“三个强省”和“美好安徽”的建设目标指引下，着力推进传统产业和战略性新兴产业融合发展，大力培育主导产业，已经形成智能家电、新材料、新能源、电子信息等主导产业，传统的产业结构正在得到改变。道路货物运输要重点服务于主导产业，适应产业多元化的发展趋势，为保持和提升城市竞争力提供有力支撑。

5.2.4　实现城乡一体,强化普遍服务

工业化、城镇化是推动我省经济发展的主要力量,也是我省经济转型的重要策略。工业化、城镇化的前提是将广大农村地区纳入社会服务的范畴,实现城市与乡村的有效衔接,打破城市经济与农村经济的二元结构。道路货物运输是实现促进农产品进城和城市消费品下乡的主要依托,是实现城乡一体化目标的重要推力。

5.3　战略框架

根据以上安徽省道路货物运输的外部环境分析及战略定位,“十二五”及中远期,我省道路货物运输发展的战略框架是:形成运输大通道、甩挂运输大网络、城市配送大整合、运输大联盟。

5.3.1　强化枢纽建设,形成运输大通道,畅通我省内外的交通联系

依托交通主干线,结合城市的功能定位,以“东进西扩、连通南北”为发展方向,以发展规划为引导,以枢纽建设为主要内容,以补助资金主要调控手段,加快完善道路货运站场基础设施网络,提升我省道路货运服务能力,实现我省区域内外部的互联互通。

5.3.2　强化统筹协调,形成甩挂运输大网络,提高道路货物运输效率

按照“政府推动、企业主导、优势互补、资源共享”的原则,依托重点货物运输企业,以补助资金、通行费优惠等政策为主要调控手段,加强运输企业间的合作,逐步完善甩挂运输网络,提升道路货物运输效率。

5.3.3　强化资源整合,促进城市配送大发展,破解现代物流最后一公里难题

按照“总量控制、分类管理、标准引领、鼓励先进”的原则,依托重点货物运输企业,以车辆设施、服务技术等标准为基础,以路权、规划和资金等政策为主要引导手段,在每个城市扶持若干个示范性的城市配送企业,形成以示范性企业为引领、其他企业为补充的配送体系,推进城市配送体系集约化、专业化、可持续化发展。

5.3.4　强化合作共赢,形成运输大联盟,提高道路货物运输组织化程度

以整合运输资源和优化组织结构为目标,以共同采购为基础,以中小企业为主要服务对象,按照“合作共赢、自愿加入、逐步推进”的原则,在成本控制、运输供给和客户资源等方面上开展广泛的合作。现阶段重点在小件快运、大件运输和干线联盟等领域推进成立运输联盟。

5.4　战略框架的评价

本文用第一章介绍的SWOT分析法和波士顿矩阵分析法对确定的战略框架进行评价,逐一判断战略框架内容是否处于SO表格和明星类产品。本文认为,战略框架内容若同时具有外在机遇(天时)、内部基础(地利)条件,且有具体的推进措施(人和),则符合道路货物运输今后一段时期内的发展战略。

5.4.1　战略框架分析

(1)运输大通道。

①外在机遇(天时)。

a. 国民经济的快速发展和城市化、工业化和机动化的发展对运输通道建设有更大的需求。

b. 中部崛起战略和公路、铁路、民航、水运和道路运输一系列规划的实施。

c. 国务院办公厅《关于进一步促进道路运输行业健康稳定发展的通知》要求“各级人民政府要加强道路运输站场基础设施建设,将其纳入城市总体规划,保障建设用地。要加大资金投入,将国家公路运输枢纽规划内的客运站场、物流园区、城市综合客运枢纽等纳入交通运输基础设施投资范围,给予必要的投资补助。财税部门要完善道路客货运输枢纽(站场)和城市公交站场的营业税、城镇土地使用税政策”。

d. 交通运输部《关于投资物流园区建设管理办法》的出台。

e. 安徽省人民政府《关于加快交通运输基础设施建设的若干意见》。

②内部基础(地利)。

a. 道路货物运输量连续增长,行业处于成长期,发展潜力强。

b. 道路货物运输行业逐步涌现出了一批建立现代企业制度、管理水平较高的企业。

c. 物流园区建设正有序推进。部分道路货物运输站场已经纳入了当地的规划,并完成了立项、土地预审、工程可行性研究和初步设计等。

③调控措施(人和)。

区域性城市(合肥),向每个符合条件的货运站场补助 4000 万元;其他节点城市,向每个符合条件的货运站场补助 3000 万元。

(2)甩挂运输大网络。

①外在机遇(天时)。

a. 国民经济的快速发展和城市化、工业化的双轮驱动为发展甩挂运输提供稳定的货运需求。

b.《国民经济和社会发展“十二五”规划》首次将公路甩挂运输发展纳入其中,甩挂运输发展上升为国家战略。

c. 国务院及国务院办公厅先后印发的《关于印发物流业调整和振兴规划的通知》、《关于促进物流业健康发展政策措施的意见》、《关于进一步促进道路运输行业健康稳定发展的通知》等多个重要文件,对解决制约甩挂运输发展的政策障碍、加快甩挂运输发展提出了明确指导。

d. 交通运输部联合相关部委,出台《关于促进甩挂运输发展的通知》、《甩挂运输工作实施方案》、《公路甩挂运输试点专项资金管理暂行办法》等重要政策,从资金引导、消除法规障碍、优化车型结构、强化技术支撑等方面制定了措施。

②内部基础(地利)。

a. 道路运输企业积极开展甩挂运输业务,其中马鞍山长运集团公司、安得物流有限公司被纳入了交通运输部甩挂运输试点企业。

b. 道路货物运输车辆结构不断优化,适合甩挂运输的车辆不断增多,拖挂比例超过了 1∶1.2。

c. 甩挂站场基础设施逐步完善,纳入试点的 2 个甩挂运输站场改扩建试点项目按照实施方案要求，边建设、边改造、边完善、边运营，甩挂运输站场服务功能不断提升。

d. 区域甩挂运输合作不断加强，签署了中部六省甩挂运输发展协议，并指定了示范企业和合作站场。

③推进措施（人和）。

a. 资金补助政策。

b. 甩挂车辆享受通行费优惠等政策有望落地。

（3）城市配送大发展。

①外在机遇（天时）。

a. 商业模式的不断创新，电子商务的不断普及，连锁超市、便利店等不断出现，为城市配送发展提供了稳定的需求。

b.《物流业调整和振兴规划》将城市配送纳入了九大工程，提至优先重点发展的高度。

c. 各级政府高度重视城市配送行业，部分地市将城市配送基础设施纳入了城市总体规划。

②内部基础（地利）。

a. 传统的道路运输企业和新兴的快递企业根据自身不同的优势，积极开展城市配送业务。

b. 道路货物运输行业运力供给充足，适合城市配送的车辆不断增多。

③推进措施（人和）。

与公安交警沟通，共同出台城市配送车辆通行、停靠权政策，并以此引导城市配送集约化发展。

（4）运输大联盟。

①外在机遇（天时）。

a. 原交通部印发《公路、水路交通结构调整意见》、《关于道路运输业结构调整的若干意见》，明确提出了调整道路运输企业的组织结构，建立道路运输联盟是优化组织结构的重要形式。

b.《安徽省人民政府关于加快发展交通运输的若干意见》、《安徽省交通运输“十二五”发展规划》和《安徽省道路运输业“十二五”发展规划》中，明确提出鼓励重点企业开展快递联盟。

②内部基础（地利）。

a. 我省道路运输企业比较弱小，运输资源比较分散，对成立运输联盟存在很多大的内在驱动力。

b. 部分道路运输企业先行先试，成立了小件快运联盟，运作良好，积累了不少宝贵的经验。

c. 安徽省道路运输协会（以下简称省道协）不断推进运输企业共同采购工作，发挥着良好的平台作用。

③推进措施（人和）。

a. 统一联盟运作的信息化、流程运作、财务结算等标准。

b. 充分发挥省道协的平台作用，充分发挥集中采购的成本优势，将中小企业乃至个体户凝聚到运输联盟中。

c. 重点在小件快运、甩挂运输等领域引导成立联盟组织，由点及面，逐步推广。

5.4.2 评价结论

根据以上三维分析，战略框架内容在外部机遇、内部基础和推进措施上均占优，处于SWOT分析和波士顿矩阵分析法中的SO表格和明星类业务中，是今后一段时期要优先发展战略。要根据我省道路运输发展阶段，充分利用各级政府的产业政策，积极发挥政府引导作用，加快落实道路货物运输发展战略内容。

6 道路货运发展的总体思路与目标

6.1 指导思想和基本原则

6.1.1 指导思想

以邓小平理论和“三个代表”重要思想为指导，深入贯彻落实科学发展观，适应全面建设小康社会和现代化建设对道路货运的需要，按照我省“双轮驱动”的战略部署，以支撑产业经济发展和保障城市正常运转为基本出发点，以灵活政策、激励机制为手段，统筹考虑道路货运与经济社会、空间分布和交通格局的关系，大力推进我省道路货运科学、健康、可持续发展。

6.1.2 基本原则

（1）坚持政府引导、市场为主的原则。

道路货运是经济社会健康稳定发展的基础，要充分发挥政府的引导作用，加强宏观指导和政策协调，加大资金投入力度，优化发展环境。要充分发挥市场机制作用，创新投融资方式，积极促进基础设施建设和经营的市场化，加快道路货运业科学发展。

（2）坚持统筹衔接的原则。

围绕《国家公路运输枢纽规划》、《物流业调整和振兴规划》和《安徽省人民政府关于加快交通运输基础设施建设的意见》等相关规划和发展政策，有的放矢，抢抓机遇，发挥好政策组合效率，科学谋划道路货运发展。

（3）坚持因地制宜，分类指导。

从实际出发，根据不同区域的经济发展、交通状况、地理区位和运输需求特征，对道路货运发展进行分类指导、差异化管理，探索出适合各地有序、协调发展的合理模式，不搞齐步走和一刀切。

（4）坚持整合资源、规范管理原则。

整合道路货运企业、货运代理、运输站场和信息等资源，提高道路运输市场集约化、组织化水平。推进运输资源共享，加强有机组合和有效衔接，提高运输效率。强化市场秩序监管、规范经营行为，提高市场诚信度，维护经营者和货主的利益。

（5）坚持突出重点的原则。

强化国家公路运输枢纽城市的集散地位，发挥重点联系企业的示范引领作用，加快道路运输基础设施建设，完善运输网络布局，加快城市配送、快速货运、甩挂运输等物流环节的发展，提高服务能力和效率，更好地服务于经济社会发展。

6.2　发展目标

6.2.1　总体目标

通过加大政府引导资金投入，扩大总体规模，优化基础设施结构，增强道路运输供给能力，促进道路货运站场向规模化、有形化和集约化方向发展；通过基础设施和资源整合优化，完善运输硬件条件，提高道路货运整体效率和组织化水平，夯实现代物流业发展基础；通过加强政策扶持，创新发展模式，加强中小企业和个体车主的联盟，增强市场竞争力。

大力推动运输装备标准化，促进干线运输车辆大型化，发展适应专业化运输的厢式货车、集装箱车、危险品及大件运输等专业化车辆。建立起以高速公路网为依托，连接不同等级城市、县、乡为节点的快速货物运输服务体系，基本形成以现代物流服务为特征的道路运输服务网络。积极扶持企业做大做强，引导企业向规模化、集约化方向发展，大力培养规模领先、管理规范、信誉优良的重点企业。

基本建立起布局合理、能力适应、服务优质、运转高效的道路货运站场体系，基本覆盖全省主要工业区、商贸区和特色农副产品基地，满足工业生产、商贸流通和人民生活消费需求。城市配送、甩挂运输、快速货运等运输模式快速发展，占道路货运的比例明显提高，运输效率和服务能力得到大幅提升。重点企业的示范引领性作用进一步增强，运输资源集中度得到提高，中小企业和个体户的联盟初步形成，小件快运联盟组织进一步完善，服务经济社会能力明显提升。

6.2.2　具体目标

结合我省的发展现状，确定我省货运发展目标如下：

（1）货运大通道。

到2015年，全省南北大通道、东西大通道和沿江大通道等三大通道初步形成。通过“联网、扩容、加密、提高”推进高速公路建设，通道内结构合理的高速公路主骨架全面建成，通道干线整体承载力明显提高，沿线县城半小时内均可到达通道干线。通道运输服务水平明显提高，智能化、信息化水平得到广泛应用，运输效率大幅提升。运输枢纽网络初步完善，全省共建设6个货运站场，其中在合肥、蚌埠、阜阳、铜陵、安庆、芜湖等地各建设1~2个货运站场。

到2020年，围绕“经济社会全面转型、加速崛起、兴皖富民”和“构建现代交通业”的目标，进一步完善全省运输通道网，形成外通内畅的干线公路、运营规范的企业和技术先进的运输支持系统。全省共引导建设23个货运站场，其中省会城市合肥规划建设3个货运站场，其他国家公路运输城市建设1~2个货运站场，有条件的非国家公路运输枢纽的省辖市建设1个货运站场。

（2）甩挂大网络。

到2015年，在货运通道的基础上，以省会合肥为中心，以枢纽城市为节点，构建8条甩挂运输线，基本形成三大甩挂运输网络，即省会经济圈甩挂网络、皖江城市甩挂网络、中原经济区甩挂网；2~3 家道路运输企业、2~3 家运输站场融入到中部六省甩挂运输网络中；部甩挂运输试点企业达到 5 家，甩挂运输的拖挂比例达到 1：2。

到 2020 年，引导成立 1 个运输联盟、5 个先进的甩挂运输企业和 50 个精品的甩挂运输线路；50% 以上的省辖市纳入到甩挂运输网络，50% 以上的大型货运站场开辟甩挂运输区域，省会经济圈、皖江城市带、中原经济区的甩挂运输网络更加完善。

（3）配送大整合。

到 2015 年，2~3 个城市出台城市配送发展政策，初步建立以示范企业主导、以其他企业为补充的专业化城市配送体系。

到 2020 年，全部省辖市建立起专业化的城市配送网、规模化的甩挂运输网、便捷化的快速货运网。

（4）运输大联盟。

到 2015 年，初步建立运输联盟体系，并下设或独立发展小件运输、甩挂运输、大件运输等专业化的运输联盟；基本实现运输联盟成员的共同采购，成员间业务合作逐步开展，运输成本得到降低；小件快运联盟服务能力明显提升，"美意达快运"品牌效益进一步提高，全省一级站、二级站全部纳入联盟网络，基本建立小件快运"门到门"服务网络。

到2020年，形成2~3家以上专业化运作、管理先进的运输联盟，小件快运网络全面建立，成为全省的快递品牌。20% 的中小货运企业和个体户加入运输联盟，货运行业的网络化、组织化程度不断提高。

7 道路货运发展战略之——构建运输大通道

7.1 运输通道理论

7.1.1 运输通道的内涵

运输通道（Transportation Corridor）也称运输走廊、交通走廊，最早于 20 世纪 60 年代在美国出现。随着运输通道理论与实践的发展，不同研究人员对运输通道的认识也在不断发生变化。美国交通工程专家 William.W.Hay 从通道的影响因素角度将运输通道描述为"在湖泊河流、硒鼓、山脉等自然资源分布、社会经济活动模式、政治等因素的影响下而形成的客货流密集地带，通常可以提供多种方式的运输服务"。加州大学 William.L.Garrison 教授从运输需求的角度对运输通道的定义是"在交通运输投资集中的延伸地带内，运输需求非常大，交通流非常密集，各种不同的运输方式在此地带内相互补充，提供运输服务"。北京交通大学的张国伍教授从运输线路的建设角度，对运输通道的定义为"两地之间具有已经达到一定规模的双向或单向交通流，为了承担此强大交通流而建设的交通运输线路的集合，称之为交通运输通道"。中国科学院张文尝研究员从运输联系与运输区划相结合的角度将运输通道描述为"联结不同区域的重要和便捷的一种或多种运输干线的组合"。西南交通大学彭其渊教授将运输通道定义为"区域间货运势能和货物运输动能相互转化中起到纽带作用的多模式交通干线的集合”。

综上所述，运输通道的内涵可概括为：连接一系列经济点、生产点和重要城市；所在区域有共同主要流向的客货流密集地带；一般含多种交通运输方式，并有大型的货运枢纽等服务于通道的配套设施。

产业资源布局与地区货物富含程度的差异，可以产生“货物势能差”。不同区域对货物需求的不同，客观要求区域之间进行货物的流动来完成区域间的货物需求的相互补充，运输通道可以实现货物势能差与货物动能之间的转化。此外，地区由于交通区位优势，也将产生过境交通流。

货运通道一般具有以下几个特点：

（1）区域间存在因供求矛盾和货物区位引起的货物势能差，或地区处于交通区位的过境地带。

（2）运输通道是一个运输地带，并非一条运输线路，它担负着重要而大量的客货运输任务。

（3）运输通道是连接客货流发源地与目的地的密集地带，具有较强的吸引力。

（4）运输通道一般是由平行的多种运输方式的运输线路互相补充、共同提供服务。虽然一种运输方式的运输线路也可以组成运输通道，但只有单一运输方式由多条运输线路构成密集地带时，才能叫运输通道。

（5）运输通道不仅包括各种运输线路，而且包括枢纽、港口、车站、机场以及运输生产相配套的服务设施，形成运输通道的统一体。

（6）运输通道是运网结构中的一个概念，与交通运输网既有区别又有联系。在形式上，通道是连接客货交流密集带的交通走廊，呈带状形态；在功能上，运输通道是构成运网的骨干、连接运网的主要枢纽和集散点，它通过运网的联系来集散密集的交通流。

7.1.2　运输通道与站场

宏观运输运枢纽与运输通道是一种共生关系。在现实操作中，往往是根据形成的线路和货运流基础及趋势倾向先规划通道，后确定枢纽或枢纽定位。

运输通道的主要构成是运输线路和枢纽站场。宏观运输枢纽与运输通道是一种相互依存、相互促进的发展关系。枢纽所处的位置不同，则功能各异，系统配置要求也不同。枢纽是货物集散的中枢，是货物中转的纽带和组织中心，通道中的货物流只有通过枢纽的有效组织，才能达到合理运输、提高效率的要求，货运枢纽的布局决定了通道内不同运输方式联运转换点的分布，它对货物流的运输路径、运输效率、转运速度有着决定性的影响。

7.2　我省运输通道的空间格局

7.2.1　国家运输干线格局

“八五”以来，原交通部提出了以“国道”主干线为主的大运输系统规划及建设计划，铁道部、民航总局也提出了一系列干线建设规划。2012 年国务院通过的《“十二五”综合交通运输体系规划》确定了“五纵五横”为主骨架的综合交通运输网络。目前我国货物货运通道建设已取得了巨大成就，“五纵五横”陆地综合货物运输通道格局基本形成，其空间分布如下：

（1）“五纵”综合运输大通道：

①南北沿海运输大通道。北起黑河，经哈尔滨、长春、沈阳、大连、烟台、青岛、连云港、上海、宁波、温州、福州、厦门、汕头、广州、深圳、湛江、海口，南至三亚。

②京沪运输大通道。北起北京，经天津、济南、徐州、蚌埠、南京，南至上海，由贯穿全线的铁路、公路、民航航路、部分水路和油气管线组成，形成沟通华北与华东，北京与上海两大国际都市直接相连的综合运输走廊。

③满洲里至港澳台运输大通道。北起满洲里，经齐齐哈尔、白城、通辽、北京、石家庄、郑州到武汉，从武汉分支。一支经长沙、广州，南至香港（澳门）；另一支经南昌、福州至台北。

④包头至广州运输大通道。北起包头，经西安、重庆、贵阳到柳州，从柳州分支。一支至广州；另一支至湛江。

⑤临河至防城港运输大通道。北起临河，经银川、兰州、成都、昆明、南宁，南至防城港络。

（2）“五横”综合运输大通道：

①西北北部出海运输大通道。东起天津和唐山，经北京、大同、呼和浩特、包头、临河、哈密、吐鲁番、喀什，西至新疆吐尔尕特口岸。

②青岛至拉萨运输大通道。东起青岛，经济南、德州、石家庄、太原、银川、兰州、西宁、格尔木，西至拉萨。

③陆桥运输大通道。东起连云港，经徐州、郑州、西安、兰州、乌鲁木齐，西至阿拉山口。

④沿江运输大通道。东起上海，沿长江经南京、芜湖、九江、岳阳、武汉、重庆，西至成都。该通道由长江航道和铁路、公路、民航航路和油气管线组成，形成以长江航运干线为主、沟通东中西地区的运输走廊。该通道以上海港和南京港为枢纽，与国际海上运输网络连接。

⑤上海至瑞丽运输大通道。东起上海和宁波，经杭州、南昌、长沙、贵阳、昆明，西至瑞丽口岸，由贯穿全线的铁路、公路、民航航路和部分油气管线组成运输走廊，以上海港和宁波港为枢纽与国际海上运输网络衔接，以瑞丽口岸与东南亚路网连接。

国家运输通道涉及我省的有“一纵”京沪运输大通道和“一横”沿江运输大通道，涉及的主要城市有蚌埠和芜湖。

7.2.2 我省运输干线布局

“十一五”以来，为了适应新时期社会发展的需要，我省加快运输通道的规划和建设。

（1）综合交通。

2011年省政府通过的《安徽省“十二五”综合交通运输体系发展规划》提出了我省运输通道的发展目标：基本形成由两种以上交通干线构成、联结各市、对接国家综合交通网络的“两纵、五横、三联”综合交通通道；建成以合肥为中心，芜湖、蚌埠、阜阳、安庆、黄山为支撑，其他各市为节点的综合交通枢纽体系。

纵一：徐州—淮北—宿州—蚌埠—淮南—合肥—芜湖—铜陵—宣城—黄山；

纵二：商丘—亳州—阜阳—六安—安庆—池州—景德镇；

横一：淮安—宿州—淮北—亳州；

横二：南京—滁州—蚌埠—淮南—阜阳—漯河；

横三：南京—滁州—合肥—六安—武汉、西安；

横四：南京—马鞍山—芜湖—铜陵—池州—安庆—九江；

横五：杭州—黄山—景德镇；

联一：杭州—宣城—芜湖—合肥—淮南—阜阳；

联二：合肥—安庆—九江；

联三：宣城—黄山。

高速公路、干线公路、水路在综合交通运输规划框架体系内，结合行业发展实际，提出了各自的通道布局，并加以实际应用。

（2）铁路。

我省规划了五条铁路通道，通道一为南京到安庆城际铁路；通道二为商丘—亳州—阜阳—淮南（蚌埠）—合肥—巢湖—芜湖—宣城—杭州的客运专线；通道三为漯河—阜阳—六安—庐江—铜陵—黄山—金华—温州铁路；通道四为合肥—安庆城际铁路，增加全国南北快速客运铁路通道，其南端与南京—安庆—九江，南昌—九江城际铁路相连；北端与合肥—蚌埠客运专线、京沪高速铁路相接；通道五为沟通南北普通铁路通道，与安庆—景德镇铁路连接，该铁路南端与皖赣、鹰厦、横南铁路相连，北端与合九、合蚌、阜阳—六安—庐江铁路相接。

根据规划，我省还将大力推进能源运输通道。具体为建成阜阳—六安、宿州—淮安铁路，开工建设庐江—铜陵、六安—安庆—祁门（景德镇）、界首—临泉、亳州—宿州、裕溪口—郑蒲港—浦口等普通铁路，推进六安—庐江、铜陵—宣城等铁路项目前期工作。

虽然客运专线是未来一段时期的铁路建设重点，但随着客运专线的建成，原有铁路的货运潜力将大量释放，从而提高了客运专线沿线上铁路的货运供给。

（3）高速公路。

《安徽省高速公路网规划（2006—2020年）》提出了“四纵八横”的高速公路网，涉及里程5500多公里。目前规划中2781公里的国家高速公路网已基本建设完成，“四纵八横”的高速公路网络初具规模。《安徽省高速公路“十二五”发展规划》延续了“四纵八横”的发展思路，并结合省政府提出的“皖江城市带产业转移示范区建设、皖北振兴”等重点发展战略，对部分区域高速公路进行了加密。

（4）干线公路。

干线公路正处于“加速调整、网络完善”的时期，干线公路基本覆盖了各省辖市和主要的县，干线公路在运输通道一方面起到主骨架的作用，另一方面发挥了集散的功能。根据《安徽省公路“十二五”发展规划》，出省公路基本达到二级及以上公路标准；省会与地市、地市与地市之间全部以高速公路或一级公路连接；市与县、相邻县之间基本实现二级及以上公路连接。

（5）内河水运。

我省是水运资源大省，水上通道主要有“两干三支”，即长江、淮河、合裕线、沙颍河、芜申运河等国家高等级航道。《安徽省水运“十二五”发展规划》提出在重点推进“两干三支”建设的基础上，加快浍河、涡河、新安江、兆河—西河、水阳江等地区重要航道建设。

（6）国家公路运输枢纽。

1992年，原交通部下发的《全国公路主枢纽布局规划》中，确定了45个公路主枢纽的布局方案，我省合肥市在布局方案中。2007年，交通运输部编制了《国家公路运输枢纽布局规划》，在主枢纽的基础上，确定了179个枢纽，我省有合肥、芜湖、安庆、黄山、六安、蚌埠、阜阳7个城市列入方案。目前，我省7个枢纽城市的规划编制工作已全部完成，货运站场的建设工作已取得了一定的进展，合肥、芜湖、黄山、安庆等地相继启动了货运站场的建设工作。

7.3 我省道路货运通道发展战略

7.3.1 发展思路

依托规划建设交通干线，从不同城市的功能定位、作用、交通区位条件和经济社会发展水平出发，在保证每个省辖市至少拥有一个功能完善、设施先进的货运站场的基础上，确定不同的建设规模和个数。具体的建设本着“抓大放小、抓公用放自用”原则。“抓大放小”是指重点做好综合性强、功能完备，辐射面广的物流园区，依托产业园区、商贸市场、港口、铁路等区域，大力推进具有综合物流功能的物流园区建设。鼓励在货运量大、中转量高的区域建设无水港，提高运输化便利化程度。对于规模较小、功能比较单一的地方性站场，主要由市场调节，企业自主建设。“抓社会放自用”是指重点做好为社会提供物流服务的物流园区，对于企业自用型的物流园区，由企业自主建设。

7.3.2 我省道路货物运输通道

根据我省运输通道现状及规划布局，结合运输空间分布和城市的枢纽功能定位，确定我省建设三条道路货物运输主要通道，即南北通道、东西通道和沿江通道。

南北通道：淮北—宿州—蚌埠—合肥—安庆—黄山；

东西通道：阜阳—淮南—合肥—芜湖——宣城；

沿江通道：安庆—池州—铜陵—芜湖—马鞍山—滁州。

我省道路货物运输通道如附图1所示。

7.3.3 站场布局方案

（1）货运节点的分类。

根据《物流业调整和振兴规划》、《皖江城市带承接产业转移示范区规划》、《全国公路主枢纽布局规划》和《国家公路运输枢纽布局规划》对我省各地的枢纽定位以及我省各地在运输通道中的节点地位，并结合我省各地的发展实际情况，将我省各省辖市划分为三个层级。

第一层级为合肥，位于我省的几何中心，是我省政治、经济和文化中心，也是东部沿海产业向中西部扩散的重要支撑，政治、经济和交通优势明显。《物流业调整和振兴规划》、《全国公路主枢纽布局规划》、《国家公路运输枢纽布局规划》分别将其纳入为区域性节点城市、主枢纽城市和国家枢纽城市。皖江城市带承接产业转移示范区将其定位为“一轴双核两翼”中的双核之一，地理条件优越，现实基础良好，地位非常突出。

第二层级为芜湖、安庆、黄山、六安、蚌埠、阜阳六个城市，它们均被纳入了《国家公路运输枢纽布局规划》,芜湖、安庆还位于皖江城市带承接产业转移示范区。

第三层级为淮南、马鞍山、宿州、亳州、滁州、淮北、铜陵、宣城、池州九个城市,其中马鞍山、滁州、铜陵、宣城、池州五个市纳入了皖江城市带承接产业转移示范区,其余四市是省级公路运输枢纽。

(2)具体布局方案。

根据货物运输网络,结合各城市的枢纽定位,综合考虑产业结构、市场需求、土地条件等因素,确定以下布局方案。

全省共引导建设23个货运站场,其中第一层级合肥规划建设3个货运站场,第二层级的六个城市规划建设1~2个货运站场,第三层级的9个城市规划建设1个货运站场,如表2所示。

全省货运站场数量表　　表2

国家公路运输枢纽城市	规划建设数量	其他省辖市	规划建设数量
合肥	3	淮南	1
蚌埠	2	马鞍山	1
芜湖	2	宿州	1
安庆	2	亳州	1
阜阳	2	滁州	1
黄山	2	淮北	1
六安	1	铜陵	1
—	—	宣城	1
—	—	池州	1
项目数量合计			23

7.3.4　建设资金需求

(1)资金总需求测算。

全省共需要货运站场建设资金47亿元,其中国家公路运输枢纽城市需要建设资金29亿元。

(2)政府引导资金测算。

政府根据实际情况可适当安排引导资金。政府引导资金主要用于必备主要站务生产设施、辅助生产设施与智能系统设备的配置。

中央财政资金对每个区域性物流节点城市物流园区建设补助4000万元,对每个地方性物流节点城市物流园区补助3000万元。合肥是区域性物流节点,其他省辖市皆为地方性物流节点,由此全省23个项目共需中央财政引导资金72000万元。

参照周边省份站场建设投资管理办法,建议我省财政对纳入规划国家枢纽城市物流园区投入引导资金1200万元,对省级公路运输枢纽物流园区投入引导资金1000万元。全省23个项目共需省级财政引导资金25800万元。

政府引导资金占建设资金的20.3%,体现了政府的引导作用。站场项目政府引导资金可根据实际情况做相应调整,具体投入额度在中央、省年度计划中明确(表3)。

站场建设资金表　　表3

项目数量（个）	建设资金（万元）	中央引导资金（万元）	省财政引导资金（万元）	政府引导资金占建设资金比例
23	490000	72000	25800	20.0%

7.3.5　政策需求

国家层面由交通运输部下发了《投资补助物流园区项目管理试行办法》,明确了货运站场建设的补助政策,但其补范围较窄;安徽省人民政府也颁发了《关于加快交通运输基础设施建设的意见》,但其具体实施细则还未出台,政策效应未得到充分发挥,建议加强研究,将扶持政策落到实处。

7.4　小结

（1）在综合运输通道的框架下,结合城市的功能定位、作用、交通区位条件和经济社会发展水平,确定了我省道路货物运输网络,并在货运节点分类的基础上,明确了站场建设发展战略。此战略有以下特点。

①体现了保障性。贯彻了保障基本公共服务的布局思路,在覆盖了所有的省辖市、服务全省城乡区域的基础上,理清政府在不同层次、类型货运站场的不同作用,科学把握规划的数量及规模,重点保障每个区域至少拥有一个能有效发挥公共效益的货运站场。

②突出了重点性。充分考虑到各地区的差异,紧密结合社会经济发展现状,加大了省会城市、国家公路运输枢纽城市的覆盖密度,在具体项目优先支持综合物流服务功能的物流中心。

③强化了公用性。立足于全面提升货运行业发展,规划建设的项目均为面向社会开放的公用型货运站场,资金规模都在亿元以上,为广大货运经营主体提供开展业务的场所,有助于进一步推动道路货运集约化发展,提高道路运输的整体效率。

（2）全省共规划新建23个货运站,其中第一层级合肥规划新建3个货运站场;第二层级6个城市各规划新建1~2个货运站场,共11个;第三层级9个城市各规划新建1个货运站场,共9个。

（3）全省共需要货运站场建设资金47亿元,其中国家公路运输枢纽城市需要建设资金29亿元。中央财政引导资金72000万元,建议省级财政引导资金25800万元。

8　道路货物运输发展战略之——形成甩挂运输大网络

8.1　甩挂运输的概念及内涵

8.1.1　基本概念

甩挂运输是指牵引车拖挂车至目的地后,将挂车甩下,另外再牵引新的挂车驶往另一个目的地的运输方式。甩挂运输是在发达国家道路运输中广泛采用的一种先进的货运组织形式。其形式是指一部牵引车根据需要拖挂非特定的挂车所进行的运输,即挂车不一定是指某一部固定的挂车,而是指多辆可被该牵引车拖挂的挂车。如果把大吨位车辆、厢式车、集装箱的采用视为汽车运输发展史上运输设备的革新,甩挂运输则被认为是利用现有设备的一种科学而先进的汽车运输组织和管理形式。

8.1.2　技术经济特点

甩挂运输是大吨位货车发展的必然趋势,提高汽车货运效率的重要突破是提高车辆的燃油经济性和装载能力,而提高车辆的燃油经济性和装载能力最现实的措施就是使用大吨位货车。大吨位货车在满足上述两方面的需求上已经达到了较高水平,而继续提高汽车货运效率或运输经济效益则需要使用更先进的运输方式。

(1) 甩挂运输能够增加牵引车的有效工作时间。

甩挂运输的基本工作模式就是一辆牵引车按计划或根据调度指令分时段拖挂不同的挂车,从而提高牵引车的有效工作时间。对于许多货运企业而言,车辆实际工作时间内行驶时间低于或者基本等于货物的装卸时间和待装卸时间。在这种情况下,甩挂运输的应用使得2台或2台以上的挂车由同一台牵引车根据需要在不同时段牵引,这样既节约了牵引车的购置费用,又节约了牵引车的部分无效行驶费用。

(2) 甩挂运输能够减少驾驶员的雇佣数量并降低相关费用。

运输企业对大型拖挂车驾驶员的要求比较全面,如驾驶员技术、身体条件、工作态度、安全记录、违法记录等。随着社会对运输安全和运输服务质量要求的提高,驾驶员的条件也越来越严格,由此带来符合条件的驾驶员需求越来越大,驾驶员工资成本也逐步提高。甩挂运输的应用减少了驾驶员的雇佣数量,从而降低了企业内人员工资费用和与人员有关的其他支出,如社会保障、医疗保险和养老保险等。

(3)甩挂运输在提高相关运输工具的容积利用率的基础上,能够促进多式联运的发展。

甩挂运输的优势不仅表现在道路运输方面,在多式联运中的作用也非常显著。铁路运输的驼背运输和海路运输的滚装运输都必须以甩挂运输为基础。由牵引车将组装好的货物的挂车拖至铁路货场或港口,半挂车与牵引车分离,再吊装至铁路平车、船舶甲板或舱位上进行长途运输,到达目的站或目的港后,再由另一端的牵引车将半挂车运至堆场。这种运输组织形式明显地减少了汽车牵引车的占用,提高了铁路车辆和船舶的容积利用率和装卸效率。

8.2　我省甩挂运输需求的空间分布

8.2.1　社会经济空间布局情况

为了合理配置我省资金、技术、人才等要素资源,提高我省的区域整体竞争力,省政府陆续出台《省会经济圈规划》、《加快皖北地区发展的若干意见》等政策。此外,国家还批复下发了《中原经济区规划》、《皖江城市带承接产业转移示范区规划》,将我省皖北地区、皖江沿线城市发展进入了国家战略规划,这些规划的实施必将很大程度上影响了相互间的货运需求,是甩挂运输网络布局的一个重要影响因素。

(1) 皖江城市带承接产业转移示范区。

这是全国首个以“产业转移”为主题的区域规划,将打造以长江为轴、合肥和芜湖为双核、宣城和滁州为两翼的产业布局,包括合肥、马鞍山、芜湖、铜陵、安庆、池州、宣城、滁州等地市。目前皖江城市带逐步成为集聚产业、聚集资本、聚集人气、聚集政策的大平台，是我省最重要的一个经济发展引擎。

（2）中原经济区规划。

在我省出台《加快皖北地区发展的若干意见》之后，国务院正式批复了《中原经济区规划》，我省的宿州、亳州、淮北、阜阳、蚌埠五市及淮南的凤台县、潘集区被纳入了规划范围，与河南、山西、山东、河北等相关地市一起构建了主体功能区明确的重点开发区域，确定了“三化”协调发展是核心任务和主线。

（3）省会经济圈。

《安徽省会经济圈发展规划纲要》提出充分发挥省会合肥的政治、经济、科技、文化中心作用，带动六安和原巢湖地区的比较优势，在更大范围内优化配置资源，提高区域竞争力，规划范围包括合肥、六安、原巢湖市、淮南和桐城，重点围绕区域城镇体系建设、城乡统筹发展、提升产业竞争力、基础设施建设等方面开展工作。

8.2.2　省际货流的空间分布

（1）公路运输货物的流动方向。

与安徽发生联系最紧密的省份是浙江、江苏、上海，其次为山东、河北、湖北、湖南、江西、广东等中东部地区。以金属矿石为例，安徽省目前绝大部分的矿石（占总流出量的89.8%）流向了浙江和江苏两个省份。木材和水泥的情况也是如此。

（2）公路运输货物的运输种类。

出省运输货物中，非金属矿石、矿物建筑材料、煤炭、水泥的运输量仍然占主要的地位，其次盐、粮食、化工原料及制品、有色金属和化学肥料等货物占了相当大的比重，这在一定程度上体现出了安徽省在农产品和轻工产品方面突出发展的特点。我省与东部的运输联系以能源和基础建材为主，而与中部其他省份以及广东、福建和陕西等东南部和西部地区的联系则主要以日用工业品、轻工产品（化工原料、化学产品）和粮食、食品、盐类等附加值较高的产品为主。

（3）铁路运输运输情况。

煤炭、非金属矿石、钢铁、粮食、化肥及农药等轻工产品的货物运输量占到了铁路总体运输量的80%以上，主要流向长三角地区和江西、山东等中东部省份。

8.2.3　省内货流的空间分布

（1）运输生产情况（图3）。

2011年，我省完成道路货运量共计219467万吨，淮南、芜湖、蚌埠、合肥四市货运量较大，分别为26504万吨、24718万吨、24420万吨和20896万吨，四市货运量占全省货运总量的44%。

全省共完成道路货物周转量61232222万吨公里，芜湖（9766255万吨公里）、蚌埠（9578702万吨公里）、淮南（6516623万吨公里）、阜阳（6036053万吨公里）四市货物周转量较大，四市货物周转量占到全省货物周转量总量的52.1%。

（2）货物流量流向。

目前省内流动的前三类主要货物分别是矿建材料、煤炭及制品、水泥类等，其次是钢铁、

化工原料及制品、粮食、轻工医药产品、机械、设备、电器、化学肥料和农药、金属矿石、和农林牧渔业产品等（图 4）。

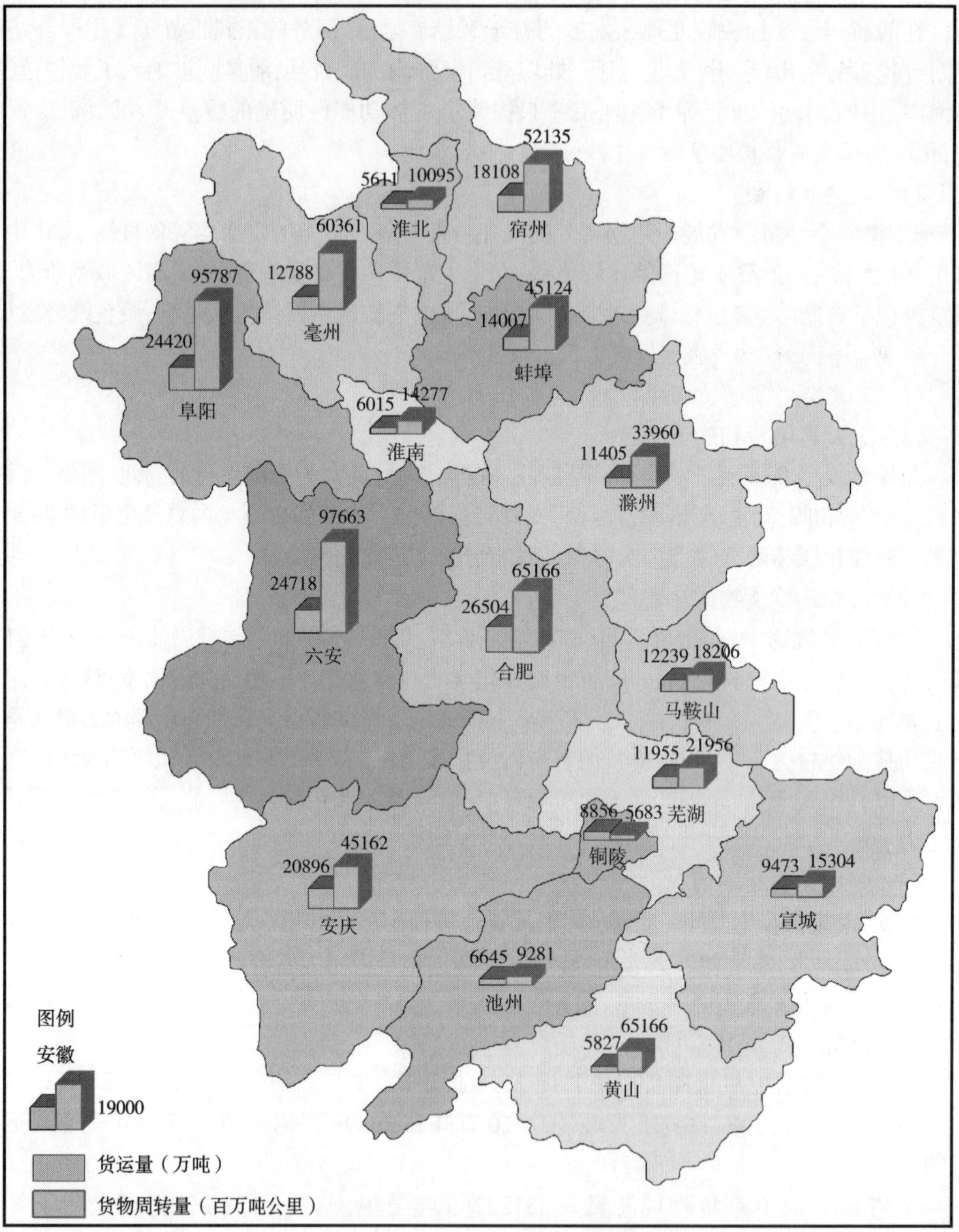

图 3　2011 年安徽省货物货运量及周转量分布情况

省内货物的主要流向是滁州、安庆，其次是合肥、亳州、铜陵、芜湖等地。滁州及安庆的在流入货物的运量方面明显超出了全省的水平。

省内的钢铁类货物主要流向了皖中运输区的省会合肥，化学肥料和农药和粮食则主要流向了皖南的芜湖市，统计显示省内运输货物中，83.8% 的煤炭流向了皖北（亳州市）。皖中地区主要流入的货物是化学肥料及农药、木材和轻工及医疗产品，这在一定程度上表明了皖中运输区目前的产业特点和分布情况。

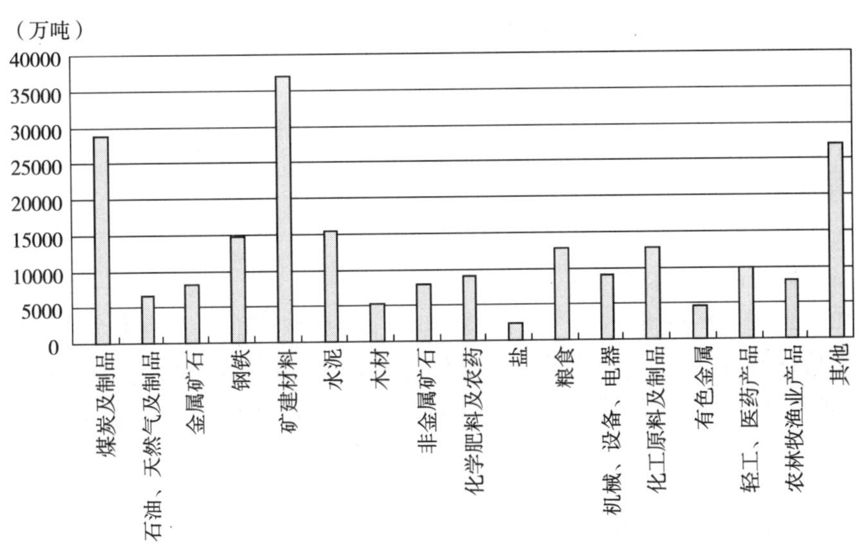

图 4　2011 年安徽省分货物种类货运量

8.3　甩挂运输的发展战略

8.3.1　发展思路

甩挂运输发展必须着眼于提高道路货物运输效率、促进道路运输行业节能减排和加快发展现代物流业，紧密结合我省道路运输通道和站场布局实际，将加快发展甩挂运输作为转变道路运输发展方式、优化经营结构的重要突破口，先行先试，不断提高技术装备、完善基础设施，加强企业合作，加快形成我省道路货物甩挂运输网络。

按照“培育甩挂市场、改进设施装备、探索运营模式、完善政策标准”的思路，遵循“政府引导、企业为主；行业组织、多方扶持；试点先行，循序渐进”的原则，通过政府资金补助，加快引导试点企业探索创新甩挂运输经营模式，尽快构建并完善道路货物甩挂运输网络。

8.3.2　我省道路货物甩挂运输网络

运输通道是甩挂运输网络发展的基础。甩挂运输网络在运输通道建设和规划布局的基础上，结合运输空间分布和城市的枢纽功能定位，确定我省道路货物甩挂运输布局为“1 核 8 线 3 网”，1 核为以合肥为核心，8 线为以合肥为节点的 7 条放射性甩挂运输通道和 1 条围绕皖江城市带的沿江甩挂运输通道。

线 1 为从淮北经蚌埠到合肥，为京沪运输大通道的一部分，也是我省确定“一纵”通道中的一部分；

线 2 为从亳州经阜阳、淮南到合肥；

线 3 为从南京经滁州到合肥；

线 4 为从黄山经宣城、芜湖到合肥；

线 5 为从黄山经铜陵、到合肥；

线 6 为从安庆到合肥；

线 7 为从六安到合肥；

线 8 为沿江的合肥、铜陵、芜湖、马鞍山，滁州等城市构成环形通道。

3 网中，一为皖江城市产业转移示范区甩挂运输网络；

二为省会经济圈甩挂运输网络；

三为中原经济区甩挂运输网络。

甩挂运输网络如附图 2 所示。

8.3.3　发展战略

（1）认真做好甩挂运输的试点工作。

认真做好企业和项目推荐申报工作。要加大甩挂运输的推广工作，按照部相关要求，在企业自愿申请的基础上，加强与发改部门的沟通协调，根据各自职能，共同组织符合条件的企业、项目向部申请甩挂运输试点，力争实现部试点企业达到 5 家。

认真审核项目实施方案。实施方案是投资补助计划的重要依据，要认真审核把关实施方案的科学性和可操作性，要通过试点工作，在甩挂运输的数量规模、设施设备、运营组织、经济效益和节能减排效果等方面，均取得显著进步。

（2）完善甩挂运输基础设施。

加快甩挂运输站场建设。我省货运站场建设总体布局落后，难以满足甩挂运输的发展需要。加快运输站场建设是开展甩挂运输的条件。要依托我省运输通道建设，引导企业新建或改造满足甩挂运输作业的货运站场，加快建设甩挂运输站场。要积极争取省财政专项资金和国家补助资金 1 : 1 配套投入，将甩挂运输作业站场列入建设性专项进行扶持和奖励，积极形成“1 核 8 线 3 网”甩挂运输格局。

提高运输装备水平。加快推广甩挂运输推荐车型，推进甩挂运输的车辆的多轴化和重型化；鼓励企业根据自身实际情况，在对车辆经济性、技术性进行充分评估的基础上，加快车辆更新改造，切实解决车辆“挂不上、拖不了、甩不下”的现象。

（3）积极打造甩挂运输品牌。

甩挂运输时组织化、网络化程度较高的运输方式，要求运输企业具备相应的规模和现代化管理能力。

引导建立 1 个联盟。以中部六省运输联系会议制度为平台，适时引导企业建立一个甩挂运输联盟，引导运输企业加强合作，共享运输资源，加强物流资源有效整合，推进集约化经营。

培育 5 家具有品牌效应的甩挂运输企业。强化政策和经济调节，形成有利于企业做大做强的环境和条件，促进甩挂运输资源向服务质量好、市场信誉度高、竞争力强的企业集中，为开展甩挂运输创造条件。

打造 50 条精品路线。参照客运班线、公交的创建模式，以“微笑服务、温馨交通”为指引，通过完善基础、统一标准、创新模式、提升服务等一系列措施，打造全国知名的 50 条精品甩挂运输线路。

（4）提高甩挂运输发展水平。

提高信息化应用水平。健全的信息系统是甩挂运输运营组织的关键环节，在试点企业和试点项目中，必须明确试点项目信息化发展目标，加快建成涵盖车辆管理、指挥调度、跟踪查询、订单处理、装卸管理等的信息平台。我省要加强信息资源整合，构建规范化的甩挂运输平台，合理调配整合甩挂运输资源，提高运输效率和资源利用率。

推进甩挂运输标准化工作。不同企业所使用的甩挂运输车辆标准不统一，装卸设备也各有差异，信息数据缺乏规范，影响了甩挂运输的整体发展。目前，交通运输部正在抓紧制定甩挂运输的几个关键技术标准，我省在做好衔接标准的同时，结合我省发展实际，尽快制定相关作业标准。

创新甩挂运输发展模式。积极与相关科研院所合作，积极探索适合不同区域、不同货类的甩挂运输组织模式、运营模式和管理模式；及时总结各地先进经验，并加以推广应用；紧密衔接省会经济圈、皖江城市带、中原经济区等规划，不断创新甩挂运输发展模式，为社会经济发展提供运输保障。

（5）创造甩挂运输良好的发展环境。

拓宽政策渠道。目前甩挂运输的发展政策主要来自于国家部委，要继续努力争取地方政府的支持，积极拓宽政策渠道，逐步形成支持甩挂运输发展的长效机制和适合甩挂运输发展的政策环境。要加强与当地有关部门的沟通协调，形成工作合力。在试点企业甩挂运输车辆更新、站场及信息系统建设等方面，给予投资和政策支持。

积极落实部文件精神。要按照部有关文件精神，落实甩挂运输车辆通行费优惠政策。要加强对甩挂运输试点企业的跟踪指导，帮助落实扶持政策，解决企业发展甩挂运输过程中遇到的困难和实际问题，定期汇总上报试点工作的进展情况。在推进既有试点项目的同时，大力培育和发展新的甩挂运输试点企业。各地在部开展试点工作的基础上，要结合本地区的实际情况，积极开展省市级的甩挂运输试点工作，逐步促进甩挂运输的全面推广。

8.3.4 政策支撑

就国家层面而言，无论在节能减排划拨资金，还是在促进先进物流组织方式等方面上，甩挂运输都已经得到高度的重视，先后推出了多项政策文件。国务院《关于进一步加强节油节电工作的通知》和《物流业调整和振兴规划》对发展甩挂运输提出了明确要求；交通运输部和国家发改委等五部委联合印发的《关于促进甩挂运输发展的通知》则明确提出要开展甩挂运输试点，交通运输部制定了《甩挂运输试点工作实施方案》。我省地方政府更多是从贯彻落实国家的政策文件出发，暂没有出台有针对性的支持政策。

8.4 小结

（1）国家层面高度重视甩挂运输的发展，发展甩挂运输对于促进节能减排，提高道路运输效率、降低运输成本、促进节能减排，具有显著的经济效益和社会效益。

（2）现阶段我省的不少运输企业具备了一定的实力和管理水平，具有了充足的货源、稳定的运行线路和较为完善的运输网络，客观上具备了发展甩挂运输的条件。

（3）发展甩挂运输要遵循“政府引导、企业为主；行业组织、多方扶持；试点先行、循序渐进”的原则，注重引导和鼓励试点企业开展甩挂运输的主动性和创新性。

（4）现阶段发展甩挂运输必须结合我省的运输通道网，以道路运输站场为基础，以重点企业为主体，认真做好甩挂运输试点、完善基础设施、打造运输品牌、创造发展环境等工作。

（5）国家层面上的政策体系基本完备，我省在加快落实好国家政策的同时，认真研究适合我省的发展政策，形成政策合力。

9　道路货运发展战略之三——推进城市配送大整合

9.1　城市配送的概念及内涵

9.1.1　配送的概念

配送是指在经济合理区域范围内，根据客户要求，对物品进行整货和理货作业，并通过仓储、加工、运输等环节，按时送达指定地点的物流活动。一般来说，配送是根据用户的要求，在物流节点内进行分拣、配货等工作，并将配好的货物在指定的时间交给收货人的过程。

配送是物流中一种特殊的、综合的活动形式，而不仅仅是物流活动末端的运输业务，它是商流与物流紧密结合，包含了商流活动和物流活动，也包含了物流中若干功能要素的一种形式。

9.1.2　城市配送的概念及组成

城市配送是指在城市范围内，通过一定的联系和规划，由多个既相互区别又相互联系的子系统，根据用户的要求形成城市末端物流集成化和规模化运作职能，从而构成的有机整体，同时涵盖城市配送的相关信息系统、政策平台。也可以表示为在城市范围内，所有的配送子系统的集合。一般而言，城市配送具有以下特征：一是服务于城市末端的物流活动；二是一个有机的整体，是经过一定的规划制定出来的；三是一个开放的、动态的、复杂的系统，并且包含多个既相互影响，又相互独立的子系统；四是相对于一般的物流系统，城市配送体系的规划和运作中受到如城市政策、交通管制、道路交通等更多因素的限制。

城市配送体系由城市配送网络、配送运营、配送管理、城市信息等多个子系统组成，各个相互独立的子系统通过组织协调、沟通连接、仓储配送等环节，完成一定的城市配送任务。

9.1.3　城市物流配送的业务流程

城市配送的业务流程一般包括订单处理、拣货作业、分货作业、配送作业和退货作业等环节，几乎涉及了物流的所有基本要素。但是，并不是所有的配送都一定需要这些作业，用户的要求不同、配送的客体不同，作业内容也会有所取舍。另外，配送一般有一个集货过程，即把分散的货物集中起来，以便进行其他作业。具体流程如图5所示。

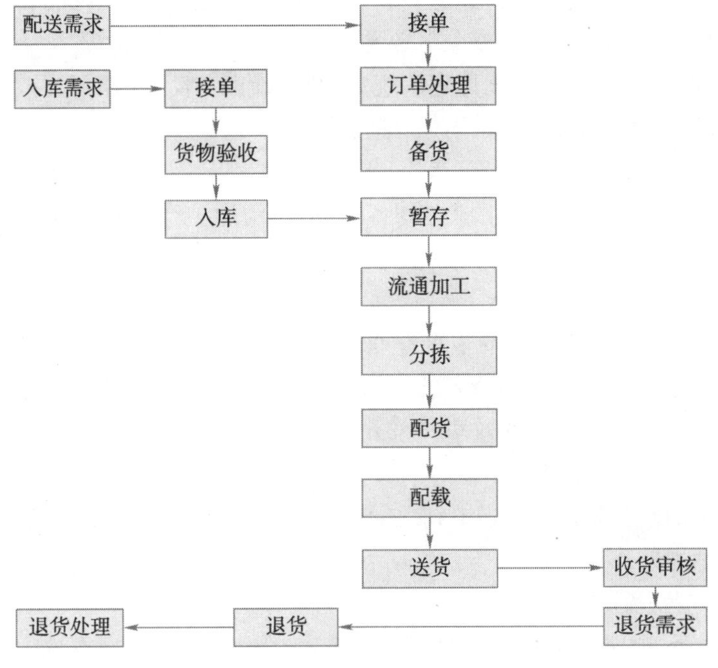

图5　城市配送的作业流程图

9.2　城市配送的分类及政府定位

9.2.1　城市物流配送的分类

城市物流配送按照不同的分类标准，可分为不同的类别。按组织形式可将城市物流配送分为自营配送、协同配送、综合配送、外包配送。其中：①自营配送，是指企业物流配送的各个环节由企业自身筹建并组织管理，实现对企业内部及外部货物配送的模式。②协同配送，是指在城市里，为使物流合理化，在几个有定期运货需求的合作下，由一个载货汽车运输业者，使用一个运输系统进行的配送，即把过去按不同货主、不同商品分别进行的配送，改为不区分货主和商品集中运货的"货物及配送的集约化"配送。③外包配送，也就是社会化、专业化的物流配送模式，通过为一定市场范围的企业提供物流配送服务而获取盈利和自我发展的物流配送组织形式。④综合配送，是指企业以供应链管理为指导思想，全面系统地优化和整合企业内外部物流资源、物流业务流程和管理流程，对生产、流通过程中的各种环节实现全方位综合配送，充分提高产品在制造、流通过程的时空效应，并为此而形成的高效运行的物流配送模式。

以时间节点来划分，可将城市配送分为日间配送和夜间配送。日间配送的特点表现在由于占用城市道路资源，容易造成交通拥堵，所受的限制较多，比如道路通行限行、车辆无法停靠及卸货区不足等问题。而夜间配送则基本可以避免以上问题。

以服务对象划分，可将城市配送分为点对点配送和社会化配送。所谓点对点配送是指，配送服务所面向的客户是固定的，配送线路也相对固定，如专门为超市提供的配送服务。而社会化的配送是指配送服务所面向的对象是不固定的，广泛的。社会化物流配送的优越性是多方面的：一是服务对象多，流通渠道多，可以形成规模流通，收到规模效益。二是实行社会化可以优化物流设施资源配置，减少不必要的投资。

鉴于在白天时间节点内社会化配送系统更加复杂，也更需要政府的引导作用，本报告将重点关注此类配送业务的规范化、科学化、集约化发展。

9.2.2　城市配送体系的功能

城市配送体系起着衔接城市供应链的各个环节，沟通生产者、分销商和消费者的作用，具体来说，其功能主要包括以下几点：

（1）推行城市物流作业合理化。

城市配送体系作为物流活动的末端作业，具有业务量大、运输作业频繁、对无误的要求质量高等特点，是连接生产者和消费者的最后环节。发展城市配送体系，可以有效地连接供应商和消费者，提高整个供应链的效率和服务水平。

（2）完善运输和物流系统。

有效地对城市配送物资进行集中和统筹作业，合理配送节点，安排配送计划，起到整合资源、优化交通运力的作用。

（3）提高末端物流的效益。

通过集中管理、规模采购降低企业的运作成本，在集中和统筹运作配送物资的基础上，对配送对象进行进一步的规划，协调配送系统中的各方面关系，平衡和调整配送时间，缓解城市运输压力。

（4）简化事务，方便用户。

有效地整合配送的各个环节，编制合理的运作计划。通过组织协调达到满足客户不同需求的目的。

（5）整合城市物流资源。

通过对城市物流基础设施和道路的合理规划和利用，达到降低城市内部运输成本、节约运输资源的目的，从而提高城市和企业的竞争力。

9.2.3　政府在城市物流配送发展中的作用

由于物流基础设施的公共性特征以及物流活动的外部性，在城市配送的发展中引入政府的作用是非常有必要的。基础设施、市场环境和交通运输管理构成了城市配送发展的三大关键要素。在不同的要素中，政府作用发挥的侧重点不同。

（1）基础设施方面，政府起到统筹规划建设的作用。

完善的物流基础设施是城市配送发展的要求，对提高配送效率、降低配送成本、改善配送条件、保证配送质量具有举足轻重的作用。只有通过完善物流基础设施才能为城市物流配送的发展提供基础，但是，物流基础设施，如交通基础设施、公共仓库、公用型物流园区、公共物流信息平台等多属公共产品，不但投资大、回收期长、自身效益低、风险高，而且具有非排他性和非竞争性，使一般营利组织，特别是私人企业因为得不到应有的投资收益而不愿意建设或无能为力，这些公共产品的供给和消费不是市场机制所能合理调节的。在“市场失效”状态下，需要政府部门、公共部门的介入，把城市配送发展规划纳入经济社会发展的总体规划，采取有力措施，提供公共性的物流基础设施，立足于城市规划的层面对城市路网、配送中心和货运站以及城市主要功能区的配送终端收发货衔接设施进行统一规划，为城市配送的发展提供支持和保障。

（2）市场环境方面，政府的作用体现在为城市配送的发展创造公平竞争的市场环境。

由于城市物流配送市场中的供给主体差异大、数量多，造成配送企业间的竞争不断加剧；加之配送市场中的黑车运营与配送公司间的不规范竞争，致使矛盾逐渐凸显。不规范的竞争与不公平的竞争扰乱了整个配送市场秩序，阻碍了城市物流配送市场的健康发展。

城市物流配送业要健康发展、公平竞争，就离不开政策法规的制约和指导，这些政策和法规的制定理应由政府来完成。政府应根据物流业发展的客观规律、国外的先进经验和我省的具体情况，研究制定促进城市配送发展的政策措施，完善市场规则，维护市场秩序，规范经营行为，监督市场运行，维护公平竞争，为城市配送的发展营造良好的市场环境。

（3）交通运输管理方面，政府起到制定相关标准及政策、引导和扶持行业发展的作用。

目前，通行难是摆在物流配送企业面前的首要问题，通行证有限，加之限时、交通管制等因素，货运车辆通行困难。在这种情况下，政府的作用则体现在为配送车辆提供路权、开辟专门的城市配送通道，并积极推广应用射频识别（RFID）、全球定位系统（GPS）、地理信息系统（GIS）等先进技术，建立物流跟踪体系，以保障货物的安全、准时、保质保量地送达，提高配送效率，促进城市配送的发展。

物流标准体系建设是物流规范化、高效化的基础条件，这一体系的构建同样也只能由站在公正立场、立足物流业健康发展的政府来承担。政府应在科研机构和社团组织的协助下，尽快构建物流业带有共性的物流技术标准和服务规范标准，如物流企业对客户反应速度和配送速度标准；在物流运作过程中货损、丢失等赔偿标准；按业务范围与营业规模划分的企业分级标准；城市物流运输车辆的分级标准与行驶、停靠限制规定，以及城市配送车辆的形象、标识、运价统一标准；物流辅助工具、托盘、容器、设备的规格标准；物流行业统计标准；专业物流行业标准，如冷链物流行业标准、钢铁物流行业标准等。在统一标准基础上不断改进完善物流设施及装备，实现配送活动合理化，提高城市配送服务的质量与效率。同时，要积极制定配套优惠政策，推进物流体系的标准化、信息化建设，促进运输工具的标准化。

9.3 城市配送的发展战略

9.3.1 发展思路

城市配送系统应当保障城市正常运行和人民群众生产、生活需要，缓解道路交通压力，实行夜运为主、昼运为辅的方式。整体思路为以车辆设施、服务技术等标准为基础，以路权、规划和资金等政策为引导手段，在每个城市扶持若干个示范性的城市配送企业，形成以示范性企业为引领，其他企业为补充的配送体系，推进城市配送体系集约化、专业化、可持续化发展。

城市配送体系发展整体原则为“总量控制、分类管理、标准引领、鼓励先进”。总量控制，是指要根据城市规模、空间分布和经济发展状况科学核定配送企业及车辆数量，实行集约化管理。分类管理,是指对不同类别城市配送系统实行有差异性的管理政策。标准引领,是指要制定配送车辆的车型、标识及运营规范等物流技术标准,规范城市配送市场。鼓励先进,是指重点扶持规模较大、设施设备先进、专业化程度高的第三方运输企业。

9.3.2　战略重点

(1)科学确定示范引领企业。

示范引领企业是城市配送的骨干力量,不仅要满足绝大部分的城市配送需求,也要发挥其市场的引领作用,促进现代物流业的发展,降低社会流通成本。

明确示范企业条件。深入研究示范企业条件及其在城市配送中所起的作用,制定城市配送示范企业认定或招标办法,在规划、路权、资金等扶持政策的引导下,明确示范企业必须满足设施设备、服务标准、信息技术等方面的要求,形成城市配送企业品牌。

确定示范企业规模。城市配送具有较强的外部性,过多的市场主体将导致"竞争无效率"的现象产生,这在我国社会主义市场经济体系不够完善的时期表现得更为突出。由此,参照城市公交及其他省份的管理经验,建议城市配送企业以3~6家为宜。

确定示范企业配送车辆规模。车辆数量与城市规模、经济发展水平和空间格局密切相关。数量太多不仅将影响行业的发展效率,对城市道路资源也是很大的浪费,形成了新的拥堵来源;数量太少则既不能满足社会需求,也不能发挥其引领市场作用。受市场需求及外界环境因素的影响,准确地测算车辆规模是非常困难的,在实际操作中可以先根据测算的低值投入城市配送车辆,再根据车辆的工作效率指标及与社会的适应度,逐步加大车辆规模。

(2)制定完善配送标准体系。

制定车型及相关设施标识标准。立足于城市道路交通条件及其未来发展趋势,以满足城市的大型购物中心、大型综合超市、连锁便利店及居民生活区等配送需求为依据,做好车型及标识的推荐工作。从各种配送设施设备的有效衔接角度出发,做好车辆与装卸、包装等设备的衔接标准。本着"安全、高效、节能、环保、美观"的原则,构建规模适当、结构合理、外观趋于统一的配送车辆系统。加强物流技术装备的研发与生产,鼓励企业采用仓储运输、装卸搬运、分拣包装、条码印刷等专用物流技术装备。

制定运营服务标准。根据不同城市规模及城市配送产品类别,制定服务时限、计量以及价格核算标准,增强配送系统的透明度。加快研究包装、仓储、装卸、运输等各类作业标准,促进配送服务的标准化、规范化。

制定物流技术标准。围绕现代物流技术标准化发展,加快制定适合城市配送体系物流信息技术标准。大力推广集装技术和单元化装载技术,推行托盘化单元装载运输方式。完善并推广物品编码体系,广泛应用条形码、智能标签、无线射频识别(RFID)等自动识别、标识技术以及电子数据交换(EDI)技术,发展可视化技术、货物跟踪技术和货物快速分拣技术,加大对RFID和移动物流信息服务技术、标准的研发和应用的投入,并积极加以推广应用。

(3)加强交通组织管理。

加强车辆运输管理。城市道路是稀缺资源,城市配送系统必须服从城市交通的总体规划及管理,在满足社会经济发展需求的同时,尽量减轻城市配送对城市整体交通的负面影响,缓解城市交通压力。充分考虑城市的道路交通承载能力和城市配送要求,通过加强城市配送车辆运输、停靠和装卸的管理,科学地引导城市配送交通流和其他交通流在时间上的合理分配,为城市配送车辆的高效率运行提供良好的交通资源和运输环境。

适度给予道路通行扶持政策。充分发挥好通行政策对城市配送系统优化资源的政策作用,对不同时间段、不同性质企业实行区别化的通行管理政策,总体而言是“白天管理紧、夜晚管理相对放宽,示范企业管理适当倾斜”的原则。示范企业配送车辆由运管及交警部门审核后,统一颁发证件和标识,适度给予通行、停靠等方面的优惠政策。

(4)完善城市配送网络。

分层推进配送节点建设。第一层次为在综合型物流园区中设立配送区域,是城内、外集散和中转的中心,政府要从规划、土地、资金等方面对其建设加以支持。第二层次在城区设立若干配送节点,政府在其中主要起规划作用,并对其进行交通影响评价,其建设由企业根据市场需求自主建设。第三层次为大型商场、超市设立或联合配送企业设立的装卸点或临时仓储中心,政府对其进行交通影响评价。

加快配送通道建设。依托城市快速路、主干道以及城市支路等路网,加快研究道路基础设施网络与运输服务网络的融合及衔接,构建通畅快捷的城市配送网络体系。

(5)创新城市配送模式。

推进城市共同配送。在不改变企业运营模式和相关资源产权的基础上,鼓励有条件的重点物流企业建立合作关系,推动城市配送共同化、智能化、规模化、集约化发展。

支持电子商务企业与第三方物流合作,建立快速补货和区域调拨系统,构建低成本、广覆盖的系统化配送网络,满足网络购物快速发展的要求。鼓励购物网站、快递企业等与便利店开展合作,为客户提供全天候包裹快件的收寄服务,开展配送储物柜设立试点,逐步实现城市末端配送社会化,不断提高电子商务配送的满意程度。

规范发展涉及城市安全的专业配送。提升涉及公共安全和生活安全的危险化学品、食品冷链、医药等物流配送水平,构建供销配运一体、全过程安全可控的配送体系。

推动发展城市应急配送。以示范配送企业为骨干,完善物资供应应急预案,构筑与城市常态物流紧密结合的、无缝连接的应急配送网络,提高应对自然灾害、公共卫生事件、重大事故等突发事件的物资保障能力。

9.3.3 效果评价

(1)体现了政府引导的理念。

坚持政策扶持引导,典型示范带路的原则,充分注重发挥示范企业带动作用,以点带面,全面提升城市配送体系发展,既体现了行业做大扶强的战略要求,又体现了市场配置资源的基本原则,同时发挥了政府和市场“两只手”的作用。

(2)体现了现代物流的理念。

通过设施设备、运营服务和外观标识等标准体系的建立,鼓励企业实施配送标准化运营,有助于改变城市配送体系粗放式发展的现状,进一步提高城市配送的效率,促进现代物流业发展。

(3)体现了服务社会经济的理念。

城市配送体系充分考虑到了电子商务、连锁经营等新兴业态及专业配送和应急配送等配送方式,加强了配送资源的整合及利用,有助于城市正常运转,提升了城市突发性事件的运输保障能力,并对发展现代化流通产业、扩大居民消费起到重要的作用。

9.3.4　政策支撑

(1)已有的政策体系。

城市配送体系的扶持措施主要体现在促进物流业发展政策的相关条款中。国务院出台的《物流业调整和振兴规划》将城市配送工程列为九大工程之一,并明确提出要"解决城市快递、配送车辆进程通行、停靠和装卸作业问题,完善城市物流配送网络"。安徽省人民政府出台的《关于加快发展交通运输业的若干意见》和安徽交通运输厅、发改委等多部门出台的《关于印发扶持交通运输业做大做强相关政策措施的通知》中针对城市配送企业提出了"为城市配送车辆在专业市场、商场等市内商业网点停靠提供便利"的政策措施,并在土地、资金、科技等方面加以政策扶持。省政府《关于加快交通运输基础设施建设的意见》中提出了物流配送中心建设的收费减免优惠和资金补贴政策。

(2)待研究的政策体系。

目前,宏观上支持城市配送发展的政策体系已经基本确立,下一步实施的关键是细化政策措施,主要有以下几方面内容。

①示范企业的招标办法或认定办法。明确企业的数量规模、设施设备条件及运营要求等内容。

②城市配送车辆通行政策管理办法。明确车辆在各时间段、各路段中的路权分配。

③物流技术及服务标准。推广或制定城市配送的技术及服务标准。

9.4　小结

(1)我省的城市配送仍然处于粗放式发展阶段,服务质量不尽如人意,配送成本也存在较大的下降空间。加强城市配送体系研究,提升城市配送能力,促进现代物流业发展,有着重要的意义。

(2)在市场发展的初级阶段,同时注重发挥政府和市场"两只手"的作用,加快实施示范企业确定、标准体系建设、交通组织管理、配送网络完善、配送模式创新等五大战略重点,有助于在现阶段加快形成货畅其流的配送体系,效果明显。

(3)宏观上的政策体系基本完备,加快落实好政策,发挥好政策效应,是下一步工作的关键。

10　道路货运发展战略之四——构建运输大联盟

10.1　运输联盟概念及内涵

10.1.1　企业联盟的概念及内涵

联盟这一概念最早是由美国DEC公司总裁简·霍普兰德和管理学家罗杰 · 奈杰尔提出来的。它是指两个或两个以上独立经营的企业组织在某个时期内出于对整体市场的预期和企业自身经营目标、经营风险的考虑，为达到共创市场、共担风险、共享利益等战略目标，通过签订协议、契约等方式结成的优势互补、风险共担、要素水平双向或多向流动的松散型网络组织。

联盟的核心是双方通过共享技术、技能等资源以提高双方竞争战略的效率而形成的合作关系。联盟体现了协同效应，它可以通过资源共享、技术互补、信息交流、市场配合，形成竞争合力。也就是说，具有不同经营优势的两个或两个以上的企业，通过组建联盟，可以将各项优势结合在一起，从而充分发挥集体效应，保证联盟的目标实现。

企业联盟，主要是指中小企业为弥补其由于资源不足引发的劣势，为形成优势互补、共同对抗的合作关系，而建立的企业联盟。资源相对短缺是中小企业在发展当中遇到的主要约束，使其处于不利的竞争地位。而建立中小企业联盟是克服中小企业资源不足、提高竞争力有效途径。

中小企业联盟能在短时间内低成本地整合较多的资源，共同为客户提供服务。它既可以像企业并购一样，迅速地形成一定规模，满足客户一体化、多样化的业务需求，达到快速进入市场、实现企业间优势互补的目的；同时由于联盟各方仍旧保持着原有企业的经营独立性，又避免了企业组织过大的组织失灵以及企业之间的文化冲突。因此，中小企业联盟是现阶段中小道路货运企业首选的成长模式。

10.1.2 企业联盟的特征

联盟是现代企业组织制度模式的一种创新，与传统金字塔式的企业组织模式相比较，它具有四大显著特征：

（1）边界模糊。

传统的企业组织均具有明确的层级和边界，而联盟则是企业之间以一定契约联结起来对资源进行优化配置的一种组织形式。它一般是由具有共同利益关系的企业突破行业界限而组成的企业联合体，企业界限明显趋于模糊。

（2）关联松散。

企业联盟主要是以契约形式联结而成的，合作各方之间的关系十分松散。它不像传统企业组织那样主要通过行政方式进行协调，也不是通过纯粹的市场机制进行协调，而是兼具了市场机制与行政管理的特点，合作各方主要是通过协商方式解决各种问题。

（3）集散灵活。

一方面，由于联盟主要是以契约方式构建而成，所需时间较短，组建过程也十分简单。当外部环境的变化显现发展机会时，企业联盟可迅速组成并发挥作用。另一方面，由于联盟合作各方关系十分松散，联盟存续的时间又短，解散十分方便。当外部环境发生变异、联盟不适应于变化的环境时，可迅速将其解散。

（4）运作高效。

由于联盟各方都是以各自的核心资源进行联合协作，在当今分工日益深化的社会经济背景下，企业联盟的实力是单个企业无法比拟的，它可以综合各方面的资源优势来完成单个企业难以胜任的各项经营任务，具有提升企业竞争力、分担风险、防止过度竞争、扩张市场以及获得规模经济和范围经济效应等高效功能。

10.1.3　企业联盟的理论解释

由于联盟重要性的日益增长，研究联盟的理论层出不穷，其中主要有：战略缺口理论、价值链理论、资源基础理论、交易成本理论、知识与组织学习理论等。

（1）战略缺口假说的解释。

泰吉（T.Tyebjee）和奥斯兰（GE.OSland）等人认为，企业在审视竞争环境和评价自身竞争力及资源时，经常发现在竞争环境客观要求它们取得的绩效目标与它们依靠自身资源和能力所能达到的目标之间存在一个战略缺口。战略缺口在不同程度上限制了企业走一切依靠自身资源和能力自我发展的道路，在客观上要求它们走合作的道路。通过企业联盟实现联盟伙伴间的资源互补，可以弥补企业的战略缺口，提升企业的资源和能力，实现企业所需取得的战略绩效目标。因此，战略缺口是推动企业在市场竞争中结成联盟的重要动力。

（2）资源基础理论的解释。

以沃纳菲尔特（B.Wenerfelt）、格兰特（R.M.Gromt）等学者为代表提出的资源基础理论认为各个厂商的资源具有极大的差异性，而且不能完全自由流动。企业所拥有资源的异质性不仅是竞争优势的来源，同时也是获得经济租金，或者高于正常水平收益的来源。企业通过联盟接近其他企业资源的战略，目的是为了获得难以获得的竞争优势和企业的价值。企业参与联盟的目的有两个：一是得到其他公司的资源；二是维护自己有价值的资源。

（3）交易成本理论的解释。

按照交易成本理论的观点，联盟是一种新的制度安排，是介于市场和企业中间的组织形式，它通过建立较为稳固的合作伙伴关系，稳定双方交易、减少签约费用并降低履约风险，顺应了企业节约市场交易成本的需要。

（4）知识与组织学习理论的解释。

该理论认为，联盟是促进知识传递特别是经验型知识及隐性知识的有效途径，企业可以通过与战略伙伴合作、缔结联盟的方式，创造一个便于知识分享、移动的宽松环境，通过人员交流、技术分享等方法将经验型知识有效地传递给联盟各方，进而扩充乃至更新企业的核心能力。联盟的重要性和意义在于：通过联盟伙伴间的“相互学习”、“产业间外溢”等作用，企业能够不断提高或增强竞争优势，改善企业整体经营效率。

10.2　运输联盟促进组织结构优化的路径分析

当今运输行业的组织结构表象为“多、小、散、弱”，虽然业界对其为运输行业的技术特点或为弱点存在争议，但加快企业做大做强、促进运输行业集约化发展却是共识。

10.2.1　路径分析

优化运输组织结构有以下两条路径。

（1）扶持企业做大做强。

主要关注对象是重点企业，强调扶优、扶强、扶大，核心思想是示范引领，做强拳头。通过引导重点企业健全成长机制、推进重点企业升级、优化运输发展环境等政策措施，促进市场资源向重点企业集中，扶持企业做大做强，进而形成重点企业为主导、中小企业为补充的组织结构。

从“十五”时期开始，道路运输行业逐步实施运输结构调整，并逐步将扶持企业做大做强作为调整组织结构的重点，在实际操作中取得了较明显的成绩。但此路径在现阶段的道路运输行业中也存在一定的局限性。

（2）加快形成运输联盟。

主要关注的对象是中小企业和个体户，强调的是合作、共赢、发展，核心思想是“抱团取暖，做长短板”。通过共同采购、资源共享、技术互补、信息交流、市场配合等政策措施，在保障中小企业及个体户相对独立的同时，发挥了抱团优势，进而促进整个行业的发展。

企业联盟在道路运输行业的应用刚刚起步，主要在一些甩挂运输、小件快运和大件运输等专业运输上得以推广。从发达国家的经验来看，运输联盟模式有很大的发展空间，必须认真加以研究。

10.2.2 路径比较

企业做大做强和运输联盟都是运输组织结构优化的重要形式，具有许多相似之处，比如：①实行规模经济；②分担风险；③共享资源；④核心能力互补。它们的区别也比较明显，如：①运输联盟更强调合作而非合并，是松散型的组织结构；②运输联盟的发展门槛更低，可以更快达到预期效果；③运输联盟组织更松散，增加发展的不确定性，更容易由于缺乏较强的义务约束而瓦解。

扶持企业做大做强和加快形成运输联盟从不同的角度优化道路运输组织结构，均起到了重要的作用，因此，应当同时发挥各自的作用，促进道路运输组织结构优化升级。由于对扶持企业做大做强的相关研究和实践均比较丰富，政府层面也出台许多相关的扶持政策，本报告对此不作过多赘述，而将研究的重点放在构建运输联盟上。

10.3 运输企业联盟的可行性

截至 2011 年年底，全国货运企业有 7224422 户，其中个体户 6522820 户、5 辆及以下货运企业 542222 户、5~9 辆货运企业 93884 户，分别占业户总数的 90.3%、7.5%、1.3%。安徽省货运企业有 165279 户，其中个体户 149178 户、5 辆及以下货运企业 6698 户、5~9 辆货运企业 5268 户，分别占业户总数的 90.3%、4.1%、3.2%，占车辆总数的 29.0%、3.9%、7.2%。中小企业及个体户占整体货运市场的比例较大。

但是与其庞大的总量相比，相对来说中小企业竞争力较弱，市场范围较小，抵抗风险的能力较低，从而形成了目前货运市场多小散弱的局面，整个货运行业流动性大，发展水平较低。那么当前的中小物流企业是否有必要发展联盟？发展联盟又是否可行呢？

联盟是一个复杂的系统，在其组建和发展的过程中受众多因素的影响。只有在各方面条件可行的情况下，中小企业才能实现联盟的成功组建和有效运作。以下主要从信息技术、竞争力、经济效益、管理体制与水平四个方面考察中小企业发展联盟的可行性。

10.3.1 信息技术方面

信息沟通是联盟生存和运行的基础。中小货运企业联盟在各企业之间快速传递信息，大量信息能够同时被共享。网络经济的发展、互联网的广泛应用使得中小货运企业联盟在信息技术上可行。

10.3.2　经济效益方面

由于关系松散、集散灵活，联盟本身就可以看作成一个为实现共同利益而组成的企业集合体。只有各方面有利可图，中小货运企业才有可能发展联盟。联盟作为一个整体可以降低企业运输成本，通过保险公司、石化企业、餐饮企业等的集团化服务，实现个体难以实现的价格优势。

中小货运企业通过联盟内的资源组合，向顾客提供定制的个性化的物流服务，完成其中任何单个企业难以完成的一体化服务，扩大市场份额，导致物流企业收入增加。

10.3.3　联盟提高自身竞争力

国际知名物流企业不断调整自己的战略，布局设点，加快扩张步伐，全面进入我国货运物流市场；国内大型物流企业加速重组改制和业务转型，发挥自己的优势和专长抢占市场，不断扩大市场份额。建立联盟，有助于中小货运企业之间取长补短，抢占某区域或者中低端客户，有效应对严峻的市场考验。

10.3.4　管理体制和管理水平方面

联盟要求企业进行自主灵活经营。经过 20 多年的改革，我国企业已经逐步建立了或正在建立产权明晰、责权分明、政企分开、管理科学的现代企业制度。联盟可以依托行业协会作为监管，利用现代企业管理手段由第三方管理机构操作。此外，其他中小企业管理体制的不断改革和完善，企业内部管理水平也在不断提高。一些管理先进的中小货运企业，已经开展业务上的联合，为发展联盟打下了基础。

通过以上分析可以得出，在现阶段，我国中小货运企业发展联盟是可行的。联盟对于疲于应付激烈的竞争市场、逐步攀升的运输成本的、不稳定的市场需求的中小企业来说，是一个不错的选择。我国中小货运企业应着眼于当前形势，根据企业发展的需要组建联盟，通过联盟壮大自身实力，整合现有资源，提高企业竞争力，才能够摆脱弱小的现状，不断成长走向强大。

开放的货运市场一直在探索着合作之路，但是任何新生事物的发展都不是一蹴而就的。2002 年年底至今，主要是各地的中小型货运企业相互之间的一种特约联盟合作。相互之间没有费用上的往来，有的只是相互间的业务合作。这应该算是一种比较实际的合作关系，但是由于相互之间的合作仅仅只是建立在业务上的，内部没有达成一种比较好的相互约束的管理模式，造成了服务上的不统一。因此这种所谓的业务联盟关系流动性比较大，也随着关系的破裂而纷纷瓦解。

综上所述，联盟理论上是可行的，但是实现起来有一定困难。中小货运企业联盟是一种，但不一定是一种趋势，低门槛的准入让这样散的形式已经成为一种自然状态了，只有当融入联盟的群体在行业竞争中取得优势时才能发展起来。现阶段可以首先考虑实现初步的经营成本控制，联盟以团体的形式组成集团客户，对外实现谈判优势，形成初期的利益共同体。下一步在联盟组织者的带领下逐步实现业务合作以及资源共享，使企业自身的实力、竞争力在短时间内得到迅速加强和提高。规模化的运作加上完善的管理模式，必然使各地资源得到更合理的应用，优势互补，最终形成一个强大的对外整体，成为一个企业，才有实力共同参与对外竞争。

10.4 道路货物运输联盟发展战略

10.4.1 发展思路

运输联盟在保证个体自主经营的同时，以整合运输资源为目标，以共同采购为基础，以市场需求为指引，以省道协为平台，在成本控制、运输供给和客户资源等方面上开展广泛的合作。运输联盟的构建要分两个层次。

第一个层次，通过共同采购燃料、保险及车辆配件等生产资料、降低会员生产成本的方式，吸引中小企业和个体车主加入运输联盟，构建运输联盟的雏形。通过整合运输供给资源，建立信息共享平台，引导会员加强业务合作，开展联合运输，树立统一对外的品牌。

第二个层次，加强物流供给链、信息链和金融链的整合优化，运输联盟将从基本业务的提供者，转换为复合货运业务的集成者和组织者，而会员作为运输联盟的有机组成，共享运输联盟发展成果。

两个层次战略是相辅相成的，目前存在的运输联盟大多直接从第二个层次开始运作，由于缺乏坚实的基础，往往最后趋于失败。

10.4.2 战略重点

运输联盟的“两步走”过程中，其发展策略有较大的差异。现阶段的主要任务是构建运输联盟，下一阶段的主要任务是优化运输联盟。

（1）现阶段战略重点。

①加快构建运输联盟。

以“让车主得实惠，让行业得发展”为目标，以省道协为平台，调动中小企业和个体车主的积极性，在全省范围内构建一个统一的运输联盟，并根据运输种类和运输区域，下设小件快运、甩挂运输等若干个专业和区域性的运输联盟。

②明确各自职责。

加强政府引导作用，加强部门和区域间的协调，加大政策扶持力度，创造运输联盟良好发展环境；加强协会主导地位，做好运输联盟的牵头组织工作，强化协会服务功能，突出服务社会、服务行业、服务车主的功能；引导中小企业和车主积极参与运输联盟的构建，积极献言献策。

③加大宣传力度。

加强对中小企业和个体车主的宣传，增加运输联盟力量。要充分利用汽车综合性监测站、物流园区、加盟车辆等载体，开展有针对性的宣传活动，吸引中小企业和车主加入运输联盟；加强对货源单位的宣传，拓宽运输联盟的作用。主动出击大型生产企业、商业集聚区、农产品集聚区等主要的货源单位，强化市场营销手段；加强对相关合作单位的宣传，发挥集中采购优势，降低燃料购买、车辆保险、车辆维修等经营成本。

（2）下一阶段战略重点。

①适时调整运输联盟治理结构。

转变政府和协会管理模式，引导会员自发投资组建集体制实体公司，保障运输联盟结构的稳定，同时通过契约方式寻找和吸收合作伙伴企业促进运输联盟的发展。运输联盟重点关注会员的服务品质监控、客户关系维护和联盟发展导向，不对会员的日常业务进行过多干涉。

②适时调整运输联盟进入门槛。

运输联盟发展的“第二步”以后，借鉴发达国家经验，运输联盟不再吸纳个体车主加盟，并对企业加盟设定准入门槛，以提高运输联盟服务品质。门槛的设定在给优质企业更多发展空间的同时，会促使物流企业规范化运营，努力提高服务品质，对企业和整个行业的升级发展有一定的积极影响。

③大力推进信息平台建设。

促进联盟数据传输系统建设，实现信息共享和服务质量的全程监控。建立面向公众的企业网站和开发物流服务软件，扩大物流企业联盟在客户中的影响力。开发能够实现面向客户、联盟及成员企业的货物信息实时查询、运费结算等功能的服务软件。

10.4.3　效果评价

运输联盟的第一层次效果主要体现在降低会员经营成本上，以市场通行的团购优惠折扣算，油料 97% 折，保险 70% 折、车辆配件及维修为 70% 折，一辆大型货车每年约节约近万元，其中油料成本 5000 元、保险 3000 元、车辆配件约 2000 元。按全省 1 万辆车（全省车辆总数的 1/50）加入运输联盟计算，每年可为道路运输行业节省 1 亿元资金。

运输联盟的第二层次更加偏重于运输业务的合作和资源的整合，在降低经营成本的同时，优化了运输组织结构，提升了行业的服务能力和水平。

10.4.4　政策支撑

运输联盟在我国还刚刚起步，主要在一些甩挂运输、小件快运和大件运输等专业运输上得以实践应用，对其发展政策也未形成体系。由此管理部门要加强运输联盟发展理论研究，制定具体的支持运输联盟发展的政策措施。

10.5　小结

（1）现阶段引导成立运输联盟，对于优化运输组织结构，提升运输服务水平，具有重要的意义。

（2）从国内外运输联盟运作的经验来看，联盟的成立必须具备三个要素；一是联盟的核心组织，二是有市场需求，三是有合作基础。就目前而言，充分发挥省道协平台作用，有助于加快形成运输联盟。

11　道路货运发展的保障措施

道路货运发展战略目标的确立，需从国家和地区发展战略层面出发，以提高货物运输发展质量为首要任务，以政策为推手，以市场为导向，强化道路货物运输发展硬件和软件的同步协调建设，确保道路货物运输持续、健康地发展。

11.1 保障建设用地

各级政府要保障建设用地，对交通运输基础设施沿线市县主要节点、重要区域和周边的土地可以实施储备，通过土地储备收益筹集交通运输基础设施建设资金。各级国土资源、规划等部门要根据道路运输基础设施建设发展规划和建设计划，结合土地利用总体规划和城镇总体规划，统筹安排、优先保证道路运输基础设施建设的用地，并积极争取国家对我省道路运输基础设施建设用地的支持。货运站场生产性用地应按照城市交通基础设施用地性质出让。

11.2 加大资金及政策扶持

积极探索扩大并充分利用好各种投融资渠道，切实加大对道路货运业的资金投入。加大车购税资金对道路货运站场建设的投入力度，明确对货运枢纽站场的投资补助制度。设立道路货运站场建设专项补助资金，政府的资金投入主要用于场地的三通一平。探索建立城市物流配送发展专项资金，专项用于对城市配送中心及配套设施建设、车辆和装备更新、智能化建设等项目的财政资金补助。积极开辟多元融资渠道，规范引导民间资本投资。

以路权、规划和资金等政策为主要引导手段，示范性的城市配送企业进行扶持；以补助资金、通行费优惠等政策为主要调控手段，加强运输企业间的合作，逐步完善甩挂运输网络；加强政府引导作用，加强部门和区域间的协调，加大政策扶持力度，创造运输联盟良好发展环境。

11.3 完善法规体系及相关标准规范体系建设

全面梳理现有道路运输法规和规章，结合现代物流、城乡和区域运输一体化、节能减排等新要求，进一步完善相关规定和内容。推动城市配送、货运代理等专项法制建设。协调政府相关部门，系统解决阻碍甩挂运输、网络化运输、无车承运等先进运输组织模式发展的法制障碍。

积极在城市配送、干线甩挂运输、专业化运输等领域推动车辆标准化工作，逐步实现车辆车型标准化；研究推广装卸和运载设备，提高道路货运服务效率；建立健全标准化的安全生产管理体系，提高道路运输安全生产能力，研究制定货运商务服务标准和商务事故处理办法，逐步规范货运服务及时性、安全性和质量等问题，适应现代物流发展的要求；进一步建立健全道路货物运输各门类、各子行业的服务行为规范，完善质量等级评定的相关技术标准。

11.4 强化部门协调机制与规划落实机制

提高横向协调能力，加强与其他综合部门决策过程的协调，加强与执行部门的实施过程的协调，加强对政府和社会的协调能力。建立交通规划、建设、运营、管理与服务相协调的综合决策机制，完善专家咨询和社会公示制度。

健全规划落实机制。结合部门职能落实好规划中的相关任务，把规划与关键计划、行动计划及年度计划结合起来，使规划确定的目标和任务得到贯彻落实。

11.5　推动科技进步与信息化建设

科技进步和信息化是构建现代物流体系的基础条件，是推动行业发展的根本要素。要大力推进管理创新，优化科技创新环境，全面提升科技创新能力。完善多元化的科技投入机制，形成政府资金为引导、企业投入为主体、其他投入为补充的科技投入机制，政府要加大对产业关联度大、公益性强的重要科技领域的投入。加快推进智能交通技术、现代物流技术、现代管理技术、现代信息技术、环境保护技术、资源循环利用技术等在道路运输领域的研发和应用。制定行业信息化的引导政策，引导和鼓励交通企业加大对企业信息化建设的投入力度。

完善多形式的人才激励机制，发挥行业管理部门、科研机构、企业等多方面的积极性、主动性和创造性，建立与各类人才特点、与人才贡献相适应的激励制度，为道路运输行业创新发展提供人才支撑；坚持“请进来”和“走出去”相结合的原则，积极引进和推广国内外先进技术成果，通过示范项目引导，切实提高科技创新成果的转化应用水平。

附图 1　安徽省货物运输通道图

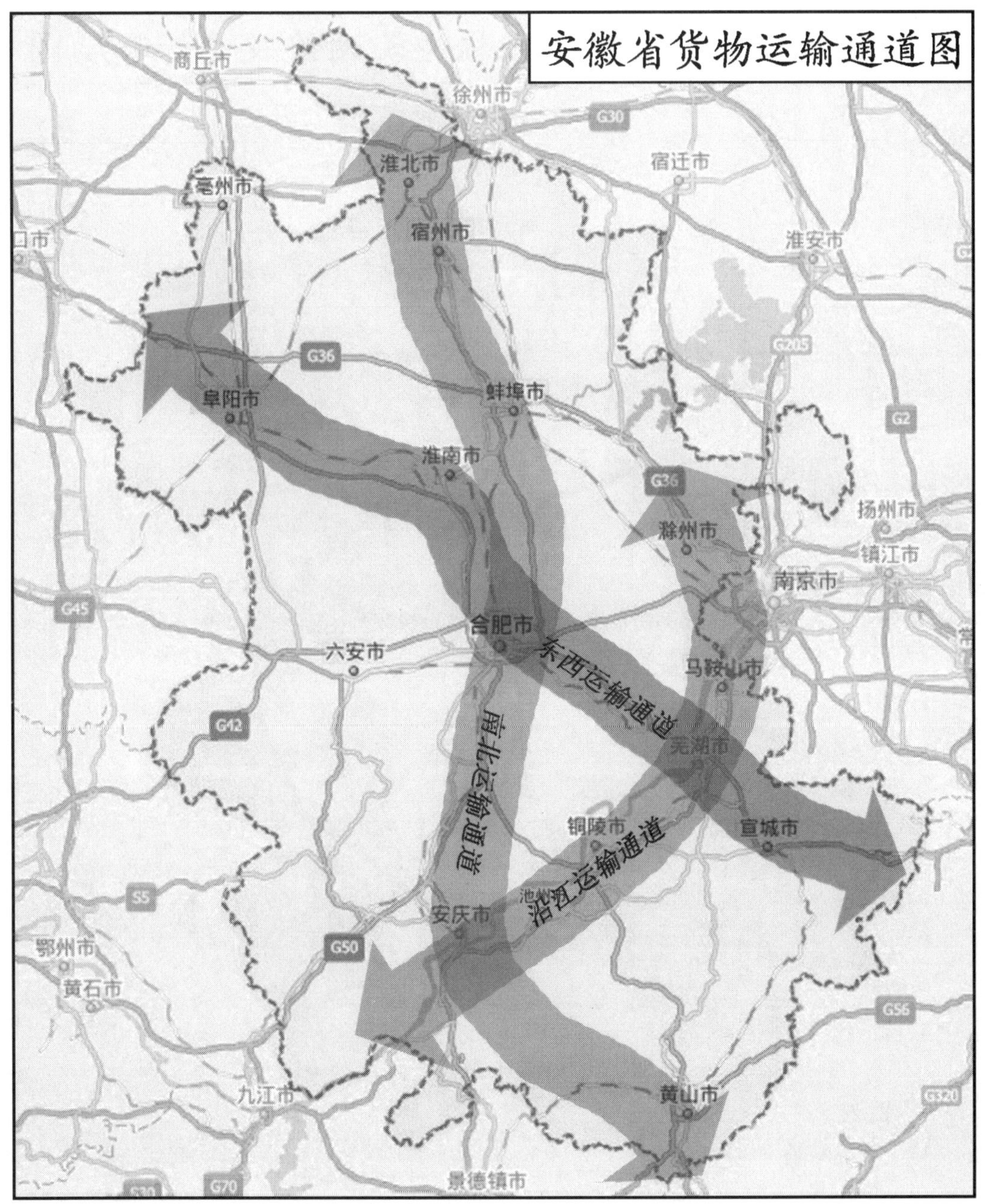

附图 2　安徽省甩挂运输网络及站场布局图

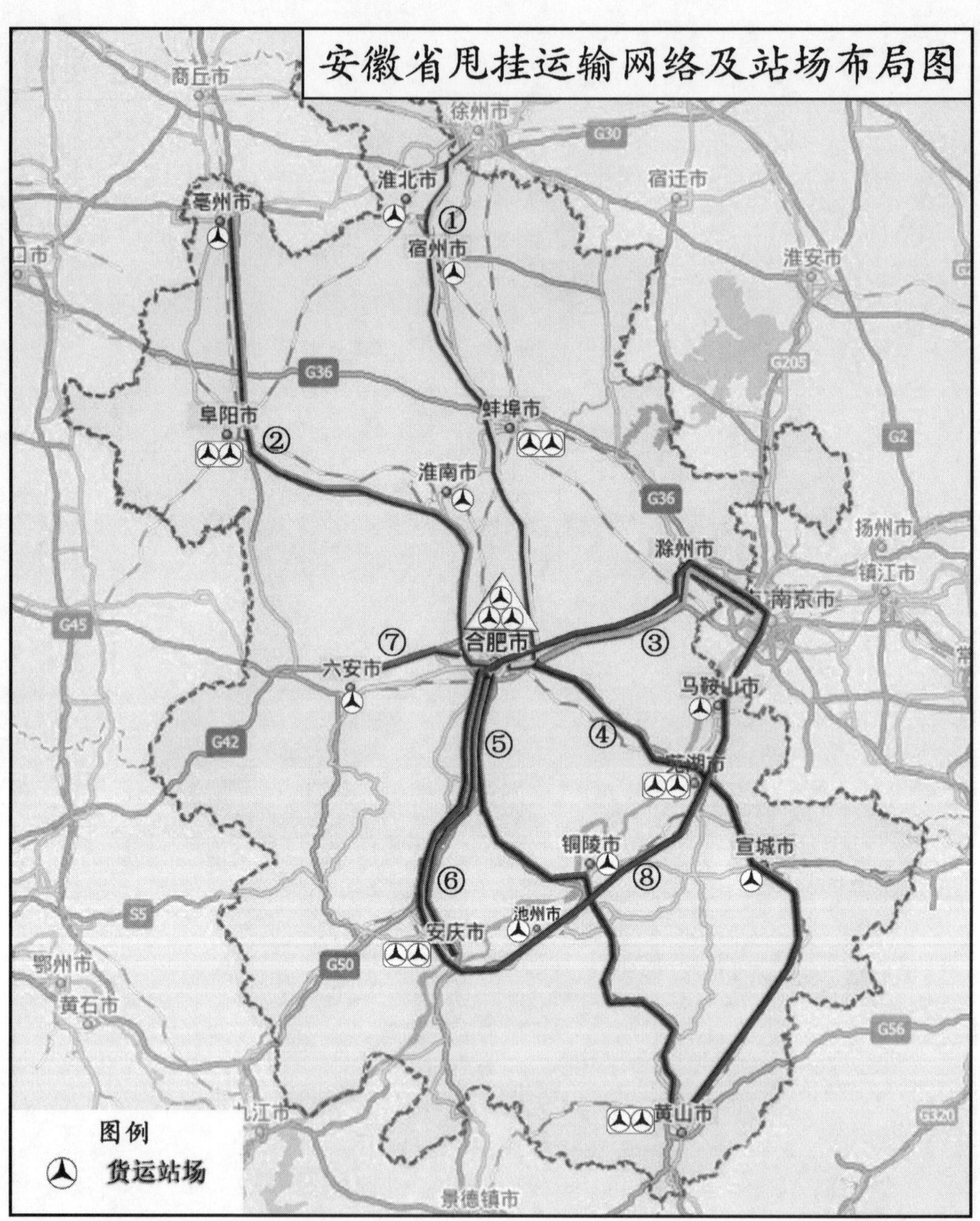

附表　安徽省道路货运站场建设规划表

序号	城市	项目名称	项目位置	建设性质	投资额（万元）	建设年限	备注
1	合肥	迎河港集装箱中转站	巢湖路与繁华大道交汇处东北侧	新建	30000	2012—2014年	国家枢纽项目区域性物流节点“双十”项目
2	合肥	合肥新站物流园区	新站开发区涂山路以北振兴路以南区域	新建	20000	2013—2015年	国家枢纽项目“双十”项目
3	合肥	合肥高新区物流园区	创新大道和康乐路交汇处东北侧	新建	20000	2013—2015年	国家枢纽项目
4	蚌埠	蚌埠市西部物流中心	蚌埠市秦集路与东海大道交叉口	新建	20000	2013—2015年	国家枢纽项目
5	蚌埠	蚌埠市南部综合物流园	蚌埠市解放南路与南外环交叉口	新建	20000	2013—2015年	国家枢纽项目
6	芜湖	芜湖东部物流园区	沿江高速与东四大道交汇处	续建	20000	2011—2014年	国家枢纽项目“双十”项目
7	芜湖	芜湖经济开发区物流中心	芜湖经济技术开发区北部	续建	20000	2011—2014年	国家枢纽项目
8	安庆	安庆大桥开发区综合物流园区	英得利路和龙眠山路交汇处东北部	新建	20000	2012—2015年	国家枢纽项目“双十”项目
9	安庆	安庆西部化工物流中心	城区西部与丁香路交叉口东北角	新建	20000	2013—2015年	国家枢纽项目
10	阜阳	阜阳东南物流园区	三十铺港口	新建	20000	2012—2015年	国家枢纽项目“双十”项目
11	阜阳	阜阳公铁联运中心	大庆路以东，紧邻火车南站	新建	20000	2013—2015年	国家枢纽项目

续上表

序　号	城　市	项目名称	项目位置	建设性质	投资额（万元）	建设年限	备　注
12	黄山	黄山甘棠物流中心	甘棠城区西北角	续建	20000	2011—2014年	国家枢纽项目 “双十”项目
13	黄山	黄山歙县物流中心	歙县经济开发区东北部	新建	20000	2012—2015年	国家枢纽项目
14	六安	六安开发区物流园区	六安经三路	新建	20000	2012—2014年	国家枢纽项目
15	淮南	淮南山南新区物流中心	淮南山南新区	新建	20000	2012—2014年	
16	马鞍山	马鞍山长运物流港	马鞍山慈湖经济开发区	续建	20000	2011—2014年	“双十”项目
17	宿州	宿州现代物流中心	宿州经济开发区	新建	20000	2013—2014年	
18	亳州	亳州天运物流中心	亳州市工业园区	新建	20000	2012—2014年	“十二五”规划
19	滁州	滁总物流园二期工程	滁州市城东开发区	新建	20000	2012—2014年	“十二五”规划
20	淮北	淮北货运物流中转站	淮北人民东路南新外环西	新建	20000	2013—2014年	
21	铜陵	铜陵市江北产业园区物流中心	铜陵市江北产业园	新建	20000	2012—2014年	“十二五”规划
22	宣城	宣城物流中心	宣城市经济开发区	新建	20000	2012—2014年	“十二五”规划
23	池州	池州梅龙物流中心	梅龙郭港村	新建	20000	2013—2015年	“双十”项目
合计					470000		

参考文献

[1] 严季. 我国道路货物运输发展若干问题研究 [D]. 西安:长安大学博士论文, 2003.
[2] 王建伟. 空间运输联系与运输通道系统合理配置研究 [D]. 西安:长安大学博士论文, 2004.
[3] 童燕. 中国道路货物运输产业组织与变迁研究 [D]. 上海:复旦大学博士论文, 2008.
[4] 黄承峰. 运输通道合理运行及集聚作用研究 [D]. 重庆:重庆大学博士论文, 2001.
[5] 冯正霖. 转变发展方式　推进甩挂运输. 全国甩挂运输试点工作会议上的讲话, 2010.
[6] 蔡翠,李亚茹,祝昭. 促进道路货运甩挂运输发展的策略 [J]. 综合运输, 2010 (7): 58-62.
[7] 徐根强. 城市配送体系优化研究 [D]. 西安:长安大学硕士论文, 2009.
[8] 安徽省交通运输厅,交通运输部交通科学研究院. 中部地区交通发展阶段性特征研究. 交通运输部科研项目, 2010.

当前我省道路货运管理重点问题研究

惠肖林，王方茂，张　翔

【摘要】经过近 30 年的市场化运作，安徽道路货物运输业取得了长足的发展，目前承担着全省 80% 以上的货运量和 70% 以上的货运周转量的运输任务，在综合运输体系中的作用越来越突出。但在道路货运市场快速发展的同时，各种矛盾日益突出，尤其是货运价格竞争的恶性循环导致货车超载超限情况愈演愈烈，对我省公路网络、道路运输市场以及交通安全状况带来了很大危害，严重影响了道路货运业的健康持续发展。在此背景下，加强道路货运研究，探索我省道路货运管理方针，对强化道路货运行业的科学有效管理，促进我省道路货运业健康发展具有重要意义。本文采用了定性与定量相结合、演绎与归纳相结合、静态与动态分析相结合的科学方法，紧密联系我省道路货运发展实际，对我省道路货运管理思路的确定进行综合性研究，并指出了当前我省道路货运管理的重点。

【关键词】道路货运；管理体制；市场；管制

1　我国道路货运发展的历史演变

1.1　道路货物运输相关内涵界定

道路货物运输的发展与管理是相辅相成的，发展是目的，管理是手段。在道路货物运输管理活动中，常常碰到道路货物运输、道路运输行业管理和道路运输经营管理这几个概念，为更好地理清道路货物运输管理思路，有必要先对这些概念的含义以及它们之间的区别和联系进行界定。

1.1.1　道路货物运输

道路货物运输（以下简称道路货运）是指以货物为运输对象，以汽车为主的道路载货运输工具，实现货物有目的空间位移的活动，是经营者为社会提供公共服务、具有商业性质的经营活动，包括道路普通货运、道路货物专用运输、道路大型物件运输和道路危险货物运输。道路货物运输是综合运输系统的基本组成部分，它既是基本运输手段，还是不同运输方式衔接的“黏合剂”，其运输网络开放，空间分布广泛，对货物具有广泛适应性，能够满足多方面的运输需求。

1.1.2　道路货物运输行业管理

道路货物运输行业管理是道路货物运输行业各种管理活动的总称，以政府专业行政管理部门和该领域的行业协会为主要管理主体，以行业内经营主体及其经济活动为管理对象，以维护行业内经营主体的合法利益为目标，在国家法律法规允许范围内，依据行业法规政策和技术规范所进行的协调、监督、自律及提供服务的活动。它表达了对整个道路运输事业进行综合管理的全部内容，它的管理主体是多方面的，可以是行政机关，可以是有关管理部门和机构，也可以是与道路运输活动有关的行业协会等社会经济组织。

1.1.3 道路货物运输经营管理

道路货运经营管理是货运经营者对自己企业的经营活动所做的各种决策、生产计划、组织指挥、经济核算、财务会计、物资供应和后勤服务等方面的管理。它的管理主体是主要企业的管理者，它的管理目标主要是提高企业的经济效益。本文所研究的道路货物运输管理不考虑经营管理。

1.2 道路货运发展历程

回顾我国道路运输业发展的历程，大致经历了五个历史阶段。

1.2.1 第一个阶段：萌芽阶段（1901—1949 年）

现代公路和汽车在中国的出现始于 20 世纪初。1901 年中国从国外引进了第一辆汽车，到 1911 年清政府被推翻，中国的汽车有 200 多辆，公路里程 1100 公里。到新中国成立之前，全国能通车的公路有 8.07 万公里，民用汽车有 5.1 万辆。这一阶段，也出现了少数的道路运输企业，多为私营性质，规模很小。可以说，新中国成立之前我国的道路运输仅处在萌芽阶段。

1.2.2 第二阶段：艰苦创业阶段（1949—1978 年）

新中国建国伊始，道路运输作为经济发展的基础，受到重视，得到优先发展。交通部在 1949 年召开的首届全国航务公路会议上要求各大行政区、各省 1950 年内尽可能建立运输公司。1950 年 4 月 5 日，交通部成立了国营汽车运输总公司，各大行政区、各省也组建了规模大小不等的直属运输公司。由于随后我国选择了以重工业为主的经济发展战略，有限的交通建设投资集中投向铁路，公路水路交通投资比重下降，结果在大跃进后道路运输很快就出现了全面紧张的状况。1958 年 4 月，交通部提出依靠地方党委、依靠群众、普及与提高相结合以普及为主的交通运输建设方针（即“地、群、普”方针），民间运输得以大力发展，推动了运输能力的显著提高。

十年动乱期间，国民经济走到崩溃边缘，道路运输发展也受到严重破坏和影响。这一时期，政府以计划手段来组织运输生产，营业性运输全部由交通系统所属运输企业承担。由于原来的基础薄弱，国营运输企业运力少、车况差，集体运输企业以非机动车辆为主，组织水平和运输效率低下，道路运输一直不能满足经济社会发展和人民生活的需要，群众乘车难、货物运输难的问题普遍存在。

1.2.3 第三个阶段：市场活跃阶段（1978—1992 年）

十一届三中全会以后，随着国民经济飞速发展和相关产业全面增长，长期受到抑制的交通运输需求得到释放，道路运输市场空前活跃。但是，交通基础设施发展滞后、运输能力不足的矛盾立即显现，交通运输全面紧张。虽然国家采取了一系列措施，但运力的增长仍不适应国民经济发展的需要，运量大、车辆少的矛盾更加突出，交通运输成为经济社会发展的主要“瓶颈”之一。

为解决交通运输能力不足的矛盾，1979年8月，交通部根据中央“调整、改革、整顿、提高”的方针，研究加强运输市场管理和改革汽车运输管理体制等问题。1983年，中共中央在《关于当前农村经济政策的若干问题》（1983年1号文件）这一纲领性文件中指出，为了搞活流通，农民个人和联户可以购买拖拉机和汽车，从事生产和运输。1983年3月在全国交通工作会议上，交通部结合交通运输行业的实际情况，进一步解放思想，调整政策，积极探索发展交通运输的新办法，明确提出“有路大家行车”，开放运输市场，提倡多家经营，鼓励市场竞争，以尽快把交通运输搞活、搞通、搞上去。各地迅速掀起了个人和联户购买拖拉机、汽车从事运输的热潮，在大大缓解了道路运输紧张状况的同时，还使从事运输的个人获得了很好的收入。为进一步发挥公路运输的作用、缓解铁路运输紧张局面，交通部会同有关部门联合发布了《关于逐步将铁路短途物资改由汽车承运的通知》。积极推进政府职能的转变。针对交通管理体制政企不分的问题，1984年，交通部提出以“转、分、放”和“实现两个转变”为主要内容的改革思路，促进交通部门从生产业务型向行政管理型转变，实行政企分开、简政放权。放权给企业，使企业有更多的活力，成为按经济规律运行的经济实体。对公路运输体制、交通企业经营机制等进行了全面改革。1985年，交通部又提出了“三个一起干、三个一起上”，即各部门、各行业、各地区一起干，国营、集体、个人以及各种运输工具一起上。正确的决策催生了运输生产力的大解放，我国道路运输业突破所有制束缚，全社会掀起了大办交通的热潮，集体、个体和中外合资运输业户纷纷涌入交通行业，道路运输开始走进了欣欣向荣、蓬勃发展的新时期，这对缓解交通运输紧张状况起到了决定性的作用。道路运输市场也成为经济领域最开放的市场之一。

1.2.4 第四个阶段：快速发展阶段（1992—2002年）

从邓小平南巡谈话到十六大召开，我国道路运输市场经济体制初步建立。为适应党的十四大明确提出的建立社会主义市场经济体制的需要，道路运输行业实行了推进市场建设、加快国有企业改革、加大对外开放力度等重大政策措施。1992年，交通部发布《关于深化改革、扩大开放、加快交通发展的若干意见》，进一步加大交通运输改革开放力度。1995年，交通部制定实施了《关于加快培育和发展道路运输市场的若干意见》，通过健全运输法规，鼓励经营者自主经营、平等竞争，加快建立全国统一、开放、竞争、有序的道路运输市场体系。

1998年，交通行业抓住国家应对亚洲金融危机，实施积极财政政策的机遇，开展了大规模的高等级公路建设，高速公路和普通高等级公路数量猛增，路网通达深度和技术等级显著改善，汽车更新换代步伐明显加快，保有量平均每年以两位数的速度递增，我国道路运输事业的发展更加迅速。2001年6月，交通部发布《道路运输业结构调整的若干意见》，加快解决道路运输市场存在的一些问题，进一步规范道路运输市场行为，调整道路运输业结构，引导行业协调发展。21世纪之初，交通部门原有的很多运输企业经过改制、重组，实现了规模化经营和现代化管理，一大批运输个体户发展成具有一定规模的民营运输企业。

1.2.5 第五个阶段，科学发展阶段（2002 年至今）

党的十六大以来，道路运输系统以科学发展观为指导，认真落实党中央、国务院关于构建和谐社会、建设资源节约型和环境友好型社会以及加快发展服务业的一系列战略部署，统筹各方面关系，全面实施“路运并举”的工作方针，促进了道路运输业的全面发展。特别是2004 年《中华人民共和国道路运输条例》实施后，交通部相继颁布实施《道路货物运输及站场管理规定》、《道路危险货物运输管理规定》等配套规章，使道路货运行业法规体系逐步健全。党的十七大召开以后，道路运输行业加快行政管理体体制改革，推行了职能有机统一的大部门体制，2009 年 9 月实施了新的《汽车运价规则》和《道路运输价格管理规定》，对道路货运的市场经济规则进一步完善，我国道路运输进入发挥比较优势、发展综合运输体系的新阶段，掀开了我国道路运输业发展新的一页。

经过了一个多世纪的漫长发展，我国道路货运取得了巨大的成就，特别是改革开放以后，经过 30 多年的市场化运作，目前承担着 70% 以上的运量、10% 以上的周转量的运输任务。随着国际一些大公司不断进入我国道路运输市场，凭借资金、技术和管理上的优势，对我国道路运输企业提出新的挑战。道路货物运输产业升级，已成为首要问题。

1.3 道路货运管理体制的形成

我国当前的道路运输行政管理体制是从 20 世纪 80 年代初随改革开放形成的。在改革开放之前，我国实行的是计划经济制度，政府交通部门直接管理运输经营，在运输资源的配置方面，全面推行国有运输企业的垄断性经营，全面实行“统一计划、统一运价、统一使用、统一管理、统一核算”，没有道路运输市场竞争，行政集中统一管理代替了企业的自主经营。在这种政企不分的管理体制下，严重束缚了道路运输生产力的发展，制约了国民经济的发展和社会的进步。改革开放后，我国道路运输行政管理体制产生了重大变革，主要经历了以下几个发展阶段。

1.3.1 第一阶段，由政府直接管理运输企业的经营活动向管理运输市场的转变阶段（1978—1991 年）

党的十一届三中全会后，我国实行了经济体制改革。道路运输业也破除了传统的国有企业的垄断经营，开放道路运输市场，使个体、私有运输经济迅速发展，竞争经营迅速增加，道路运输市场开始形成。原先的国有道路运输企业也开始摆脱政府附属物的地位主动去参与市场竞争。于是道路运输经营与行政管理中逐渐分离，市场主体向多元化方向发展，道路运输市场体系逐步建立，市场机制趋向成熟，市场在运输资源的配置上的基础作用渐渐发挥出来。

在这个背景下，各级政府交通主管部门按照中央《关于制定国民经济和社会发展第七个五年计划的建议》的“专业性经济管理部门要从具体管理企业的经营转向搞好全行业的管理”精神，对道路运输的管理开始实施两个根本性转变，即由微观管理向宏观管理转变以及由直接管理运输企业向管理整个道路运输行业转变，并相继成立了自成体系的道路运输管理机构，即交通部设运管司、省（自治区、直辖市）交通厅设道路运输管理局、市（地、州、盟）交通局设道路运输管理处、县（市、旗、区）交通局设道路运输管理所，乡（镇）一般按照片区设运管站，作为县级道路运输管理机构的派出机构。

该阶段，各地道路运管机构在行政管理方式上，经济手段和法律手段的运用的得到了提倡，为道路运输生产力的发展提供了较为宽松的体制条件和政策环境，使道路运输得到了空前的解放、发展与繁荣。经过几年的摸索和总结，1986 年 12 月，由国务院批准，交通部和原国家经委颁布了我国的第一部道路运输主体法规——《公路运输管理暂行条例》，标志着公路运输行政管理开始向规范化方向发展。但由于这一时期的改革是以构建有计划的商品经济为前提条件，因而改革和开放的深度与广度都很有限，道路运输行政管理还带有较多的计划经济色彩，甚至不少方面还过多地采用行政手段的直接管理。

1.3.2　第二阶段，道路运输行政管理的发展阶段（1992—2000 年）

1992 年党的十四大正式提出在我国建立社会主义市场经济体制。为我国道路运输行政管理创造了良好的政策环境和发展条件。在这个阶段，道路运政向市场经济条件下的行政管理转变取得实质性的进展。按照十四届三中全会决定精神，全面开放道路运输市场，下放旅客运输审批权限，取消货运运力额度控制，调整道路运输业的经济结构，鼓励非公有资本在道路运输领域的发展，为道路运输生产力的增长开拓了广阔空间，统一的道路运输市场初步形成，进一步发挥了市场对运输资源配置的基础性作用。

但是，由于原有体制的制约，新的市场经济秩序尚不完善，也由于行政管理体制、市场运行机制的改革仍然没有到位，该阶段的道路运输市场秩序相当混乱，存在很多问题。同时，在新旧体制转化过程中，又产生了运管机构臃肿、人员膨胀、管理不规范、执法水平低的问题。

1.3.3　第三阶段，道路运输行政管理的提高阶段（2001 年至今）

在进入新世纪之后，针对道路运输市场存在的问题，我国道路运输行政管理侧重进行道路运输市场秩序整顿和道路运输结构调整，从而进入以提高管理水平为目标的提高阶段。

整顿和规范道路运输市场秩序是深化道路运输体制改革的基础，是完善社会主义道路运输市场经济体制的前提，是充分发挥道路运输企业竞争效率的保证。它包括的主要内容有：清理收费项目，减轻经营者负担；打击非法经营，规范经营活动；加强从业人员资质管理，提高服务质量，确保运输安全；加大道路运输价格监督检查；停止客货运输线路经营权有偿出让，推广以提高服务质量为核心的经营权授予制度等。

全面深入进行道路运输结构调整是提高道路运输集约化、规模化经营水平和组织化程度的有效途径，是实现运输资源优化配置和运输服务结构升级的有力措施。它主要包括的内容有：通过推行道路运输企业资质等级制度、以建立现代企业制度为核心的企业改革来鼓励发展骨干道路运输企业集团、推动道路运输企业组织结构调整；通过道路运输车辆全面升级来改善道路运力结构；通过拓展道路运输新的发展领域和空间，催生和壮大新的运输经济增长点来改善道路运输经营结构。

在这一阶段，道路运输管理体制改革的步伐加快。根据中央政府的统一部署，许多省、市运管机构抓紧进行管理体制改革试点。例如，在交通部指导下进行的交通行政综合执法改革正取得成功的试点经验，在道路运政、公路路政、规费稽征的综合执法上取得突破性进展。

2 国外典型国家道路货运管理经验

2.1 国外主要发达国家道路货运发展政策演变

世界上一些主要发达国家的道路运输业已经走过了100多年的发展历程,积累了大量的经验和教训。研究这些国家的道路运输发展对我省今后一段时期制定道路货运政策无疑具有非常重要的意义。由于西方国家大多数政策是通过法律法规形式颁布的,如《公路法》、《车辆法》、《运输法》等,所以本文在研究这些国家政策时是以道路运输法规为主要研究对象。纵观国外道路运输业的发展,经历了“自由开放”、“严格管制”和“开放竞争”三个阶段,在不同发展阶段都有其相应的道路运输政策。

2.1.1 自由开放阶段

这一阶段始于19世纪初,结束于20世纪20年代。此时铁路发达,公路刚刚兴起。因而,当时主要开展了有关铁路和铁路营运政策与法规的讨论。铁路政策主要关心的是铁路公司的垄断问题,产生了保护用户利益的运价政策,以及反对铁路企业合并的政策。由于当时道路运输企业还没有具备同铁路和水路运输竞争的条件,也没有垄断性质,因此这一阶段对道路运输来说是“自由时代”。这一阶段各国都没有专项道路运输法规,也没有专职管理道路运输的政府机构。

2.1.2 严格管制阶段

这一阶段始于20世纪20年代,结束于20世纪80年代,期间长达60年。其转折主要是以第一次世界大战为背景。第一次世界大战时期可以说是铁路颠峰时期,但很快就跌入了低谷。由于汽车技术的进步,汽车保有量的迅速增加,道路运输业的发展以其机动灵活、门到门服务等特点,不仅为其他运输方式提供集疏运服务,而且逐步成为铁路和水路运输的有力竞争者。这一阶段政府对道路运输采取的政策主要有:

(1)道路运输市场类型划分。

西方国家道路运输市场常被分成几个相对独立的部分,在营运区域、线路、种类等方面都受到严格的限制。在货运方面,道路货运市场按经营性质一般都分为两大部分:公用运输(类似于我国的专业运输)和自用运输。其中,各国对公用货运市场的划分,有的是按营业收入性质划分,有的是既按货种又按营业收入性质划分。20世纪70年代初期,一些国家允许客运公司开展零担货运快递业务,但对货物质量、体积以及办理地点等都有限制。

(2)市场准入制度。

市场准入制度是控制新的运输业户进入市场以及原有运输业户向市场推出新服务的制度。严格的市场准入制度,对专业公路客货运输企业的经营范围、经营线路和车队数量都实行严格控制的政策。为确定运输服务的稳定性,对跨区域运输市场限制运输经营主体的数量,而对小区域内运输市场则鼓励其发展。这样做的目的是为了控制大市场的竞争性质,同时确保小市场可获得的服务水准。与准入制度相对应的是退出限制。为了保证适当的服务水准,如果运输业户离开市场会导致服务水准大幅度下降,则限制其退出。市场准入制度的实施是以道路运输市场划分和营业许可制度作为基础具体措施的。

（3）营业许可制度。

营业许可制度是政府主管部门根据运输法规控制和管理道路运输客货业的主要手段之一。政府通过一定的审批程序，对运输企业核发营业许可。营业许可的种类视国家法律对客货运输市场的划分而设。

（4）运价制度。

运价制度是由政府制定或控制运价的政策，也是各国政府防止汽车运输企业内部和各种运输方式之间的过度竞争，协调发展各种运输方式的重要保障。具体要考虑的因素包括运价费率的制订、费率变化、费率补贴以及实际费率。西方一些国家道路客货运输的运价基本都是采用申报制。在严格管制时期，即由经营者、经营者集体或行业协会申报，政府主管部门核准后予以公布，监督执行（其中，合同运输可以采用协议价，不需要公布）。同时在运价制定上允许采用合谋行为。在严格管制时期，不允许随意变动运价，除非企业或企业组织能够向政府证明变动的必要性。费率补贴是政府允许某一分市场的承运人在不同市场收取更高的费率而获得对高成本分市场的补贴的商业惯例。这项措施保证了具有不同分市场的运输企业可以承担收益不同的业务。另外，在严格管制时期，运输企业只能按报备运价收费，而不能给予折扣或回扣。

（5）税收政策。

对公路使用者征收燃油税和车辆使用税费，作为公路基础设施建设和养护资金来源。道路运输税收政策是鼓励、限制、规范道路运输发展与协调各种运输方式的重要调节手段之一。除了一般税收外，还有对车辆专门设立的税费。虽然各国在税收名称、种类和计费时间上略有不同，但基本包括车辆购置、车辆拥有和车辆使用三方面的税收。这些税费的征收，一方面起到了公平竞争的杠杆作用，另一方面为道路基础设施建设提供了稳定的资金来源。

（6）其他政策。

将公路规划与建设作为道路运输政策的一部分，对道路运输实行行政规划。包括以高速公路为主的国家干线路网的规划与建设，建立专职道路运输规划的政府机构，制定专项道路运输法规以确保道路运输规划得以实施的政策；对不赢利的公路客运线路，在严格管制和行政规划时代采取由政府经营或对私有经营者实行补贴的政策。总之，严格管制时期，由于道路运输管理主要是集中在经济管理范畴，并且以严格控制企业和车队的数量为主，所以在道路运输市场管理方面也称为“数量控制”时代，依据供求平衡的原则对道路运输企业和车队数量进行严格控制。

2.1.3　开放竞争阶段

这一阶段从20世纪80年代以后至今，道路运输政策所关心的问题开始转向道路运输服务质量和效益问题；日益增长的交通量和私人小汽车的控制问题；由于私人小汽车的增长而产生的公共汽车乘坐率逐年降、政府补贴不断上升的问题；公路客运补贴和效率问题；道路运输和环境污染等外部效应问题。这一阶段政府对道路运输采取的主要政策内容包括：

（1）市场准入制度。

开放道路运输市场的政策，即取消了对企业和车队在数量上的控制，加强了对运输企业服务质量的控制，因此也称作“质量控制”时代。运输服务质量的控制一方面可利用市场机制由企业内部的质量管理制度来确保运输服务的质量，同时在市场机制的作用下运输企业的服务质量也受到用户的监督；另一方面，政府通过有关市场准入、安全等法规来确保运输服务的质量。

（2）价格制度。

随着对道路运输经济客观规律认识的提高，这一时期政府对道路运输的价格不再进行限制。但运价必须公开、有透明度。美国在1980年以后，对运价制订、运价变化以及实际费率方面都进行了改革，放松了对客运企业在运价方面的管制，允许企业在规定的范围内自行决定调高或调低票价，且不受洲际商务委员会的干预。英国政府放开了对所有直达和区域定点班车的票价控制，这在英国历史上是从来未有过的改革。

（3）科技政策。

鼓励利用计算机、卫星通信等现代科学技术建立有利于管理和决策的信息系统，提高客运服务质量和效率。制定严格的车辆燃油消耗和废气排放标准，实行严格的车辆检测制度。对不赢利的客运线路的经营采用招标制度，引入竞争机制，鼓励创新，提高客运服务质量。

（4）安全管理政策。

西方各国都通过法律体系规定许多强制安全方面的政策和措施。各国道路交通主管部门依据法律制定出相应的安全技术标准和规章制度，并依据法律的授权采取一系列行政措施，以维护道路运输安全。道路运输管理部门有专门的道路运输安全管理机构，并成立运输安全检查小组，进行路边和企业安全检查和评价，并有专项资金保证，通过安全检查提供安全方面的评价报告，作为审批营运许可或吊销营运许可的依据。

（5）节能、环保政策。

随着各国可持续发展战略的实施，道路运输业的发展面临着非常大的外部环境制约。所以各国纷纷通过了强制性尾气标准；如美国道路运输也面临着《清洁空气法》、《清洁水法》、《危险品材料运输法》等多项法律的制约，所以政府交通主管部门通过强制报废制度、危险品运输规范等规章来促进道路运输业向节能、环保方面转变，以减少道路运输业对环境和生态产生的负面效应。

2.2 国外道路运输行业发展政策

我国道路运输正处于蓬勃发展的时期，政策的导向及调整具有重要的意义和作用。国外很多国家在同行业的政策制定上有很多值得我们学习研究和借鉴的经验，本节选择了几个有代表性的国家，如美国、加拿大、欧洲几个发达国家、俄罗斯、日本等，对它们的道路运输政策方面的情况做简单的介绍和分析。

2.2.1 美国道路运输

美国实行大交通管理体制，铁路、公路、水路、航空、管道五种运输方式归口综合管理。运输部是中央政府实施运输统一管理的主管部门，州、县设立交通运输局。美国道路运输的管理机构主要有运输部、普察部门及行业社团组织。美国对汽车运输实行分类管理，分为商业性运输与非商业性运输两类。商业性运输对外经营，收取运费；非商业运输只能自用，不准对外从事商业性活动。商业运输又分为管制和不受管制两类,除运输农产品、报刊杂志等特殊规定商品的车辆不受管制外,其他大部分车辆都要受管制。从事商业性运输的企业必须向联邦政府或洲际商务委员会登记注册,领取营业执照。美国对商业性车辆和非商业性车辆实行平等政策,商业性车辆除每年多缴纳少量营业税外,其他各税种（如燃油税、轮胎税、车辆重量税、所得税、牌照税等）一律平等,这样有利于促进商业性道路运输的发展,抑制非商业性运输的发展。美国道路运输行业协会在管理道路运输过程中发挥着积极的作用,起着沟通企业与政府、国会之间的桥梁作用。美国道路运输行业协会比较多,有卡车运输协会、城市公共汽车协会、机动车管理协会、自用货车运输协会、运输经纪人协会、危险品运输协会、大件运输起重协会、汽车制造者协会等。在美国众多的道路运输行业协会中,有的还受政府委托,负责部分行政管理工作,如机动车协会负责汽车驾驶员的考核、发证工作,直接对运输部负责。美国运输政策法令经历了多次改革,1935 年国会通过《汽车承运人法案》赋予洲际商务委员会控制市场准入和退出、制定统一的货运价格表（价格管制）以及指定托运货物的种类和运输线路等权力。这种严格管制使得汽车货运价格相对较高,汽车承运人之间的竞争程度较低,增加了经济和商业的成本。20 世纪 70 年代后,在托运人要求改革的高涨呼声下,美国于 1980 年出台《汽车运输法》,标志着美国道路运输市场进入放松管制阶段。20 世纪 90 年代后,美国致力于推动道路货运行业的安全管理,减少事故和伤亡,运输与联邦汽车安全管理委员会设定一个目标就是要在 21 世纪的第一个 10 年明显减少货车伤亡数量。用 1998 年作为基本底线,他们的目标是到 2010 年卡车事故涉及的伤亡人数下降 50%。其中表 1 反映了美国 1980 年《汽车运输企业法》对货运的规定。

美国 1980 年《汽车运输企业法》对货运的规定　　表 1

开业条件	只要符合一定条件,同时作必要的说明,就可以发给经营许可
运营限制	取消原先营运许可中对营运方面的限制,不限制线路,消除营运地域的限制
豁免范围	农产品及所有航空联运、采用托盘、集装箱、成组运输装置的货物运输等
自用运输	对于自用运输,采取登记制
个体运输	个体运输经营者获得普通运输许可,可以个人名义从事有限的专线运输业务

整体上看,美国道路运输管制政策大致经历了“无管制—经济管制—放松管制—安全管制”的循环,这种运输政策的不断演化和发展满足了不同社会经济发展阶段的需要。

2.2.2　加拿大道路运输

加拿大道路运输主要是道路货物运输,道路货物运输是加拿大经济中快速发展而又非常重要的一个组成部分。按加拿大国内生产总值来衡量,道路货物运输已经发展成为了最重要的运输方式。道路专业运输完成的国内生产总值已经相当于民航和铁路运输的总和。如果将自货自运的国内生产总值也考虑在内,道路运输产生的国内生产总值已经超过了所有其他运输方式所产生的国内生产总值之和,这还不包括占加拿大货运车辆 40% 左右的农用汽车、工具车以及政府公用事业用车完成的运输量。加拿大汽车运输企业分三类:专业运输企业、小件快运公司和社会非专业运输企业。专业运输企业又分两类,即一类是承担零担货物运输的企业,另一类是承担整车货物运输的企业。专业运输企业还按营运的地理范围分为在省内运营的公司和可以跨省界甚至国界运输的公司。小件快运公司是运输小件货物的公司,运输工具主要是小客车、面包车和小型货车。非专业运输企业是社会上的一些不以运输为主业的企业,以自货自运为主,运输距离一般在100公里以内。因为在100~500公里运距的货物,专业运输企业的车辆实载率较高,更为经济和有效。对于500公里以上运距的货物,运输企业都采用拖挂车。非专业运输企业在长距离的货物运输中只占市场份额的10%左右。加拿大的货车可以按载质量或实际营运质量或车辆构造进行分类,大多数省份的车辆按车辆的重量分类进行登记和收取税费,如图1所示。

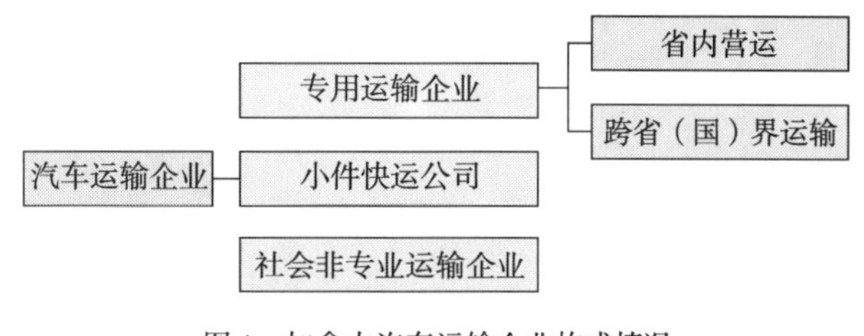

图1 加拿大汽车运输企业构成情况

2.2.3 欧洲道路运输

在欧洲,德国、英国、荷兰等国家的道路运输具有代表性。

德国对运输市场是按区域进行划分,以50公里为限的短途运输、150公里为限的地区运输和大于150公里的长途运输,其中只有短途运输市场是放开的。德国道路运输企业分为公用型和自备型,而且以公用型为主。在道路运输内部结构上限制小汽车,加大公共交通的投入,把小汽车客运量转移到公共客运交通,以实现减少道路堵塞,加强环境保护。德国道路运输市场开放的时间较晚，1994年才取消了对道路运输价格的管制。

英国的运输部是中央政府负责铁路、道路、水路、航空运输的主管部门。运输部在各地的道路运输管理机构为“地区运输办公室”和“运输专员”,此外还设有机动车检测管理局、驾驶员和车辆许可总署、驾驶标准局、新车认证局4个直属的全国性的道路运输管理机构。英国对道路客货运输实行许可制度,向经营者发放营运证,向驾驶员发放客货运输驾驶员许可证,汽车维修实行注册制度:对机动车辆实行检测制度,在全国范围内设立了大型客、货车辆检测站和小轿车检测站;还设立了路边检查站检查营运车辆是否合法、装载是否符合规定等。

荷兰运输部是代表国家管理运输行业的最高政府机构,其职责包括道路、铁路、水路、航空运输、基础设施建设、水利建设以及运输安全等。除从事危险品运输需要经运输部审批外,道路运输已完全放开,运输经营许可证由行业协会颁发,从事国际运输的经营许可证则由欧盟颁发。荷兰在20世纪50年代以前,从事道路运输比较自由,经营者只要购买了车辆即可投入营运;20世纪50年代至80年代,在经营者、工会联合请求下,政府开始对道路运输市场进行管制,实行了道路运输许可制度;20世纪80年代末,随着荷兰经济的发展和欧洲一体化进程的不断加快,运输部于1990年取消了对道路运输业的管制,放宽了经营道路运输的开业条件,经营者只要符合开业条件就可领取经营许可证。荷兰的运输行业组织主要由道路运输协会、专门为道路运输服务的公司、道路运输保险公司构成,如图2所示。

道路运输协会又由运输企业经营（即雇主）、工会代表和货主组成;道路运输服务的公司主要包括运输研究和咨询单位等;道路运输保险公司主要由金融部门和运输企业构成。

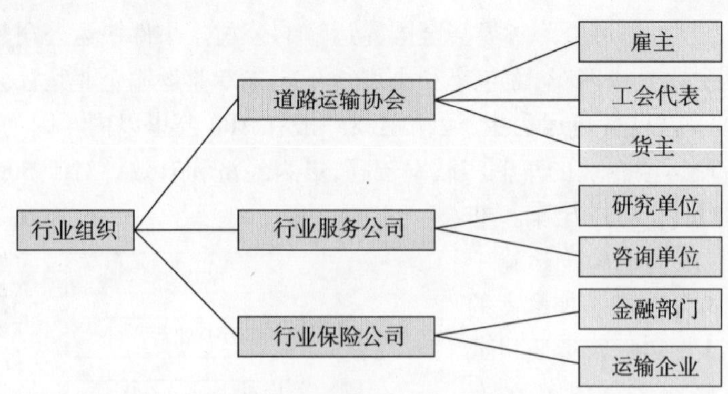

图 2　荷兰道路运输行业组织构成情况

2.2.4　俄罗斯道路运输

随着俄罗斯市场经济的发展，各种运输方式都在不断进行改革，国家减少对运输价格的控制，运输政策中的价格控制因素减少，相应地增加税收政策因素的影响程度。在交通部门（运输部系统），1999 年运输企业纳税总额为 198 亿卢布，其中向联邦预算纳税 83 亿卢布，比 1998 年增加 1.3 倍。税收增加的原因既有运输企业的客观经济条件变化原因，也有税收水平提高的因素。运输企业向各级预算的纳税，超过了对运输企业的预算投资，与主要的工业部门的纳税水平相当，交通部门对此颇有异议，认为运输企业沉重的纳税负担带来了运价上涨，限制了投资，制约了运输设备制造业的发展，降低了俄罗斯运输企业在国际运输市场中的竞争能力。最终，所有的附加费用会转嫁到普通百姓身上，制约了经济发展，加剧了通货膨胀。

2.2.5　日本道路运输

亚洲道路运输中比较有代表性的国家是日本。日本实行大交通的管理体制，国土运输省是中央政府负责对铁路、道路、水路、航空运输以及海上保安、气象等的主管部门。日本运输管理体制实行条条、垂直管理。运输政策局和机动车交通局负责对道路运输实施行政管理。另外，运输省还在北海道、东北、新泻、关东、中部、近徽、四国和九州等地区设立地方运输局，作为运输省的派出机构负责辖区内道路运输等的行政管理。地方运输局属行政编制，人员属运输省，经费由运输省划拨。日本道路旅客运输量很小，主要为城市公共交通和旅游客运，而道路货物运输在综合运输体系中却居首位。近年来，营业性道路运输完成的货运量和货物周转量逐年增长，而非营业性运输则呈萎缩趋势。日本与美国等发达国家一样，对道路运输市场的管理是逐步开放的。在 20 世纪 90 年代以前，道路运输实行特许制（管制），1990 年后日本政府放松了对道路运输市场的管制，逐步实行了许可制度。在日本，从事一般道路货物运输经营必须具备以下 8 方面的条件和要求（表 2）。

日本从事一般道路运输经营必须具备条件　　表 2

序　号	条　件	序　号	条　件
1	申请营业区域	5	有车库
2	有营业场所	6	有休息设施
3	车辆数有严格要求	7	有相应管理人员
4	有适应业务需要的运输车辆	8	提供其他相关的文件

日本运价在1990年以前实行国家定价，由运输大臣签发颁布并严格按照规定执行。1991年以来，运价由运输省原则地提出一个标准，允许一定的浮动幅度，经营者在规定范围内根据市场情况决定运输收费。经营日本道路货物运输的企业分为线路货物运输、一般货物运输、灵柩运输和特种货物运输四种企业。数量总体而言，汽车运输企业的在逐年增加，经营一般性汽车运输的企业年年递增，相反由于特种运输、物流法自1990年的颁布实施，特种运输和物流企业数量下降速度较快。线路运输也因运送包裹的减少，出现了年年递减的现象。1996年线路运输企业279家，不到企业总数的0.6%。日本汽车运输企业中从事一般货物运输的占99%，从事线路运输的企业80%为资本金在1亿日元以下、从业人员不足300人的中小企业。在这些企业中，10辆汽车以下的企业占42%，20辆汽车以下的企业占70%，50辆汽车以下的企业占93%。

2.3 国外道路运输发展的启示

通过对发达国家道路运输管理政策和管理体制的分析，我们得到以下启示：

2.3.1 道路运输的发展方向是由粗放型经营向集约型经营发展的方向

经济水平的快速发展要求有更迅速、更可靠、更方便和具有最佳适应性的运输组织方式，以便为在数量上急剧增长的货物和旅客提供出行服务。公路运输业由粗放型经营向集约型经营发展，有助于提高运输生产效率和效益，增强公路运输企业的竞争力，促进运输结构的优化和运输服务质量的提高，满足社会需求。因此，集约化经营是公路运输企业组织结构发展的必然规律，我省也应制定积极的政策促进道路运输经营主体结构的进一步调整。

2.3.2 完善的法律法规是行业政策成功实施的保障

在使道路运输行业组织结构向着合理方向发展的过程中，政府主管部门应法律、经济与行政三种手段并用，特别是更多地依靠法律作为行业政策实施的保障。市场经济是法制经济，西方工业化国家在道路运输业发展的各个时期，都有强有力的法律、法规体系作保障，保证了道路运输政策的贯彻执行，从而弥补了市场机制的不足，调整和处理市场机制不能充分解决的竞争公平性问题、社会分配的公正性问题、安全问题、环境问题以及市场信息的组织和利用问题。

2.3.3 政府补贴可促进道路运输业的发展

发达国家注重通过经济手段调节道路运输市场。如发达国家为了鼓励发展营业性运输、限制自用车运输，对营业性车辆采取税收和通行费减免政策，并采取直接补贴（如营运补贴、新车购置补贴、折旧补贴等）和间接补贴（如投资保证等）相结合的方式鼓励运输企业从事微利项目、调整车型结构和投资站场建设等运输服务设施。

2.3.4 根据道路运输业发展的不同阶段和层次，采取不同措施加强市场管理

道路运输产业组织结构的调整不仅与道路运输业的发展相关，而且与市场经济的成熟状况密切相连。在市场发育不完善、出现过度竞争的时期，政府按照供需平衡的原则，对运输车辆和企业进行“数量控制”，在运输市场较为完善的时期，则采取市场调节的方式，重点集中在“质量控制”上，以实现整个运输市场的充分竞争、提高运输服务水平。

2.3.5　理顺运管部门、相关管理机构及其职能

理顺运管部门、相关管理机构相应的职能，有利于相近或相关业务部门之间协调和政府资源合理有效地使用，另外，使政府机构和人员更加精简，促进政府职能不断向社会转移和向地方下放。

目前我省对公路交通运输的管理涉及车辆生产监督、交警、运政、路政等多个部门，但每个部门都是只管一摊。由于体制的限制，政府管理部分失控，不能对目前的运输市场形成一个强大的管理监督体系。运输管理体制已成为制约公路运输业发展的主要障碍之一。

2.3.6　决策与执行分离

国外政府主管部门内往往采用决策与执行相分离的机构格局，这种有利于保证政府管理的公平和效率的做法值得借鉴。如英国将众多的行政执行、公共产品等具体操作性的事务转移到了“执行局”。传统的行政管理是政府自己决策，自己执行，两种行为缺乏制约，经常导致决策和执行的随意性。设立执行局以后，政策制定与政策执行两部分职能分开，这种做法符合部分政府职能社会化的趋势和政府管理专业化的发展方向。执行局的设立也大大提高了政府行政执行效率，标志着政府管理方式的创新。

2.3.7　侧重对驾驶员和车辆的管理

对运输企业而言，最主要的有形资源就是驾驶员和车辆。因此国外道路运输管理的重点是驾驶员和车辆，因而对驾驶员和车辆都有详尽的要求。对驾驶员的违规违法行为都有严格的记录并作为市场准入的条件之一，对车辆的牌照、维修、保养、使用以及保险等都有明确的规定。

2.3.8　对运输经营者的管理能力有较高的要求

有些发达国家的交通主管部门对道路运输经营者的管理能力有较高的要求，这实际上也提高了运输市场的准入门槛。道路运输经营者为取得营运执照，必须要有一个有业务能力资质的人管理运输业务，即管理者必须具有职业资格。如英国规定道路运输经营者取得职业资格的途径有三种：一是具有担任运输经理的经历；二是通过考试并取得证明其运输业务能力的资格证书；三是持有社会团体颁发的特定专业资质证书。

3　我省道路货运发展现状和管理困局

3.1　我省道路货运发展现状及特征

3.1.1　我省道路货运发展现状

安徽省地处我国中东结合部，总面积约14万平方公里，常住人口为5950.1万人，在经济上起着承东启西、连接南北的传递功能，是东部沿海产业、资本、技术向中西部转移的重要通道，同时也是西部资源、能源向东抢占市场的廊道。安徽省处于中国水陆空立体交通网较为有利的位置，公路、铁路、水路交通都比较发达。铁路陇海线和长江通道，分别横贯安徽北部和南部；铁路津浦、京九两条干线南北纵贯全省，北上直达首都北京，南下直达上海、香港两个国际大都市。近年来，依托公路快速发展，我省道路货运业在基础设施建设、

运输装备技术水平、运输市场主体结构等方面取得了长足进步。2012 年全省完成公路货运量 26 亿吨、货物周转量 7264.4 亿吨公里，与上年同期相比分别增长 18.2%和 18.6%，货运量和货运周转量在全省综合运输体系中的比重分别超过 80% 和 70%，是我省综合运输体系内占据主导地位且最具基础保障功能的运输方式，也为全省产业经济的快速发展提供了重要的支撑保障作用。从与全国其他省份的横向对比来看，安徽省完成货运量和平均运距在全国位居上游。

（1）道路货运基础设施现状。

2012 年全省高速公路通车里程突破 3200 公里，基本形成“三纵七横”的高速公路骨架网。在货运站场设施方面，全省共有货运站 79 个，其中一级货运站 2 个，二级货运站 9 个，三级货运站 19 个，运输站场设施体系初步形成。其中，“十一五”以来，我省公路里程和货运站场变化情况如表 3 和表 4 所示。

“十一五”期间我省公路网变化情况（单位：公里）　　表 3

路网结构	“十一五”末	“十一五”初	“十五”末	比“十五”末增加	增幅（%）
国道	5037	3240	3240	1797	55.46%
省道	7375	8008	7756.8	–381.8	–4.92%
县道	23970	23822	24200.1	–230.1	–0.95%
乡道	36225	36145	36606.3	–381.3	–1.04%
专用公路	1004	1004	1003.9	0.1	0.01%
村道	75771	75393	72807	2964	4.07%

数据来源：安徽省 2010 年道路运输发展报告。

“十一五“期间我省道路货运站情况　　表 4

年　份	货运站总数	二　级　站	三　级　站	四　级　站
2006 年	88	10	33	45
2007 年	86	9	34	43
2008 年	79	9	26	44
2009 年	80	8	29	43
2010 年	86	8	24	54

数据来源：安徽省 2010 年道路运输发展报告。

“十一五”期间，安徽省公路网建设增幅比较明显，但道路货运站数量无显著变化，二级站减少 2 个，三级站减少 9 个，四级站增加 9 个。此外，安徽省近年来高度重视物流园区的建设，先后投资建设芜湖东部物流园区、安庆长江大桥综合经济开发区物流园区、黄山歙县物流中心、马鞍山市长运物流港、铜陵灵通危化品仓储中心、青阳物流中心及池州市交通物流服务中心等物流园区项目，同时规划了 10 个具有综合物流服务功能的物流中心和物流园区。

（2）道路货运经营主体现状。

2012 年，安徽省从事普通货物运输的经营业户数为 185950 户，其中普通货物运输企业达 18781 户，占总数的 10.1%；个体运输经营业户达 167169 户，占总数的 89.9%。普通货物运输经营业户以个体运输经营业户为主。

在普通货物运输企业中，拥有货车 100 辆以上的企业有 624 家，拥有货车 50～99 辆之间的企业 1021 户，拥有货车 10～49 辆之间的企业 1748 户，拥有货车 10 辆以下的企业 5268 户。2012 年安徽省普通货物运输企业结构如图 3 所示。

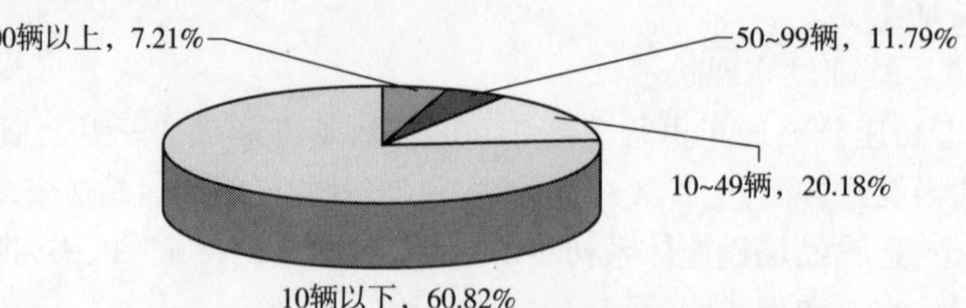

图 3　2012 年安徽省普通货物运输企业结构

货车规模小于 10 辆的企业在普通货物运输企业中占较大比重，占 60.82%，其次是 10～49 辆的企业占 20.18%，表明普通货物运输中，仍以中、小企业为主。大型品牌物流企业相对较少，目前省内较大的企业主要有安得物流股份有限公司，其以专业化、规模化、信息化的第三方物流公司形象跻身全国物流行业前列，2011 年被评为 AAAAA 级综合服务型物流企业。

（3）道路货运运力构成现状。

2012 年年底，安徽省共有载货汽车 607004 辆，运力构成以大型和小型普通栏板货车为主，高效低耗的重型货车、厢式货车、集装箱拖挂车、专用货车、特种货车等所占比重较低。车型结构的相对单一，使得货车总体水平不能适应公路特别是高等级公路发展的需要，限制了公路对运输发展的拉动作用；另一方面，以普通运力为主的单一运力技术结构使得运输服务大量趋同于整车运输服务，激化了低端市场的恶性竞争，而干线运输、快货运输、集装箱运输、特种货物运输等高端运输市场的发展受到技术限制，服务水平难以得到实质性的提高，形成了车辆技术结构与运输服务结构的失衡。

2011 年安徽省营运载货汽车按标记吨位、车型结构、经营范围分的车辆数、吨位及所占比例情况见表 5。

不同类型营运载货汽车的辆数和吨位比较　　表 5

载货汽车		辆数	吨位	按辆数所占比例（%）	按吨位所占比例（%）
按标记吨位分	大型载货汽车	198215	2816638	38.6	83.67
	中型载货汽车	63017	211812	12.27	6.29
	小型载货汽车	252314	337796	49.13	10.03
按车型结构分	厢式车	95571	603422	18.62	17.93
	集装箱车	567	14225	0.11	0.42
	罐车	8372	127039	1.63	3.77
	栏板货车	408676	2621560	79.64	77.88

数据来源：安徽省 2011 年道路运输发展报告。

从以上数据可以看出，我省载货汽车中以大型和小型载货汽车为主，占总数的87.73%。栏板货车占大部分，达到79.64%。按经营范围分，普通载货汽车占96.6%，其余3.6%从事专用运输。

3.1.2　我省道路货运发展的主要特征

作为国民经济发展的支撑保障体系，道路货运发展的根本目的是最大限度地满足社会经济发展和人民生活水平提高的需要。在经济发展的不同阶段，道路货运业的发展也会呈现出不同的特征。“十一五”以来，我省道路货运发展主要呈现以下特征：

（1）货物运量大幅增长，服务能力不断增强。

2012年全省完成公路货运量26亿吨、货物周转量7264.4亿吨公里，与上年同期相比分别增长18.2%和18.6%，与全国其他省份的横向对比来看，位居上游。货车总数60.7万辆，分别比“十五”末增长超过90%，营运车辆逐步向大型化、专业化和高级化方向发展，货车平均吨位、专用货车比例稳步增加，车辆结构更趋合理，大、中、小比例为37∶14∶49。此外，网络化运输、小件快运、城市物流配送等运输组织形式得到较快发展，道路货运服务能力进一步增强。

（2）集约化程度有所提高，货运企业向物流转型的步伐加快。

从企业拥有车辆规模上来看，100辆以上的企业增幅较大，而10辆以下企业数呈逐年减少趋势，大批具有全新经营理念和较高管理水平的骨干运输企业逐步涌现，运输组织化、规模化、专业化程度显著提升，各种类型的物流企业快速成长，不同规模、不同所有制形式、不同经营模式的物流企业共同发展的格局已初步形成。

（3）安全管理工作不断强化，安全生产形势稳中趋好。

安全管理科技水平不断提升，汽车行驶记录仪和GPS系统安装率稳步提高，在全省危货运输车辆中实现100%覆盖。此外，安全源头管理进一步强化，货运源头治超工作取得新进展。

（4）道路货运信息化进程加快，行业科技水平逐步提升。

开发建设了全省交通物流公共信息平台，集成了在线交易、中小物流企业管理、公共服务等功能，参与了全国16个省市物流公共信息平台联网共建工程。按照服务品牌、标识、标准、规程、价格、承诺“六统一”要求，建立了全省小件快运联盟，统一全省小件快运软件，实现了首批7家联盟企业的20余个车站的联网运行。

3.2　我省道路货运发展存在的问题

近年来，我省道路货物运输发展保持快速增长，运输距离不断延长，完成货物运输量和货物周转量均居全国前列。然而，在我省道路货运迅猛发展的同时，一些深层次的问题和矛盾也逐渐显露出来。

3.2.1　运输组织方面

（1）缺少能主导市场发展的大型运输集团公司。

我省道路货运经营主体多，以个体经营者为主，专业货运企业规模和实力参差不齐，2012年年底，全省共有载货汽车607004辆，主要分散在各中小企业中，且多数企业还存在挂靠性质。与我省道路客运业"企业为主,个体为辅"的发展模式不同,我省道路货运市场呈现出市场主体数量较多、企业规模普遍偏小、经营区域较为分散、货源组织能力不足、议价能力相对较弱等特点,缺乏具有组织功能的龙头企业来整合运输资源,特别是对广大中小企业和单车运输户的运力整合不够,组织化、协作化程度太低。而在缺少主导市场发展龙头企业的情况下,不同规模的货运企业以及广大的单车运输户出于各自的利益要求而展开相互压价等恶性竞争,不但造成运营效率与效益的持续下降,而且压缩了行业的总体利益空间,影响了道路货运业的进一步发展。

(2)运输信息不畅、运输网络覆盖能力低。

从道路运输生产经营组织方式来看,由于20世纪90年代以来一些企业实行单车承包经营责任制或是挂靠经营,企业失去建立具有一定覆盖能力的货物运输信息网络的积极性,在激烈的市场竞争中,企业经营举步维艰。同时,由于运输企业规模小,即使建立货运运输信息网络,其覆盖能力也有限。由于运输信息网络不健全,导致营运载货车辆的工作效率很低,从货运经营业户调查走访的情况来看,多数货车载货营运时间较少,平均不足20天,其余大部分时间在等货或找货,车辆空驶现象普遍,货车运营的实载率仅为50%~60%。随着经济体制改革的推进和道路运输市场的开放,个体、联户和社会运输车辆迅速崛起,市场竞争日益激烈,在计划经济体制下建立起来的零担货物运输网络体系,由于其运行机制不适应当前道路货物运输市场的发展而开始逐步萎缩,零担货运组货困难,发展受到阻碍。

(3)先进的运输组织方式发展不足。

运输成本是最重要的物流成本,它与产品的种类、装运的规模以及距离直接相关。国际先进物流企业一般采用多式联运来降低成本,针对产品的特殊性采用不同的装运方式、采取多种运输的联合,通过运输的规模和距离经济性实现降低成本的目的,特别是针对小批量、多批次的货运需求,西方发达国家普遍采用零担货物运输这种方式,但这种经营方式需要以规模经营为前提,只有营运区域达到一定范围,具备以站场为节点的运输网络和多功能服务体系,实现货物运输的全程服务,才能取得良好的经营效果。但在目前,我省甩挂运输、集装箱运输等组织化运输发展滞后,存在着技术装备数量少、不配套,运输组织不协调,企业资金短缺等问题,再加上各种运输方式间缺少无缝化连接,多式联运应用较少,造成了货物运输成本的居高不下,导致道路运输业发展缓慢。

(4)道路运输站场功能配置和布局不完善。

据统计,2011年年底,我省共有等级货运站79个,其中一级站2个,二级站9个,三级站19个,四级站49个。站场等级低,规模小,功能单一,且各运输站场独立、分散经营,没有充分发挥其在运输组织、中转换装、装卸仓储、多式联运、信息处理、辅助服务等方面的综合作用,难以适应道路货物运输网络化、规模化和专业化发展的客观需要。道路货运站场设施建设的滞后,已成为道路货运发展中的薄弱环节。这也说明当前我省"路运并举、以运为本"的观念转变还不够到位,行业发展战略尚不够清晰,使得对货运站场设施建设的资金投入和政策支持不足。

3.2.2　运输装备方面

(1)专用车辆比重较低。

近年来，我省货运车辆主要以小型普通货车为主，高效低耗的重型车、厢式车、集装箱拖和各类特种专用车所占比重较低。而在美国汽车运输中，汽车货运量中70%使用厢式货车运输。从发达国家的道路运输发展经验上看，厢式挂车的广泛应用，能够促进运输网络化、多式联运的发展和运输工艺的改进以及标准化程度的提高。

（2）技术装备落后，运输资源整合差。

就技术装备来讲，当前我省道路货运技术装备水平较低。在发达国家的货物运输中，已经普遍采用的货物跟踪系统、EDI电子货运商务数据交换系统、计算机货运业务管理系统、车辆运行调度系以及先进的通信信息技术装备。但由于我省道路运货组织化程度低，这些先进的技术装备尚无用武之地，加之地区分割原因，造成运输资源布局非常分散，有效利用率很低，现有运输资源的整合度较差。

3.2.3 行业管理方面

（1）对道路货运市场的管理过于放松。

当前我省乃至全国对道路货运市场管理都处于放开状态，市场进入门槛较低，监管几乎空白。从国外发展经验看，资本主义发达国家出现经济危机以前，货运业处于自由竞争阶段；在经济危机出现以后，发达国家政府根据凯恩斯主义理论，对货运业进行了严格的政府管制；当市场步入正轨，发展进入良性循环后，政府则取消管制，货运业进入放松管制阶段。因此，从国外运输业发展的一般规律来看，在市场无序的情况下，政府实施严格管制，促使货运企业从分散走向联合，而当市场完全进入正轨后，政府才可以放松管制，让位于市场这只“看不见的手”。

（2）行业中介组织发挥作用不够。

市场经济不等于自由经济，仍然需要规制。从规制的性质上划分，包括“公法”与“私法”两个层次。“公法”是指政府出台的规章制度、管理法规等。“私法”是指行规、行业约定和行业惯例，是一种业内约定和规范，是行业运作逐步演变形成的，不涉及国家公权。行业协会是私法治理的主要组织体系。在西方国家的运输行业管理活动中，行业协会发挥着非常重要的作用。首先，它在众多分散的运输业户与政府之间，建立了互相沟通的桥梁，把运输行政管理的主体（运管机构）与客体（广大的运输企业）密切结合起来。行业协会随时可以向政府机关反映本行业情况和成员的意见和要求，为政府制定运输法规、运输政策提供重要依据，并发挥着参议的作用。运输协会以其联系广泛的优势起着上传下达的作用，它还代行某些政府职能，完成运输管理机关委托的各种任务。其次，运输协会在本行业发挥沟通情况、交流信息、组织培训、协调关系等重要职能。我省道路运输协会对行业的管理正处在逐步参与过程，在沟通交流、协调关系方面发挥了重要作用，但在制定行规，强化治理方面的作用还需加强。

（3）道路货运管理方式和手段较为单一。

随着大部制和燃油税费改革的推进，运管机构的职能发生了转变，运输管理的重心也随之转移，以往重收费轻管理的状况必须予以纠正，特别是在道路货运领域，由于市场长期放开，经营主体成分复杂、交易场所极度分散，货运价格随行就市，恶性竞争现象严重，运价低迷，超限超载等问题和矛盾日益突出。对于这些问题，当前我省在实施道路货运行政管理中，有的放任不管，有的则是单纯采用行政手段加以制止。由于法规体系和市场机制的不够完善，使得法律手段和经济手段难以得到充分使用，开放性、服务性、引导性的办法也较少运用。

3.3　影响道路货运管理效果的政策法规性因素分析

3.3.1　我省道路货运管制政策现状

从法规政策体系上来看，我省几乎没有地方立法和政策制定的实践，主要运用国家的法规和政策实施行业管理。

从国家层面看，道路货物运输的法律法规主要分为两大类：一类是国务院行政法规，有《中华人民共和国和道路运输条例》和《危险化学品安全管理条例》；另一类为是交通主管部门的部门规章，如《放射性物品道路运输管理规定》、《道路危险货物运输管理规定》、《道路货物运输及站场管理规定》、《汽车货物运输规则》等。

这些法律法规涉及了道路货物运输准入许可、货物运输种类划分、道路货物运输技术规范、道路货物运输安全管理、经营行为规范、监督检查、行政处罚、退出机制，初步形成了道路货物运输管理法规政策体系。

3.3.2　现行道路货运管理政策的横向比较

结合我国道路运输行业现行法规政策现状，从立法时间、立法层次、制度设计、政策取向等不同的标准和脉络来进行横向的比较分析，可以大致梳理出我国现行道路货物运输管理政策中存在的问题，主要体现在以下几个方面。

（1）现行道路货物运输法规政策的制定时间比较新近而且较为集中。

制定实施法规政策的时间集中在近几年，特别是2004年后，之前缺乏政策研究和政策实施的经验基础。追溯当时的立法背景，2004年《中华人民共和国和行政许可法》实施后，对行业管理的合法性和程序性依据提出了较高的要求，客观上使得行业主管部门加大了政策研究的工作力度，对以往的道路货运政策文件、管理模式、既定传统和规则进行系统整理，完善法规政策形式，提升政策的科学性、严谨性、合法性、合理性和系统性，集中、高频率地出台了一系列道路货物运输管理法规政策。

（2）现行道路货物运输法规政策的立法层次普遍不高。

虽然现行道路货物运输法规政策数量较多，但是总体而言，立法层次普遍不高，除了在国务院行政法规上有些原则规定外，更多的是体现为交通主管部门的部门规章。受部门立法水平所限，法规政策重复性规定较多，行为规范设置并不细致和全面；受部门立法层次较低的原因，法规政策的约束力也不强，实施效果也受了一定的限制。

（3）现行道路货物运输法规政策的制度设计比较粗放。

由于现行道路货物运输法规政策制定时间较为集中，总体上说，相同相似政策前后缺乏优化、完善环节。在具体制度设计中，只注重设置和保留许可准入制度本身，对许可条件的合理性、可操作性考虑不够，尤其缺乏退出机制的设计和规定，法规政策总体比较粗放。

（4）现行道路货物运输法规政策的政策取向比较单一。

在诸多的许可条件、管理制度、行为规范中，体现的政策取向较为单一，注重运输安全，突出危化品的运输管制，但是对运输法规政策与行业现状的适宜性，与行业未来发展方向的导向性考虑得不够。

3.3.3 道路货运管制政策效果的纵向分析

结合道路货运发展过程的特点，从历史纵向角度来看，我国道路货运市场主要可分为以下几个阶段。

第一阶段：1978—1989 年，市场放开阶段。公路货运由计划经济向市场经济过渡，政策引导经营者进入运输市场，以解决长期积累起来的运输供给短缺问题。在这一时期，我国出台了相应的法律法规促进道路货运的发展，这些法律法规主要有：1983 年 2 月 25 日由交通部发布，1983 年 5 月 1 日起实施的《汽车货物运输质量管理办法（试行）》（已废止），明确以最大限度的满足用户的运输需要为宗旨。1983 年 5 月 26 日交通部发布《关于汽车货物运输质量指标统计和考核的具体规定（试行）》（已废止），对货物运输质量指标统计的考核标准和口径做了规定，促进道路货运的统一化、标准化。为了保证道路货物运输过程中各个相关主体交易的平等互利，1986 年 12 月 1 日交通部发布了《公路货物运输合同实施细则》（已废止）。在加速发展零担货物运输事业方面，交通部于 1987 年 12 月 14 日发布了《中华人民共和国交通部汽车零担货物运输管理办法》（已废止）。这一阶段政策的实施，使得原本由运输供给短缺形成的制约得到极大地释放，市场准入门槛的降低吸引了大量社会资源投入到道路运输市场，迅速增加的运输业户使得经济快速发展所产生的货运需求得以满足和实现。

第二阶段：1989—1991 年，市场过渡阶段。在这一阶段道路货运强度有所降低后并保持相对稳定，为避免该行业出现供给过度的局面，稳定货运市场，1987 年国务院颁布了《中华人民共和国道路运输管理条例》，对于维护道路运输市场秩序，保障道路运输安全，保护道路运输各方当事人的合法权益，促进道路运输业的健康发展，避免供大于求而导致的供给过剩起到了一定的作用。

第三阶段：1992 年以后，过度竞争时期。这一时期，过多的经营业者进入这一市场，竞争加剧，道路货运市场从改革开放初期的自由竞争时期明显地进入了过度竞争时期，形成了“多、小、散、弱”的市场结构。1990—2004 年我国公路运输车辆与吨位变化如图 4 所示。

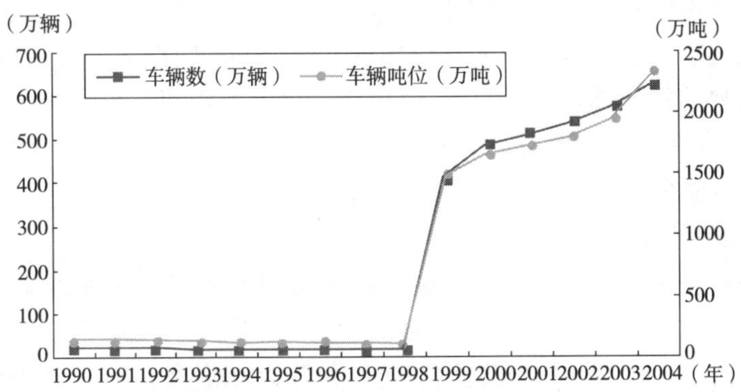

图 4 1990—2004 年我国道路货运车辆与吨位变化图

从图 4 可以看出，1999 年后道路货运运力急剧增长，主要原因在于我国处于社会经济发展的转型期,市场门槛低和沉淀成本低的特性使得道路货运成为吸纳社会剩余生产力的"容器"。这一时期的政策主要有:1996 年交通部发布《道路大型物件运输管理办法》,同年交通部颁布《道路货物运输服务业管理办法》,1997 年交通部发布《道路零担货物运输管理办法》,1998 年交通部、国家发改委发布《汽车运价规则》,1999 年交通部发布《汽车货物运输规则》,2001 年交通部印发了《关于道路运输业结构调整的若干意义》,2004 年国务院颁布实施了《中华人民共和国道路运输管理条例》,2005 年交通部通过《道路货物运输及站场管理规定》,2005 年交通部发布《道路危险货物运输管理规定》。

这些法规和管制政策涉及的内容主要有市场进入管制、价格管制、安全管制以及环境管制等,管制政策呈现出不断提高市场准入条件,加强运输行为管制的变化趋势,但并没有起到预期的效果,市场准入的实际门槛并没有提高。从货运市场的角度看,在运输成本不断上升的情况下运价始终保持较低的现象反映出运力开始过剩,运输市场竞争激烈并向自由无序的方向发展,加之政府采取放任发展的态度,道路货运逐步走向利润率低、稳定性差的市场状态。

纵观道路货运发展的法规政策历程,国家对道路货运的管理似乎并未放松,在不同发展阶段都出台了一系列的政策措施,特别是市场放开的政策,对于当时解放运输生产力、支撑国民经济发展方面发挥了巨大的作用。然而,在运力短缺矛盾解决后,管制政策未能结合国情和社会经济特点及时调整,忽略了货运市场本身的差异,而过早地选择借鉴西方发达国家的放松管制模式。以与美国的对比为例,我国实施放松管制政策的市场条件和环境与美国有着很大的区别,主要体现在以下三个方面:

(1)政策制度供给的市场主体不同。

在实施放松管制前,美国对道路货运实行严格的经济管制,对经营范围、经营线路和运输价格实施严格的限制。这种限制规避了自由竞争时期恶性竞争,使得现有的经营者避免了新的竞争者。同时,价格公布制度滋生了道路运输企业之间的价格串谋,在运输需求不断增长的条件下,规模稳定的现有承运人获取了较高的利润,完成了资本的原始积累。而我国在提出"有路大家行车"的自由进出制度之前,实行严格的行政垄断,由政府投资建立运输企业、购置车辆等,国有企业直接或间接受到一定程度的保护,没有足够的动力来降低运营成本,提高运输竞争力。因此,与美国运输管制政策比较而言,只是在形式上具有相似性。

(2)政策制度供给的市场环境不同。

美国在自由发展时期充分竞争的宽松环境下培育了良好市场基础,而我国当时却处于运输供给严重短缺的状态,运输资源却完全由政府机制配置和调节。这种差异形成了不同的市场结构,美国存在着不同规模、不同类型的独立市场竞争主体,而我国形成了以地域划分为特征的国有运输企业,形成区域性的市场垄断。

(3)政策制度制定的理念导向不同。

美国的运输政策也经历了漫长的发展过程,但美国政府历来都采取重视运输业发展的积极政策来支持运输业发展。而我国政府强调运输服务让位于其他产业发展,随着大量的个体运输户进入到道路运输市场,国有运输企业不断受冲击,使得国有运输企业原本具有货源组织、生产组织与调度、管理制度等方面的优势和作用逐渐开始弱化,市场组织化程度不断降低。面对众多的市场主体,政府定位和职能转变滞后,行业管理力度和手段跟不上市场变化,再加之社会经济发展的特定阶段,使得道路货运恶性竞争、运输诚信危机等问题比较突出。

通过上面分析发现,道路货运的管理效果与政策制定紧密相关,在政策制定中不仅要考虑与货运发展态势保持一致,也要考虑与能否在社会经济中发挥基础性作用保持协调。货运市场发展是具有规律性的,道路运输管制政策的转变也应当顺应规律,对于道路货运的管理,应当在深入分析和把握规律的前提下,向加强引导和适当管制方向转变。

3.4 当前我省道路货运发展面临的困局

从前面对道路货运发展的现状和管理政策的沿革来看,行业管理政策一定程度上促进了道路货运业的发展,但在行业的实际管理中,仍然存在一些困惑的地方,虽然也针对性出台过一些引导政策,但效果并不理想,给今后道路货运管理政策的制定造成了困局。归纳起来,主要体现为“四个并存”:

3.4.1 运输成本的不断上升与货物运价的持续低迷现象并存

通过对我省道路货运价格的监测和全国普通货物运价的分析,中长途普通货物道路运输的运价 20 多年来几无变化,甚至还有一定程度的降低。据相关资料,放开市场前,全国道路货物运价约 0.2 元 / 吨公里,客运运价约为 0.02 元 / 人公里;经过改革开放 30 多年的发展,我国道路运输市场发生了天翻地覆的变化,运输结构得到优化,运输能力进一步提高,道路客运平均运价增长到约 0.245 元 / 人公里,是改革开放前客运运价的 12 倍之多,而货物运价却一直处于低迷状态。从中国物流采购与联合会发布的公路货运价格指数来看, 2011 年 4 月份全国整车运输和零担重货的平均运价约为 0.337 元 / 吨公里,比 1984 年增长 0.137 元 / 吨公里,但在此期间,我国车辆燃油价格提高了 6 ~ 8 倍,劳务成本提高了 10 多倍,所缴纳的通行费用等也比之前增加了 3 ~ 5 倍之多,运价长期走低的趋势与国际上运输价格稳步上升的趋势背道而驰。虽然近年来运输装备质量在提高,路网不断优化,通信技术的应用使运输效率也不断提高,但远不足以抵消燃油、劳务等成本的更大幅度提高。

3.4.2 治超力度的不断加大与超限运输的屡禁不止现象并存

随着我省源头治超工作的工展,全省货运车辆超限运输在一定程度上得到有效控制,车辆超限率始终控制在 10% 以内。但看到成绩的同时,还要清醒地认识到,超限超载的深层次原因尚未完全消除,治理成果十分脆弱,加之现阶段敏感的经济环境和复杂的社会环境,巩固和扩大治理成果的任务十分艰巨。特别是油价持续上涨,加剧了运输业户向超载要效益的观念,影响治超工作的深入开展。此外,安全隐患开始增多,部分个体经营者为了生存与执法者玩起猫捉老鼠的游戏,许多货车选择在晚上超载运行,有的甚至为逃避罚款,铤而走险,强行冲撞关卡,造成人员伤亡事件。

3.4.3 货车运行的低效高耗与货运市场的过渡进入现象并存

道路货运价格的低迷与运输的低效率并未引起道路货运行业的萧条,相反,越来越多的运输业户不断进入到运输市场从事营业性货运。2007 年,我省道路货运经营业户 13.5 万,到 2011 年,道路货运经营业户达 16.5 万,增幅超过 20%,并以货运个体户为主。即使是名义上的大中型企业,也是进行所谓的挂靠经营,收取挂靠车辆的管理费,维持公司的简单运作,货运业务完全由零散的个体户自行经营,谈不上经营的集约化和规模化,车辆的效率和服务也是维持在较低水平上。可见，尽管在运价与成本相对水平有所背离的情况下，运输业户仍然源源不断地涌入运输市场，根据价值规律，吸引这些业户进入市场的原因仍逃不掉“利润”二字。通过对部分运输业户的调查，普通守法运输业户进行中长途普货运输的实际成本在 0.38～0.45 元 / 吨公里之间，而在此成本和运价水平下仍能保持“利润”，则必然会通过超限超载等违法途径来保持相对成本的降低。此外，从道路货运的从业者来看，许多运输业户来自农村，他们从事道路货运是出于生计的需要，解决就业问题，许多人缺乏必要的法律常识，对工商管理的有关规定也缺乏必要的了解，对于道路运输的法规和使用公路的法规的了解，也是支离破碎。为了获取利润，他们经常会无视上述各个方面的法规进行违规违法运输，如超载、超限运输。由于大量法制意识不强的、不具备从业资格的业户进入运输市场，导致了市场的过度进入，具体表现为生产的低效率、运输的低价格和从业者的低素质。

3.4.4　货运市场的无序竞争与行业管理的过于放松现象并存

当前我省乃至全国对道路货运市场管理都处于放开状态，市场进入门槛较低，监管几乎空白。从国外发展经验看，资本主义发达国家出现经济危机以前，货运业处于自由竞争阶段；在经济危机出现以后，发达国家政府根据凯恩斯主义理论，对货运业进行了严格的政府管制；当市场步入正轨，发展进入良性循环后，政府则取消管制，货运业进入放松管制阶段。因此，从国外运输业发展的一般规律来看，在市场无序的情况下，政府实施严格管制，促使货运企业从分散走向联合，而当市场进入正轨后，政府又可以放松管制，让位于市场这只“看不见的手”。

困局的形成源于许多原因，但困局的突破关键在于管理。因此，重新审视我省道路货运发展，加快摸清市场状况，找准行业薄弱环节，及时调整货运管理工作思路成为当时我省道路货运管理工作的当务之急。

4　我省道路货运管理的思路及重点

4.1　我国道路货运发展趋势及我省道路货运发展环境

4.1.1　我国道路货运发展趋势

随着我国经济的快速发展和经济结构调整步伐的加快，我国道路货运业发展也将呈现新的趋势。首先，我国经济由投资拉动转向消费驱动，货运物品的主要类别就将发生巨大变化，其次铁路货运、民航快运、水路运输结构变化也将对中国公路货运带来影响。随着市场的规范，善于游走于灰色地带的个体运输户将丧失更多的灵活优势，与货运企业在透明规则下公平竞争。2012 年 5 月，中国货运业年会发布中国货运业十大发展趋势：

（1）公路运输需求将继续保持快速增长。

中国经济正处在高速增长期，尽管未来中国经济发展面临着很多不利因素，但根据大多数权威机构的预测，在未来五年将继续保持较快的增长。随着经济的进一步发展，公路运输需求必然保持快速增长。

随着经济结构调整，固定资产投资增幅趋缓。根据上面的分析，中国货运结构变化，可以预计在公路货运中大宗货物、初级产品所占的份额呈下降趋势，但各类消费品、制造业各类高新技术产品的运输需求将上升，这将对运输服务质量和服务水平的要求日益提高。随着中国消费水平的提升，商贸物流和电子商务物流配送的发展，城市物流配送与快速运输需求将上升，快运企业将具有巨大发展空间。

（2）甩挂运输等新型运输模式与技术将获得快速发展。

市场对运输效率要求越来越高，因此，甩挂运输等高效与节油运输模式将获得快速发展，大型运输企业将在闭环的运输线路上率先推进甩挂运输。随着甩挂运输的优势被挖掘，在全国运输网络，将有企业积极推进挂车租赁系统，从而促进全国运输网络上的甩挂运输的发展。随着运输市场规范，物流服务产品化、标准化、规范化，定时定点的货运班车运输形式将获得发展；中小企业为了克服区域性、缺乏快运网络、资金实力不足的劣势，将互相联合，组建各类运输联盟，与大企业争天下。

为了提升运输效率，推动快速装卸与搬运，实现快速分拣，便于货物运输的信息识别，集装单元化运输、托盘化运输将获得巨大发展，各类的标准货物包装、各类的运输集装单元包装与托盘化运输等将获得普及应用，装卸与搬运将实现机械化；货物交接与清点将实现信息化，货物运输过程将实现透明化，分拣输送将实现自动化与快捷化。

（3）智能运输系统是未来公路运输的发展方向。

智能运输系统可提高公路交通安全水平，减少交通堵塞，提高公路网的通行能力，降低汽车运输对环境的污染，提高汽车运输生产率和经济效益。随着智能运输系统技术的发展，电子技术、信息技术、通信技术和系统工程等高科技在公路运输领域将得到广泛应用，物流运输信息管理、运输工具控制技术、运输安全技术等均将产生巨大的飞跃，从而大幅度提高公路网络的通行能力。

智能运输将带来货运车联网的大发展，未来五年借助于互联网技术，货运企业的货物运输信息化与网络化将得到普及，先进的企业会逐步地发展成货、车、路、库全面联网，建立智慧运输系统。此外车联网还将会向车辆本身各系统延伸，将车辆控制系统、行驶系统、动力系统也借助车载终端实现联网，从而实现主动安全辅助驾驶、省油模式辅助驾驶、驾驶行为分析与改进、运输路径优化等功能，为车队管理带来革命化变革。

（4）公路货运将与现代流通日益结合。

随着现代电子商务发展，货运企业与现代流通关系日益紧密，货物运输与配送成为现代商业流通的活力源泉，成为现代商贸流通的终端触角，成为电子商务终端体验，这将对货运与商贸流通业带来巨大影响，并带来跨界的竞争与合作。目前，很多电商公司越来越多地涉足物流与运输，以提升自己的客户体验；而快运企业也纷纷利用自己的运输与配送网络优势，涉足电子商务领域。更多的还是合作，风行日本的宅配模式过去在中国一直推广不力，而随着中国消费水平的提高，连锁性的社区便利店的网络日益完善，快运企业与便利店、社区居委会的合作将得到发展。

（5）部分货运企业将向现代物流方向发展。

随着中国消费水平提高，公路货运中小批量、多品种、高价值的货物越来越多，在运输的时间性和服务质量方面的要求越来越高。在此背景下，近年来一些大型公路运输企业的物流服务意识迅速增加，一些先进的企业已开始从单纯的货运公司发展成为能够提供多种物流服务的现代物流公司。

（6）公路货运专业化发展也有很多空间。

随着区域经济的发展以及公路基础设施和车辆的不断改进，中长距离公路运输需求增加，公路货运向快速、长途、重载方向发展，专注于货运领域，提供高质量的标准化运输服务，也是货运企业发展壮大的成长路径。

大吨位、重型专用运输车因高速安全、单位运输成本低而成为我国未来公路运输车辆的主力。专用车产品向重型化、专用功能强、技术含量高的方向发展。厢式运输车、罐式运输车、半挂汽车列车、集装箱专用运输车、大吨位柴油车及危险品、鲜活、冷藏等专用运输车辆将围绕提高运输效率、隆低能耗、确保运输安全三大目标发展。

专业化还将体现在货运细分市场方面。近几年，在小件快递、零担运输、整车快运和供应及分销物流等细分市场上，有的企业提供的服务产品具有很高的性价比，以每年营业额30%、40%甚至60%以上的速度迅速扩张，网点建设同步增长，显示了新兴市场专业细分的无穷魅力，未来几年这一趋势将更为明显。

（7）货运网络建设与布局将日趋合理。

未来五年，中国路网建设将得到进一步加强，形成以高速公路为骨架、主要公路客货运输站为枢纽，形成高效便捷、四通八达的全国公路网，物流配套设施如物流中心、货场等也将得到发展。

目前国家规划了密布全国的通用型货运物流园区，很多大型货运企业也在布局自己的现代化分拨中心，电子商务企业也在建设全国各地的物流配送中心。今后全国的货运网点将出现以国家规划的通用型货运物流园、货运企业的各类分拨中心、货主企业的物流配送中心三位一体的网络节点。

（8）低碳运输将成为货运业大趋势。

随着油价的上升，市场机制已经起到作用，企业越来越重视货运车辆的节油、环保与低碳目前很多货运企业采购车辆的关注核心已经专注于油耗问题，因此出现了很多货运公司购买了大批量的国外品牌货车，就是看重其质量好、油耗低。

（9）货运运营主体将出现变化。

目前中国公路货运业运营主体呈多元化格局，但个体运输居于绝对的地位，小散乱是最主要特征。随着市场规范，游走灰色地带的散户将逐步失去过去优势，其中部分散户开始逐步退出货运领域，部分散户也将开始成长为具有活力的民营货运公司，很多散户也可能加盟物流公司，组建货运联盟；具有优势的货运企业将实现快速扩张，企业将加快兼并重组，国家将重点扶持大型货运企业，中国公路货运巨头有望崭露头角；跨国公司将继续位居货运市场高端，并获得可持续发展，成为中国货运业的服务标杆，中外合资企业将获得较大发展。货运行业将成为国有、民营、中外合资及个体户等多种经营主体并存，共同发展的充分竞争行业。

（10）多式联运将获得较大发展。

随着铁路运力的释放，航空货运、水运的发展，中国运输业的运输结构将趋于合理，多种运输方式将趋于整合与协同，不同的运输模式将各自发挥自身特有优势。因此，国家一直推动的多式联运等运输模式将获得巨大发展，尤其是“公铁联运”具有广阔发展空间，挂车直接开上火车的“驼背运输”模式在国内也将得到重视。

4.1.2 当前我省道路货运发展环境分析

任何事物、任何行业的发展都不是封闭的、孤立的。道路货运业的发展也完全脱离不开我国政治、经济、文化环境的影响，甚至脱离不开国际社会政治、经济、文化的影响。我省道路货运的发展也是同样道理，行业所处的经济环境、法制环境及社会环境等都会不同程度地影响着道路货运业的发展，如社会车辆的高比例、高品质运输的低需求、运输企业的高税赋、法规体系建设的慢节奏、社会与公众较低的法制意识、相关行业服务与生产的不规范等。当前形势下，单就某一行业、某一现象进行治理的效果差且不能持久的原因就在于环境的问题难以一并解决。

（1）宏观经济环境。

“十一五”以来，安徽省经济发展迅速，经济结构调整步伐不断加快，发展方式转变力度不断加大，发展的总体形势好于全国、领先中部。从产业构成上看，安徽省仍是中国重要的农林畜产品生产基地之一，粮食作物、经济作物及畜产品种类丰富，该类产品的消费需求会直接刺激道路货运需求。同时，我省门类齐全、配套能力较强的工业体系也已基本建成，其中汽车、家电、钢铁、有色、水泥、煤电、纺织等行业在全国占有重要位置。此外，在工业、农业快速发展的同时，安徽省服务业也获得提升，城乡商品批发市场发展迅速，成交额不断上升，高层次的为生产和生活服务的金融、保险等行业比重进一步提高，产业结构进一步优化，所有的这些都为我省道路货运发展提供了良好的支撑环境。

（2）法制环境。

从目前情况看，我国道路货物运输的法规政策体系尚不完善，亟待强化、细化、完善。随着社会经济的进步、运输需求的增长、行业自身的进步、民生定位的回归，道路货物运输发展面临一系列有利的法制环境：

①适应建设法治政府、推进依法行政的要求，道路货物运输法规政策的研究和制定工作面临前所未有的机遇。

②道路货物运输行业稳定健康发展、节能减排的行业职责履行、服务社会便利民生的行业定位都对行业法规政策提出的了新的需求。如：《国务院办公厅关于进一步促进道路运输行业健康稳定发展的通知》（国办发〔2011〕63号）的出台。

③交通行业立法工作机制的不断完善推动了道路货物运输政策法规建设前进步伐。如交通运输部建立了立法后评估制度，启动了《道路运输条例》修订工作，谋划设置无车承运人制度和运单制度，实施了道路货物运输和站场课题研究，出台了《关于进一步加强道路运输市场诚信体系建设的意见》等。

④地方立法权的进步和完善为地方道路货物运输法规政策工作提供了良好的契机。如安徽省人大和安徽省政府修订《安徽省道路运输管理条例》增加物流方面的规定，出台《安徽省治理货物运输车辆超限超载办法》治理货物运输超载超限运输行为，出台《安徽省道路运输安全违法行为处罚处分办法》要求运输企业履行安全主体责任；安徽省交通运输厅

实施《安徽省道路运输站场建设投资管理办法》加大货运站场投资力度,优化综合运输体系,提高货运组织化程度、担当行业社会管理职能等。

(3)社会环境。

我省道路货运行业发展除了受到宏观经济环境和法制环境的影响外,也会受到社会环境的影响,如当前参与货物营运的社会车辆比例较高,专业运输公司自有车辆数量有限,运输组织比较松散,对运输过程的管理难以到位。加之受经济发展阶段的影响,目前运输市场对高品质运输的需求还比较少,对货物运输的要求基本停留在"安全送到"层面,这在一定程度上不利于专业运输企业竞争力的发挥,由于货源有限,容易导致货运市场的低层次价格竞争。此外,运输企业的高税赋、社会与公众较低的法制意识以及相关行业服务与生产的不规范等现象在一定程度上也给我省道路货运业的发展带来了消极影响。

从我省宏观经济环境、法制环境和社会环境的分析来看,我省社会经济的快速发展将会带给道路货运业光明的前景,但也要意识到我省道路货运业所处的环境还存在一些消极的因素,只有逐渐改变这些不利因素,才能更好地促进我省道路货运的健康发展。

4.2　我省道路货运管理思路的确定

4.2.1　当前我省道路货运发展的阶段性判断

通过分析可以发现,我省道路货运的发展正处于一个货运量大幅上升的成长期,货物运输种类由煤炭、矿建材料等原材料运输逐步转向以机械设备等重工业产品为主,货物运输服务的层次性差别不大,差异化服务较少。从道路货运发展的进程来看,我省道路货运正处于一个从初级到完善的过渡阶段,是各类矛盾问题的集中突显阶段,无序竞争、不正当竞争是本行业所处的经济环境、法制环境、社会环境下的自然结果。目前,改变无序竞争的局面不可能指望在此环境下自然发展,政府的干预既是逻辑的必然,也是国外经验的证明。因此,加强这一时期的道路货运管理工作,对今后我省货运的健康发展至关重要。

4.2.2　道路货运管理的必要性

道路运输管理的目的是维护道路运输市场秩序,保障道路运输安全,保护道路运输有关各方当事人的合法权益,促进道路运输业的健康发展,更好地为人民生产生活和社会经济发展服务。

(1)确定行业管理方针是解决道路货运存在问题的根本。

要对我省道路货运业进行科学的宏观管理,实现道路货运业的跨越式发展,必须对我省道路货运的现状和本质有一个正确的认识,只有基于正确的认识。必要的理论知识和发达国家的经验,行业管理部门才能对一个阶段的管理工作确定明确的管理方针,而只有正确的运输行业管理方针,才是道路运输行业全面健康发展的根本保证。

(2)加强道路货运行业管理是改善行业发展环境的必由之路。

造成当前道路货运发展存在问题的原因有许多,如法规体系、执法实施、体制设置、经济环境以及企业经营等原因,但实际上还存在着一个更重要的原因,这就是管理。换言之,道路货运行业管理做好了,法制和体制的原因基本可以消解,有效的政府管理工作能够促进法规体系的建设,有效的政府管理工作也可以改善宏观经济环境和行业的发展环境。

（3）现实运输市场的规范和有序有赖于行业部门的管理。

一段时期以来，许多业内外人士认为应该放开道路运输市场，认为政府不应该对市场进行干预，这实际上就是排斥政府对市场的管理。由于我国所处的特殊发展阶段，道路货运市场机制尚不健全，行业的发展一定程度上必须依靠政府部门的管理。即使在西方发达国家，完全由市场调节的市场经济也已不复存在。现代市场经济已经是在不同程度上，以不同方式受到政府干预和计划调节的市场经济。因此，有必要将行业部门的有效管理和市场调节有机地结合起来，才能实现社会资源配置最优化。

4.2.3 我省道路货运管理思路

从当前货运市场现状来看，运输管理体制造成的运输市场分割和地区封锁，审批条件对网络化货运构成的发展障碍，货源垄断和信息不对称引发的无序竞争等等，是导致货运市场运输结构不合理、经营主体高度分散、站场布局严重滞后、规模经济严重不足、运价持续偏低、资源配置效率不高、生产效率下降的主要原因。

基于道路运输行业具有公用事业的特性，那么对此行业进行经济性和社会性管制就是顺理成章的政策取向，而进行经济性管制和社会性管制正是政府的当然职责。

因此，在当前我国道路货运业所处的发展阶段和状况下，对行业进行管制应是以消除与缓解外部不经济、内部性问题与信息不对称为目的社会性管制为主。同时，为抑制垄断力量与过度竞争，辅以经济性管制。其目的首先是消除不同行为主体之间的不对等格局，以减少社会公平方面的损耗，关注社会资源配置的公正程度。其次通过对价格、数量、市场进出、投资和服务质量管制等，逐步恢复正常的市场价格规律，调控企业规模，规范和控制运输市场的准入与退出。最终目标是建立和维护一个结构合理、分工明晰、竞争有序、运输高效、信息透明、诚信可靠的货运市场。

从发达国家货运业发展的成功经验来看，未来我国道路货运业的发展方向就是通过政府政策引导，发展以零担运输为主的网络化运输市场，在道路货运行业形成龙头企业，依靠大型货运企业建立和发展运输网络，由大企业承接业务，承担干线运输，再由其组织小的货运企业去做配送运输，合理分配利益，最终实现大型企业为主导、中小企业为辅助、专业企业为骨干的市场优化格局，实现不同经营主体的利益共赢。在运力结构方面，引导发展技术先进、高效低耗的多轴大吨位重型载货汽车的干线运输车辆和中小型厢式配送车辆，鼓励发展厢式、集装箱、冷藏、罐式等专用货运车辆。形成市内货物配送以小型厢式货车为主，中短途货物运输以中小型货车为主，长途货物运输以大型货车为主，特种货物运输以专业化车型为主的配置格局。

4.3 现阶段我省道路货运管理的重点

我国道路货运行业，已经形成了一定的规模，要在短期内全面实现合理的市场分工、调整经营主体结构、完善法制体系仍有些困难。但行业管理部门对道路货运行业管理方式的改变应有明确的实施战略目标及其实施进程的安排。在当前道路货运行业管理比较松散、政策取向不明确、基础设施建设不完善的情况下，亟需首先解决经营主体结构失衡和市场内部无序竞争的问题。结合我省道路货运业发展的基本状况和管理部门所能调度的行政资源，我们认为当前一段时期应重点通过以下三个方面加强行业管理。

4.3.1　加强信息服务体系建设

发达国家的政府交通运输管理机构一般都设有信息部门或运输统计部门，负责运输信息的采集、分析、处理、加工与发布。各国均已建立与形成比较完善的运输管理信息系统，并十分重视全国各种运输方式运输及其管理信息的联网工作，除涉及商业秘密的信息之外，尽量做到信息资源共享。

市场经济要求公平竞争、机会均等，除了经济上的公平竞争之外，还有一个重要的因素即获取信息的机会平等。获取信息的机会平等是社会各界公平竞争的基础条件。目前我国的信息公开制度尚处于初创阶段，有效信息严重不足是社会各界的普遍问题，道路货运行业更是如此。

为了实现真正的市场公平竞争，作为政府部门的行业管理机构，就应该要掌握市场状况，建立市场信息体系，一方面为正确决策、调控行业发展提供依据；另一方面通过信息公开，使所有当事者享有平等的获取信息权利和机会，引导经营者合理竞争，有的发展，逐步改变结构性问题。

我省有近500个基层交管站，不同功能性质的货运站场也有几百个（需要调研），有一定规模的货运企业（100辆车以上的）700多家，完全具备体系建立基础条件。行业管理部门可以通过行政等措施，把这些点联合起来形成全省货运信息网络，辅以管理机制，建立我省的货运信息服务体系。具体构想如下。

（1）建立货运信息采集网络。

信息的准确性要通过采集数据的积累实现，数据量越多，信息的准确性越高。只有更多地设立信息采集点，并将各点信息集合起来，才能确保信息的准确性。我省有不同经营模式的货运公司和货运站场（物流园）近千家，从区域分布、数量、特点等方面，完全满足数据采集分析代表性的条件。同时，通过转变交管站工作职能，发挥其市场服务管理职责，建立辖区企业联系机制、市场调查机制和信息报送机制，实现分片区的货运市场信息采集。因此，可以运用行政措施辅以经济手段，将各级运管机构、货运企业、货运站场纳入货运信息采集点建设规划，分步骤建立和完善信息采集网络。

（2）建立货运信息平台。

统一货运信息采集标准，方便快捷的填报信息是货运信息服务体系建设的重要部分。传统的报表填写、电话（传真）报送已不能适应现代行业发展要求，一是手续繁琐，工作量大，信息采集人员容易产生厌倦情绪；二是信息收集和汇总时间较长，影响信息的时效和准确性。因此，在建立货运信息采集网络的同时，应运用电子通信技术，设计、开发、应用货运信息系统（计算机、手机版本），提高信息采集效率。原则上要求系统操作简单，内容简明，对各信息采集点的系统功能不需太多，只需录入、发送即可，省市级运管机构（或委托研究机构）的系统应有统计分析功能。

（3）建立信息传输通道。

信息传输是货运信息服务体系建设的重要环节。传输通道不畅，直接影响信息的及时性和全面性，基于我省拟设立的信息采集点基本状况，信息传输通道是比较薄弱的环节，特别是基层交管站还没有全面实现计算机联网，因此省和市级运管机构有必要统筹预算，加大科技资金投入，尽快建设基层运管机构网络通道，并通过公共网络完善与企业的联网。同时，可以与电信或联通、移动运营商合作，开通手机传输通道。

（4）建立信息资源管理机制。

随着现代社会经济活动的发展，信息已成为重要的社会资源，因此，加强管理，发挥出信息资源的更大作用是极其重要的。首先是从认识上重视信息资源管理，行业管理部门和企业要在组织机构上配备信息管理人员，专职信息管理工作，有条件的可以设置信息资源管理机构，组建区域性信息员队伍；其次是从货源分布、货物分类、运输流向、运输价格等方面，研究确定货运市场基本信息采集内容，制定信息收集、处理、传输、发布、使用等制度，完善信息资源管理机制；最后是建立省市级行业管理部门的信息统计分析机构，也可以委托第三方行业研究机构专门对采集的信息深入剖析和研究，形成社会信息内容，引导行业健康发展。同时，确立“事先审查、事后监督”的监管原则，建立信息资源监管机制，加强对信息发布和使用环节的监管。

4.3.2 强化道路货物运输市场监管

当前的道路货物运输的行业管理，主要是对运输企业发放经营许可证、对运输车辆发放营运证（道路运输证）、对部分从业人员发放从业资格证，且要求越来越严格。这种以市场准入为核心的行政管理，在当前社会主义市场经济体系基本形成的背景下，已经产生了很多的问题。第一，不能发挥市场配置资源的作用，而是以行政手段来配置市场资源，行业的服务形式和企业的服务能力由行政部门事先核定和分配。行业发展对市场的需求反应迟缓，企业不能根据市场的需求变化灵活提供服务产品，只能依赖行政部门的后知后觉和审批项目的增加来推动市场需。就道路运输的服务性行业特质而言，产生了“不是服务满足需求，而是需求依赖服务”的非正常现象。第二，单一的准入管理使得市场竞争缺乏动力，服务质量监管的缺失使得拥有更多车辆的大型企业并不拥有相应的经营优势和竞争优势，反而可能承担更大的经营风险，抑制了市场的公平竞争，难以形成优胜劣汰，行业和产业服务质量停滞不前。第三，道路货物运输行业承担的应急运输、运力储备等社会职责越来越广泛，已经从经济管理更多地延伸到社会管理领域；管理部门缺乏相应的行政调控手段和社会资源调度能力。

因此，当前的管理模式已经不能适应行业发展需要，迫切要求对其进行变革调整。要从注重行政管制转变为经济调节与行政管制并重，强化经济调节；从注重行政许可转变为市场监管与行政许可并重，强化市场监管；从注重经济性监管转变为社会性监管与经济性监管并重，强化社会性监管。特别是要将市场监管的重心从注重经营行为是否合法转移到是否符合安全和服务质量要求上来，突出安全监管和产品质量监管在行业社会性监管中的核心目标。

在具体的监管中，一要改革过去以路检路查为主要方式的监管方式，强化全过程监管，强化源头监管。提高科技监管能力，全面推进运输车辆安装 GPS 和重点区域视频监控，加强运输过程动态监管；二要严格从业资格制度，强化从业资格管理，落实驾驶员诚信考核办法，完善违章记分和“黑名单”工作机制，充分发挥诚信信息和职业资格作用；三要提高联合监管能力，完善 96333 运政服务热线作用，推行短信投诉、举报制度，畅通社会参与运输市场管理渠道；四要通过案卷评查、示范引导、执法评议、执法数据联网公开运行等方法不断提高执法部门行政执法水平和监管能力。

4.3.3 *启动道路货物运输地方立法*

道路货物运输行业政策法规的制定和管理制度的设计是行业管理的依据和基础。借鉴前文国外典型国家道路货运管理经验可以看出，这些国家道路货物运输行业的理性发展和突出成就无一不是得益于政策法规的科学制定和严格执行。我省道路货物运输尚未进行地方立法的实践，因此我省道路货运法制建设方面存在的问题和前面分析的国家层面的问题是基本一致的，主要是：行为规范设置不细致、不全面；具体制度设计和政策取向上只注重设置和保留许可准入制度本身，对许可条件的合理性、可操作性考虑不够；与行业现状的适宜性、与行业发展方向的导向性方面考虑得不够；缺乏退出机制的设计和规定，法规政策总体比较粗放。

道路货运法制建设如果能在这些问题上有所突破，就能规范和引导行业健康。就我省而言，完善道路货运法制建设，尝试进行道路货物运输地方立法的时机比较成熟。一是近年来安徽省道路货运业保持了快速发展态势，道路货运在综合运输体系中作用越来越突出。二是我省道路运输地方立法的进步和完善为地方道路货物运输法规政策工作提供了良好的契机。如安徽省人大和安徽省政府修订《安徽省道路运输管理条例》增加物流方面的规定、出台《安徽省治理货物运输车辆超限超载办法》治理货物运输超载超限运输行为、出台《安徽省道路运输安全违法行为处罚处分办法》要求运输企业履行安全主体责任。三是安徽省交通运输厅、安徽省道路运输管理局当前正在承担和开展的道路货物运输方面的研究工作为开展道路运输法制建设提供了信息基础和政策储备。如省交通运输厅实施《安徽省道路运输站场建设投资管理办法》，加大货运站场投资力度，优化综合运输体系，提高货运组织化程度，担当行业社会管理职能等。安徽省交通运输厅和安徽省道路运输管理局还分别承担了交通运输部道路货物运输站场经营规范课题研究、交通运输部定位于强化道路货物运输行业管理以及提高货物运输组织化程度的《道路运输条例（修订稿）》立法草案的拟定工作。

基于此，我们认为应当抓紧完善道路货物运输的法制建设，适时启动省道路货物运输地方立法工作，抓紧制动省政府规章《安徽省道路货物运输管理办法》，支持和引导是实现道路货物运输规模化、组织化发展，加强和完善道路货物运输市场管理，着力解决我省道路货物运输行业集约化程度低、技术水平低、运输效率低、单位能耗高的问题。在《安徽省道路货物运输管理办法》的具体内容中，一要结合货运市场特点及未来发展阶段的方向，在调整范围上要转变经营性和非经营性的固有思路限制，将强化道路货物运输的技术管理和安全监管、提高道路货物运输的服务质量作为立法的主要目的；二要改革市场划分方式，需要许可的严格条件，可以备案的实施事后监管，能够交由市场调节的坚决放开；三要鼓励各种类型企业间的兼并、合作，促进不同运输方式之间的联合和衔接，推动综合运输体系的构建。《安徽省道路货物运输管理办法》需要构建的主要法律制度可以包括：

（1）根据道路货物运输经营主体的规模、资质和管理能力，合理划分其经营范围和经营区域，实施按线路组织和区域组织相结合的市场划分方式。

（2）以道路运输主通道的干线货运为重点，扶持发展规模化经营的龙头企业，发挥其引领作用，提高市场集中度，促进合理市场结构的形成，带动道路货运产业升级，增强道路货运企业的抗风险能力。

（3）确定货运经营者报送信息的法定义务，发挥货运信息服务平台的作用，建立能够提供资信保证的诚信体系，改变运输者的价值观念与行为准则，提高社会公共利益与消费者利益的基本素质条件。

（4）实施货运运单制度，建立企业联系制度，增强管理者与运输经营者、从业者的联系，保障道路货物运输托运人、承运人、代理人等各方当事人的合法权益，提高行业有效监管能力。

（5）明确道路运输的公用属性，加大政府基础设施建设投入，加快货运枢纽及综合站场建设，提高货物运输的组织化，促进货运市场网络化的形成。

参考文献

[1] 王建伟，颜飞．公路运输经济管制［M］．北京：中国财政经济出版社，2007.

[2] 郗恩崇．道路运输行政管理学［M］．北京：人民交通出版社，2006.

[3] 严季．我国道路货物运输发展若干问题研究［D］．西安：长安大学博士论文，2003.

[4] 童燕．中国道路货物运输产业组织与变迁研究［D］．上海：复旦大学博士论文，2008.

[5] 高睿晶．道路运输业发展政策评价研究［D］．西安：长安大学硕士论文，2007.

[6] 李敏，吴群琪．道路货物运输行业管理探索［J］．交通企业管理，2009（3）.

[7] 韩亮，张江英．国内公路货运市场管理模型探索［J］．交通企业管理，2009（6）.

[8] 杨咏中，牛惠民．国外交通运输管理体制及其对我国的启迪［J］．交通运输系统工程与信息，2009（2）.

[9] 刘林烨，曾嘉，严季．中国道路货物运输发展比较分析［J］．交通世界，2012（12）.

[10] 安徽省公路运输管理局．安徽省2010年道路运输发展报告，2011.

江南集中区物流园区开发及运营管理模式研究

朱德秀，李登科，翟　魁

【摘要】物流园区既是现代物流体系中不可或缺的物流组织管理节点，也是当前我国现代物流业中亟需建设发展的重点。本文从安徽江南产业集中区建设背景和物流发展环境入手，通过实地调研与文献研究，深入了解集中区对物流园区的功能定位和实际需求，阐述并总结了国内外物流园区基本类型、功能定位的研究现状和发展趋势，对交通运输部门主导或联合开发集中区物流园区的必要性和可行性进行了分析与论证，提出了交通运输部门主导建设综合物流园区的开发模式，同时借鉴苏州现代物流园的发展历程和成功经验，对集中区物流园区的运营模式和未来前景进行了分析和展望。

【关键词】集中区；物流园区；开发模式；运营管理

1　江南集中区物流发展环境

1.1　集中区建设背景

2010 年 1 月 12 日，国内唯一以承接产业转移为主题的区域规划——《皖江城市带承接产业转移示范区规划》通过了国务院批准实施。根据其要求，安徽省委、省政府经充分调研、论证，决定设立“两区八园”，两区分别为芜马巢和安池铜两个正厅级省管产业集中区，后分别更名为江北、江南产业集中区。

江南产业集中区（以下简称集中区）位于池州市贵池区境内，北临长江，南依九华山，东邻铜陵市，西接池州市区，规划面积 216 平方公里。起步区位于池州梅龙镇，面积 37 平方公里。集中区的主要任务是，高起点承接沿海地区和国外产业转移，把集中区建设成为长江经济带新兴的现代产业密集区，同时，重视产业发展与城市化相协调，构建宜业宜居宜游的现代滨江城市，打造具有典型示范作用的科学发展极。

1.2　集中区发展规划

根据《皖江城市带承接产业转移示范区规划》要求，结合自身实际，集中区设定了明确的战略定位：产业航母、经济一极、居业佳境、皖江窗口，着力建设成为产业集聚的航空母舰、科学发展的现代产业基地、支撑安徽经济的重要增长极和宜业宜居的现代化滨江城市。集中区的产业发展方向和重点是：围绕“绿色发展、朝阳发展与和谐发展”的主题，做好“产业裂变”和“产业聚变”的文章，重点培育先进制造业、高新技术产业特别是战略性新兴产业、现代服务业三大行业，规划建设“装备制造产业园、科技创业园、临港物流园、休闲度假园、综合服务园”五大园区，简称“3+5”产业发展模式。

按照发展规划，至2015年，集中区将初步建立主导产业的基础，基本形成具有特色的现代产业体系架构，工业增加值将达到300亿元，服务业增加值达到200亿元，初步形成20万左右人口规模的新型城市；至2020年，将形成较为完善的现代产业体系，产生较显著的产业集群效应，建成若干大型产业基地，成为安徽经济发展的重要支撑。集中区生产总值将达到1000亿元，基本形成100万左右人口规模的现代化城市。实现上述发展目标的同时，集中区城市绿化率将达到40%以上，成为宜业宜居的生态园林城市。

1.3 集中区发展现状

2010年6月28日，江南集中区管委会揭牌成立；同年12月28日，起步区正式开工建设。目前，集中区20平方公里起步区规划已获批并组织实施，200平方公里总规文本也已编制完成，现正在积极研究运作机制，理顺财政、土地、融资等体制问题。

集中区按照“一年打基础、三年见成效、五年求发展”的发展思路，边规划、边招商、边建设，已经成功签约一批重大项目。目前，已有37家企业在集中区注册落户，注册资本金19.09亿元；与集中区达成初步合作意向的项目有60多个，签订正式投资协议超过20个，投资额近800亿元，包括投资达120亿元多晶硅项目、总投资120多亿的长江国际艺术文化城等项目；已核准企业名称的37户，已开展项目选址的有9个，其中较有代表性的是多晶硅项目、工程塑料项目和冶金设备项目。

上述项目均处于起步阶段，其中投资12亿元的工程塑料、4亿元的冶金设备项目、4亿元的五星级洲际酒店已经开工建设；投资120亿元的材料光电、20亿元的生物制药、30亿元的热电厂、200亿元的九华湖旅游度假区、30亿元的总部基地建设尚处于开工前的准备阶段。这些项目尚需2~3年方能步入正常生产，形成规模。

1.4 集中区的区位优势

集中区地处池州、铜陵两个中心城市之间，南依九华山、北临长江，是安徽省重点打造的世界级旅游度假区“两山一湖”的北大门，是未来铜池一体化的核心城区，也是沿江产业新城和人文旅游休假之都。环区2小时经济圈覆盖合肥、南京、芜湖、黄山、九江等城市，环区4小时经济圈覆盖上海、杭州、南昌、武汉、徐州等城市，500公里半径范围内聚集了近5亿人口，GDP占全国近40%。集中区紧邻一级口岸池州港，拥有长江岸线16公里，全年可通行万吨级船舶，建港条件得天独厚；铜九铁路、沪渝高速公路、318国道、321省道穿境而过；区内九华山机场、宁宜城际高铁正在建设之中。

2　集中区物流园区功能定位与需求分析

2.1　物流园区建设对城市物流发展的重要作用

物流园区的建设作为城市物流发展的重要示范性项目，其主要使命并不仅仅局限于园区内企业物流服务的具体运作，而是通过园区建设建立起现代物流发展的基础平台与运作基地。积极引导和扶持现代物流企业发展，并依托园区的基础设施与政策环境条件，建立起区域内现代物流运作、组织和信息管理的系统框架。

物流园区的建设，将有效引导和转化城市潜在的物流需求，提高城市的物流服务供给能力和水平；有利于对非社会化物流资产的整合利用，促进物流服务社会化；有利于行业自律与良性竞争、降低物流交易成本和提高物流服务效率；有利于有效扩大物流服务的市场需求；通过建立良好的市场秩序，促进物流企业服务规范化。

物流园区将依托城市的区域优势，通过对城市宏观物流调控、微观物流组织管理以及人才培养、资产整合、基础设施建设运营等方面工作的全面实践，有效地提高城市经济发展的对外交流环境和内部协调条件，支持城市保持经济发展的强劲后劲和健康良好的市场竞争环境，从而实现支持城市国民经济和社会发展的最终目标。

2.2　物流园区的基本类型

国内外物流园区的具体类型和分类标准不尽相同，没有统一的模式和标准。根据物流园区位置构成的不同，可以将物流园区分成集中型和非集中型两大类；根据物流园区发展的行业导向不同，可以将物流园区划分为专业型和综合型两大类的；按服务对象和服务半径的不同，可以将物流园区的形式主要划分为国际型物流园区、区域型物流园区和市域配送型物流园区三类；按园区投资者可以划分为政府主办型、行业协会主办型、政府规划企业运作型、企业投资型四类。

2.3　物流园区功能定位

2.3.1　物流园区定位影响因素

影响物流园区定位的因素有很多，总的来说主要有以下五个方面：区域或城市的发展现状、城市的规划布局、园区所处的地理位置、地区交通发达程度、区域企业的空间布局。

2.3.2　国外物流园区功能

物流园区最早出现在日本东京。日本政府对物流园区的认识是：物流是支撑国民生活及产业活动的一项重要功能。物流园区作为物流体系的基础设施，是一项社会属性较强的公共设施。20世纪60年代日本东京在内环线外的市郊边缘地区建设了四个物流园区。总体来说，日本物流园区规划与运营过程中，政府对物流园区定位明确：物流园区是有效综合物流资源，实行物流现代化作业，减少重复运输，实现设施共享，建立一体化、标准化的中心节点。

德国物流园区在传统的货运中心基础上,通过市场运作的模式,不仅有运输、仓储这类提供传统服务的企业落户,并且有大型的货运代理、联运公司、计算机应用系统开发公司驻扎到物流园区,甚至连海关、金融、保险等部门机构也在其中设立工作点。物流园区拥有不同类型的企业单位,这些企业单位之间的紧密合作形成集聚效应。在这些企业中,虽然有大型的从事全球化物流服务的公司,但大部分是提供部分物流服务的中小型公司,它们以诚信、伙伴关系、双赢等合作理念为指导,结成了物流园区多元化服务功能,加上海关、金融、保险等业务领域,使物流园区能够为“物”的流动提供多样化的服务。

2.3.3 我国物流园区功能

中国仓储协会调查 2005—2007 年物流市场功能需求情况如表 1 ~ 表 3 所示。

2005 年工商企业物流功能需求内容 表 1

服务功能	期望比例（%）	
	生产企业	商业企业
仓储保管	44	50
干线运输	39	22
市内配送	22	53
加工包装	11	16
网络再造	53	53
条码订做	3	6
信息系统	22	28
原料质检	8	—
代为报关	6	—

2006 年工商企业物流功能需求内容 表 2

服务功能	期望比例（%）	
	生产企业	商业企业
仓储保管	33	59
干线运输	64	41
市内配送	60	72
加工包装	26	38
网络再造	41	31
条码订做	15	31
信息系统	30	28
原料质检	15	25
代为报关	30	10
代结货款	22	25

2007年工商企业物流功能需求内容　表3

服务功能	期望比例（%）	
	生产企业	商业企业
仓储保管	50	66
干线运输	73	51
市内配送	63	80
加工包装	35	51
网络再造	45	36
条码订做	40	47
信息系统	38	28
原料质检	25	30
代为报关	44	15
代结货款	28	30
物流总代理	26	—

分析以上表，可以得出如下结论：

（1）无论是生产企业还是商业企业，对物流活动的需求都增大了。

（2）干线运输、仓储保管与市内配送的需求比例较大并且较为稳定。在未来，这三种功能仍然是物流园区所要实现的主要功能，包装加工、物流信息系统、代为报关和结款等辅助业务需求比例也逐年上涨。

（3）生产制造企业期望的服务内容，主要是干线运输、仓储保管、市内配送，说明生产制造企业还是以基本的物流服务需求为主。

（4）商贸企业目前的物流需求主要以市内配送、仓储保管、包装加工为主，说明商贸企业物流运作主要以区域为主，更关心同城物流的仓储与配送，对信息系统、代为报关和贷款业务的需求也比生产制造企业大。

不同的行业，同一行业中不同的发展层次和业态，产生的物流需求各有侧重。一般来说：

（1）制造业对供应链管理的要求较高。

（2）零售业对快速、高效配送及流通加工的需求突出。

（3）大型专业批发市场对运输中转、集装箱拆拼加工、干线运输作业的需要突出。

（4）各种会展业对快速、高效配送及流通加工的需求同样突出。

2.4　集中区物流园区功能定位与需求分析

2.4.1　集中区物流系统需求量预测

目前针对物流系统需求量预测有移动平均法、指数平滑法、时间序列分解法、回归模型法等很多种方法。然而这些方法都要与预测目标建立明确的函数关系，而物流系统是一个开放性的复杂系统，影响需求量发生变化的因素很多，既有定性因素，也有定量指标。另外物流需求量的发展一般呈现非线性、随机性的特征，并与城市的经济发展水平、政府的政策等因素有很大关系，这些因素不但难以定量描述，而且难以与预测目标之间建立确定的函数关系。故采用上述方法并不太合适。神经网络技术是一种模拟人脑的思维结构，具有自学习、自组织、自适应能力和容错性强的定量预测法，特别能有效地解决非线性预测问题。为此，笔者选择了神经网络技术来预测物流需求量。

神经网络模型在选择输入的向量时在包含尽可能多的情况下个数要尽可能少。城市物流需求量受多种因素的影响，且这些因素本身又存在着相互关系，针对江南集中区的具体情况，综合考虑了影响集中区物流需求量的主要因素见表4。

影响物流需求量的主要因素 表4

因　素	指　标	进入模型指标
经济因素	居民消费水平、总人口、地区生产总值、第一产业增加值、第二产业增加值、第三产业增加值、工农业生产总值、消费品零售额	总人口、地区生产总值、第二产业增加值、第三产业增加值
其他因素	宏观经济政策、市场环境、消费理念、技术进步、消费服务水平	无

根据表4选取的模型指标作为输入变量输入模型，规划集中区经济数据见表5。为了使选取指标不受量纲影响，将以上输入变量的数据转换为增长率，具体数据见表6。

规划经济数据 表5

年　份	总　人　口	地区生产总值	第二产业增加值	第三产业增加值
2015	20万	500亿	300亿	200亿
2020	100万	1000亿	500亿	500亿

规划增长率表 表6

年　份	总　人　口	地区生产总值	第二产业增加值	第三产业增加值
2015	0.99	1.21	1.25	1.19
2020	1.00	1.18	1.18	1.21

将这些输入变量输入到神经网络，根据人工神经网络的输入模型，预测出2015年公路货运量5000万吨，2020年公路货运量12000万吨。在实际计算中，预测值会因样本数据相对比较少而出现一定的波动。

为此，集中区物流园区将建设成为年处理货运量10000万吨的以产业基地型物流服务为主导，集物流交易、物流仓储、物流配载、物流配送、物流信息、配套服务等六大中心功能于一体的生态型区域性综合物流园区。

2.4.2　集中区现代物流业的发展定位

集中区现代物流业的发展定位是：依托交通枢纽和重要货物集散地，完善物流基础设施，建设集散、存储、加工配送中心，重点建设临港物流园；积极推广现代物流管理技术，建立和完善物流网络和信息平台，提高物流信息化和标准化水平，引导物流企业向专业化、规范化和国际化发展；大力发展第三方物流，促进物流企业集群化发展，建成区域性物流中心。根据规划，集中区将建设三个物流园区：分别是长江沿岸的港后物流区、机场附近的机场保税区和位于观前高速公路出口处的物流园区。三个物流园区总计3400亩，约2.27平方公里，其中最大的港后物流区为综合性物流园区，占地1400亩左右，约0.93平方公里。

2.5　江南集中区物流园区功能展望

江南集中区物流园区的建成将对集中区的物流组织与管理以及经济开发带来很大的推动作用。

2.5.1　物流组织与管理功能

集中区物流园区的物流组织与管理功能包括：货物运输、分拣包装、储存保管、集疏中转、市场信息、货物配载、业务受理等，而且是通过不同节点将这些功能进行有机结合和集成而体现的，从而在园区形成了一个社会化的高效物流服务系统。

2.5.2　经济开发功能

物流园区基础设施项目的经济开发功能。江南集中区物流园区的开发和建设，将因在局部地区的大量基本建设投入，而带动所在地区的经济增长。另外，开发和建设物流园区，将因物流园区的物流组织规模较大和管理水平较高等因素而对既有物流设施在功能上产生替代效应，实现合理的整合。一是使城市中心地区土地使用价值得以增值，必将带来较好的经济开发效应。二是物流园区的物流运作活动的集中，为运输组织资源调整与整合创造了条件，使依托物流园区进行规模化、高效化运输组织成为可能。

完善的物流服务所支持的经济开发功能。江南集中区物流园区除具有自身的经济开发功能外，还具有支持产业经济开发的功能，主要原因是物流园区具备比较完善的物流基础设施，物流服务功能较为齐全，物流的集中运作也使物流成本得以下降，从而确保了经济发展所必须的物流运作效率和水平，进而推进其他产业的发展。

3　集中区物流园区开发建设模式分析

3.1　常见的物流园区开发模式

物流园区开发模式主要是指物流园区投资开发主体和投资开发方式。目前，国内现代物流园区的开发模式主要包括：以政府主导自上而下的开发模式和以企业为主导的自下而上的开发模式两种。此外，还有行业协会主导的开发模式和完全企业自主开发模式。

政府主导开发模式：由政府相关单位（如园区开发管理委员会）及国有大型企业（如交通投资集团）建立管理机构及运营公司，负责投资建设管理及业务运作。该模式适用于园区处于发展起步阶段，客户需求比较单一，对功能要求相对简单；区域内缺乏成熟的物流园区开发商；在运营中需要与政府其他部门沟通，同时需要上级政府给予政策支持的市场环境。

企业主导开发模式：在项目开发前期引入专业物流地产开发商，从设计到运营的各个环节，政府相关部门仅对其在开发、运营中的问题进行协调。该模式适用于园区覆盖区域经济相对成熟，客户对物流服务质量要求高；成熟的物流园区开发商投资意愿强烈；政府相关部门服务意识高的市场环境。

《2006年全国物流园区发展调查报告》显示：所有被调查的205家物流园区中，政府主导或政企联合主导开发的物流园区比重为87%，政府在物流园区的发展中发挥了重要作用。国内运作比较成熟的物流园区通常采用政府主导开发模式，即政府有关部门及国资背景企业成立公司为投资开发主体，对园区进行规划、建设、运营全面管理。如苏州现代物流中心由苏州工业园管理委员会投资成立苏州现代物流中心有限公司，上海外高桥物流保税中心由上海外高桥集团和上海国际港务集团投资成立上海外高桥保税物流中心有限公司，作为园区开发建设、项目经营管理主体。

3.2 政府在物流园区开发建设中的作用

（1）创造良好的宏观发展环境。在物流园区的发展前期，政府的推进与支持作为起始点的源动力，有利于物流园区在较短时间内完成社会资源的有效整合，并获得较高的发展起点。因此政府应打破部门间的封锁，清除制约现代物流快速发展的体制性障碍，制定积极的税收、土地、融资等产业政策，理顺行政管理体制，建立物流公共信息网络平台，创建公平有序的市场环境，设立创新整合的人才机制，采取鼓励物流企业引进和使用先进物流技术与方法的措施，积极促进物流园区的建设发展。

（2）鼓励物流行业组织的发展。物流园区的建设与发展离不开物流行业组织。我国现代物流业的发展处于起步阶段，物流行业协会在加强行业自律、规范经营行为、制定和推广行业标准、开展物流人才教育和培训、推动物流技术交流和信息服务等方面可以发挥重要的作用。政府应鼓励和支持物流行业组织的发展，充分依靠物流行业组织，收集物流行业基础信息，制定以实际需求为依据的物流园区规划，规范和发展现代物流业。

（3）积极为企业提供全方位服务。根据市场经济原理，政府应当为企业提供服务，而不应该利用自己掌握的行政职权直接参与市场的运营。政府决不能参与土地分配、物流园区内功能区定位等企业经营行为，而是要帮助企业协调解决物流园区在规划、建设、发展中面临的土地使用、基础设施配套、被征用土地劳动力安置、资金运作等各方面的问题。

3.3 集中区物流园区准公共产品性质分析

准公共产品是指具有有限的非竞争性或有限的非排他性的公共产品。对于准公共产品的供给，在理论上应由政府和市场共同分担。

3.3.1 从宏观角度——皖江城市带承接产业转移示范区发展战略的视角分析

皖江城市带是《中共中央国务院关于促进中部崛起的若干意见》（中发〔2006〕10号）确定的重点发展区域，是国务院批复的《促进中部地区崛起规划》中明确提出建设的六大城市群增长极之一。在该战略的实施过程中，政府加强了铁路、公路、电网等基础设施的投资建设，以改善示范区的投资环境，促进经济增长。由于基础设施建设具有投资大、期限长、使用效率相对较低的特点，国家财政对其给予了很大的政策倾斜和银行配套贷款的优惠政策，由此可见，政府对基础设施投资更看重社会经济效益。从以上宏观环境分析来看，安徽省作为中部地区的一个重要省份，是东、中部经济文化交流的重要枢纽，其经济枢纽的地位随着促进中部崛起战略的实施将显得更为明显，经济建设对物流需求将更为突出。因此，投资建设的江南产业集中区物流园区，具有准公共产品的性质，在带动区域经济增长、建立节约型经济、营造和谐社会等方面具有重大的社会意义。

3.3.2　从中观角度——示范区发展规划的视角分析

江南产业集中区是安徽省委、省政府根据国务院批准的《皖江城市带承接产业转移示范区规划》，设立的省直管直建集中区。集中区交通规划中明确指出："积极推进铁路、高速公路、航运和空港等多种方式统筹布局的货运枢纽站场和物流中心建设"，重点合作项目中现代物流产业园项目明确指出，"建设面积 2 平方公里，依托区内九华山机场、梅龙新港、宁宜高铁等组成的水陆空立体化交通，建设综合性物流产业园"。可以看出，江南产业集中区物流园区是政府统筹规划的直接产物，是准公共产品，具有明显的社会性和公益性。政府需要首先承担部分社会职能，同时也说明物流园区在发展初期并非单纯追求盈利，而是从社会经济效益视角出发，获取区域经济环境改善下的可持续经济发展效益。

3.3.3　从微观角度——依据物流园区的特殊属性分析

物流园区具有公益性和经营性的双重属性。物流园区作为现代物流系统的中心枢纽，在现代物流业发展及区域物流系统中占据了至关重要的地位。虽然其投资数额大、回收期长、使用效率相对较低，但其通常具有经济外溢性，所以前期的基础设施和配套设施的投资主要由政府提供。同时，项目在降低社会物流成本、改善城市环境、提高就业率、增加地方财政收入等方面的作用明显，这是公益性的体现。从公益性可以看出，物流园区具有准公共产品性质。

物流园区的经营性，一是体现在参与投资的主体不仅有政府，还有企业；二是物流园区只有实现自身盈利，才能保持长期正常运转，因此从盈利的角度看，其也具备企业经营属性。由于物流园区前期投资大，回报率低，企业整合资源能力有限，这也会造成企业主导投资物流园区后续开发能力不足，物流园区的集聚效应难以充分发挥。

3.4　集中区物流园区开发建设模式分析

3.4.1　交通运输主管部门主导建设综合性物流园的必要性和可行性

（1）投资建设综合性物流园的必要性。一是交通运输部门实现对物流行业管理职能的要求。江南集中区作为产业新城，交通运输部门投资兴建物流园区，抢占物流发展制高点，能体现本部门对物流行业发展的重视和支持。二是"十二五"期间交通运输业实现转型发展的要求。发挥物流园区示范作用，以物流园区发展带动区域现代物流业发展，有利于促进交通运输业加快转型发展。三是构建综合运输体系、实现节能减排的要求。江南集中区滨临长江黄金水道，依托区内九华山机场、梅龙新港、宁宜高铁等组成的水陆空立体化交通，建设现代物流产业园可以实现货物运输公、铁、水、空等多种运输方式的无缝衔接，是发展综合运输、实现节能减排的有效途径。

（2）投资建设综合性物流园的可行性。一是建设现代物流产业园已纳入集中区总体规划。其规划面积 2 平方公里，为面向集中区、辐射池州及铜陵等地的综合物流产业园区。二是交通运输部门主导建设物流园区，具有起点高、专业性强以及整合行业资源的优势。三是集中区管委会积极支持交通运输主管部门投资建设物流园区。调研中，集中区管委会表示将竭尽所能做好配合工作，土地价格可优惠到 10 万 ~ 20 万元 / 亩，并提供到门的“九通一平”；在运营方面，将积极争取税收等方面的优惠政策。整体而言，在集中区建设综合性的物流园区已具有初步的规划和土地保障。

3.4.2　交通运输主管部门主导建设综合物流园区的开发模式

交通运输主管部门主导建设综合物流园区可以采取以下两种开发模式。

（1）交通运输主管部门全额投资。交通主管部门设立专门的经营机构或委托运管局作为业主，按照集中区的统一规划，出资购买土地，建设物流园区，竣工后可交付给物流企业运营。

这种模式的优点是投资主体单一，容易协调；缺点是物流园区建设费用较高，资金压力较大。

（2）交通运输主管部门与集中区合作投资。交通运输主管部门设立专门的经营机构或委托运管局作为业主，与集中区管委会、物流企业合作，交通运输主管部门、物流企业以资金入股，集中区管委会以土地等入股，成立股份制公司，共同建设物流园区。

建议采取第二种模式，因为这种模式同时发挥了交通运输主管部门的行业优势和集中区的区域优势，较符合实际情况，也符合集中区的意见。

4　集中区物流园区运营管理模式分析

4.1　传化物流发展经验分析

4.1.1　传化物流发展历程

传化物流发展有限公司是中国知名民营企业“传化集团”的四大产业之一。该集团从 1997 年开始涉足物流业，经过多年的探索与实践，目前已形成由“传化物流发展有限公司”进行平台投资、管理，“浙江传化物流基地有限公司”、“苏州传化物流基地有限公司”、“成都传化物流基地有限公司”等多个现代化综合物流基地协同运营的企业组团。其发展历程主要经历了以下三个阶段：

（1）起步及探索阶段：1997 年，“传化车队”改组为杭州传化储运有限公司，开始涉足物流领域。1998 年，公司拥有运输车 120 多辆、合作企业 30 多家，年运输经营额达到 5000 万元，并且通过整合货运代理企业和社会车辆资源，初步具有了第三方物流企业的雏形。从 1999 年起，传化开始关注、调查、分析建立物流平台。经过广泛调研和酝酿，2000 年确定了公路港物流发展战略。

（2）公路港模式的完善与发展：2002 年，传化公路港物流首个基地——浙江传化物流基地开始建设，2003 年 4 月正式投入运营，当年实现营业收入 7 亿元，上缴税收 2000 万元，

2011 年实现营业收入总额 40 亿元,上缴税收 1.48 亿元。

（3）连锁复制战略的成功实施:2005 年,传化启动公路港物流基地连锁经营战略。2008 年,成都、苏州传化物流基地开始建设,分别于 2009 年、2010 年正式投入运营。2011 年,成都公路港实现营业总额近 50 亿元,上缴税收 1.7 亿元;苏州公路港实现运营总额 20 亿元,上缴税收 7500 多万元。建设中的富阳传化公路港规划总占地面积约 460 亩,总建筑面积约 22 万平方米,正常运营后预计实现年物流服务收入 25 亿元以上,年上交地方税费 1.2 亿元以上。

4.1.2　传化公路港运营模式

传化公路港模式集物流园区规划、建设和运营于一体。在实际运营中,传化物流定位于"第四方物流",担任物流平台集聚服务商的角色,通过建设大型公路港平台集聚与整合物流资源,致力于打造以信息化为核心、以网络化为载体,以资源整合为基础,以服务创新为驱动的公共物流服务平台,为众多的物流企业提供包括基础性的物流设施、信息交易和商务配套等服务。公路港的主要创收不再是传统物流基地的物业租赁收入,而代之以物流服务平台的各项增值服务。

4.1.3　公路港模式的前提条件分析

公路港模式的成功前提可以归纳为"三·三要件"。

三个先决条件决定物流园区选址。三个先决条件即经济圈的优势、交通圈的优势、政策机制优势。物流业的发展前提是社会化大生产的形成,一个地区如果经济发展不够,就盲目去搞物流园区,只能以失败告终。物流园区的建设同样离不开政府的支持,"政府搭台、企业运作"的建设模式是物流园区成功建设运营的政策环境条件。以传化物流最早的杭州公路港为例,在开始建设的 2003 年,仅杭州市一地,（GDP）就已超过 2000 亿元,货物运输总量 1.57 亿吨,其中公路运输总量 1.1 亿吨,公路里程 6692.8 公里,包括高级公路里程 1806.51 公里。2011 年,杭州市 GDP 已经突破 7000 亿元,货物运输总量 2.88 亿吨,公路总里程达到 15418 公里,其中高速公路 503 公里。

三种资源整合能力至关重要。三种资源即物流企业服务资源、物流设施设备资源和物流货物资源。同样以杭州公路港为例,在运行初期,公路港就与铁路部门进行战略联盟,充分整合萧山及周边铁路运输的网络资源,基地内有 12 家物流企业主要从事铁路专线的运输, 6 家物流企业专业从事内陆水运业务。目前入驻该港的各类物流企业中,属杭州市萧山区的仅占 17.2%,浙江省内各地占 56.5%,其余的 26.3%则来自省外物流企业。公路港已经整合了 40 多万辆的社会车辆,建设运营 180 多条覆盖全国的城际货运班车专线,为杭州市及周边地区近 30000 家工商企业提供物流服务。

三大管理服务职能必须同时到位。三大职能,即政府行政管理职能、中介服务机构功能、企业营销服务职能。物流园区的管理,不只是一个企业就能承担的。必须具备三大管理服务资源的到位与协调。一是政府管理服务职能的到位,包括工商、税务、运管、公安等政府职能部门入驻物流基地,提供现场一条龙优质服务;二是中介服务组织服务职能的到位。包括银行、保险、商务、通信、网络、汽配汽修、餐饮、商店、酒店、娱乐、后勤、物业等组织的服务使物流基地成为一个相互依存的小社区;三是园区管理企业服务职能到位,不但起到物流基地的基础管理作用,同时统筹和协调政府和中间服务组织的功能。

从上述分析可以看出，以传化物流公路港模式为代表的物流园区企业主导开发运营模式在江南产业集中区基本不可行。处于创业发展阶段的集中区希望通过物流园区的先期建设带动招商引资以及区域经济的快速发展，与公路港的选址必须具备成熟稳定的区域经济相矛盾。

4.2 苏州现代物流园发展启示

4.2.1 江南集中区与苏州工业园区的对比分析

纵观国内物流园区的发展，我们认为江南集中区作为产业新城，与苏州工业园区再造新城具有一定的相似性，苏州现代物流园作为苏州工业园区支撑配套体系，其发展经验具有借鉴性（表7）。

江南集中区与苏州工业园对比分析 表7

对比指标	苏州工业园	江南集中区
人口（万人）	80（2010年）	100万（2020年）
经济规模（亿元）	1300（2010年）	1000（2020年）
产业结构	高新技术主导	先进制造业、高新技术产业、现代服务业
总面积	288平方公里	216平方公里
其中物流园区面积	8.18平方公里	2.27平方公里

集中区现代物流产业园规划面积为2平方公里，分为三个物流园区。位于起步区的港后物流区（1300亩）、临港机场保税区和观前高速出入口的物流区。项目预计总投资60亿元，采用统一规划、逐步建设、滚动发展的建设模式。

苏州工业园区，行政区域288平方公里，从1994年5月正式启动，经历17年发展，成为高新技术产业发展带动城市发展、再造新城的成功范例。主要经济指标年均增幅达30%左右，累计创造就业岗位超50万个，入驻超过4500家外商投资企业和超过15000家内资企业，现常住人口超过80万。

4.2.2 苏州现代物流园发展与运营

苏州现代物流园现已发展成一个规划总面积8.18平方公里（其中综合保税区为5.28平方公里），集对外贸易、保税物流、保税加工、口岸作业、普通仓储运输物流等功能于一体的现代化大型物流园区。主要历经以下四个发展阶段。

（1）起步阶段，规模小，业务单一。苏州物流中心有限责任公司成立于1997年，是苏州现代物流园的主体开发商，为国有企业，隶属苏州工业园区管委会。成立之初，仅作为苏州工业园区企业配套服务的一个进出口通关点，称为“进出口分流中心”，占地22947平方米，包括5185平方米的监管仓库和12498平方米的堆场。

（2）战略提升，规划建设现代物流园。2001年，管委会战略决定：提升综合竞争力，创造后发优势，规划建设8.18平方公里的现代物流园，完善现代物流服务体系。园区“进出口分流中心”更名为苏州物流中心。苏州物流中心有限公司原有为企业提供的进出口报关、货代、仓储运输等第三方物流服务功能也被逐步剥离出来，由其全资子公司苏州得尔达国际物流公司、苏州工业园区报关公司承担。同时，面向全球吸引物流企业入驻物流园。

（3）引进战略合作伙伴，加快园区建设。2004 年，苏州物流中心有限责任公司与美国普洛斯合作，成立苏州普洛斯物流园区。借助普洛斯在国际市场较低成本的融资能力、物流地产专业化运作团队。以及其拥有的全球企业客户资源，专门进行物流仓储设施的开发建设，实现了物流园的跨越式发展。

（4）建设综合保税区，实现功能整合、政策叠加。2006 年，苏州现代物流园设立综合保税区。招商引资 100 家企业，初步形成以汽车零部件、航空器件制造为主的保税加工体系；入驻物流企业 32 家，为全国 30 个省、直辖市近 2000 家生产企业提供保税物流服务，现已发展为华东地区重要的精密机械制造基地和电子产品集散中心。

4.2.3　苏州现代物流园成功经验借鉴

纵观苏州现代物流园发展历程，整个工业园区制造业的发展带动生产性服务业，也带动了部分消费性服务业；随着城市化的进程不断加大，商贸流通业的规模也在不断扩大，商贸业的快速成长，带动了物流产业的发展。同时，物流业的发展，促使制造业和商贸业逐步将供应链中的物流业务外包出去，形成物流业与制造业、商贸流通业的互惠多赢格局。

苏州现代物流园盈利模式主要包括：一是根据客户要求定制仓储库房，一般有长期租用合约做保障。二是土地增值后，出售土地，实现土地溢价收入，由买方自建仓储设施。三是建设仓库出租，或对现有库房进行改造后再出租，取得租金收益。四是全资子公司提供第三方物流服务，获得物流业务收益。

苏州现代物流园成功经验主要有：一是定位准确，发展规模和业务模式适中、可行，分步建设，滚动发展。二是政府但求所在，不求所有。前期政府投资 5 亿 ~ 6 亿元人民币，前 5 ~ 6 年基本是投资大、回报低，最近 5 年才开始产生收益。三是寻找最厉害的合作伙伴，与美国普洛斯合作，引进大客户，提升物流运作能力。四是当地经济发展处于上升期，制造业、商贸流通业和物流业良性互动发展。

4.3　交通运输主管部门联合开发运营管理展望

从国内外物流园区的实践可以看出，大型物流园区开发运营基本可以分为四个层次：土地、基础设施、建筑以及运作。土地运营包含土地的增值、土地的出租等；基础设施运营包括公路、铁路、信息基础设施等；建筑物运营包括仓库、堆场、停车场、维修厂等；运作层次包括运输、仓储、流通加工、包装等。结合国内外物流园区开发的成功经验，交通运输主管部门联合开发建设江南集中区现代物流园应滚动发展、分步实施。

（1）物流园区发展起步阶段。重点做好物流园区统一规划，确定园区功能布局，完成园区“九通一平”、停车场和部分仓库等基础设施建设，实现仓储、运输等基本物流功能，具备停车、维修、加油等基础服务能力。同期，开展物流园区宣传推广、招商引资工作，通过基础服务和优惠政策，吸引物流企业入驻园区。起步阶段估计需 3 ~ 5 年，物流园区运营管理主体是主导物流园区投资建设的交通运输主管部门与集中区管理委员会联合成立的管理机构（以下简称投资主体）；侧重于基础设施建设和公共服务职能，投入大，回报低，不以盈利为目的;运营管理包括建设、宣传、销售和物业管理,起步阶段的物流运作主要是为集中区入驻企业的基础建设提供建材储运服务。

(2)物流园区发展成长阶段。随着集中区入驻企业明显增多,其所辐射地区的经济水平显著提升,物流园区周边交通条件和园区内物流设施的日渐完善,物流市场需求日益旺盛,货运量、仓储量将大大增加,物流密度将显著增加,物流服务功能和服务质量要求将不断提高,入驻园区的物流企业也将明显增多。此阶段,土地升值,一些资金实力较强、看好园区物流市场前景的物流企业,愿意通过购买土地使用权的方式,自建仓库、办公用房等,则园区投资主体可以通过出售土地升值获得收益;对于看好园区发展,但风险偏好小,具有一定规模的物流企业,可以通过签订长期合约,按照定制模式,由园区投资主体建设仓库及货架等设施,通过租赁给这类企业使用而获得投资回报;对于中小物流企业来说,租用仓库和办公用房则是首选,针对这部分客户,园区投资主体可以通过建设共同仓储、配送中心出租经营获得租金收益。鉴于此三种盈利模式均与物流地产相关,建议借鉴苏州现代物流园发展经验,联合有经验的物流地产商,合作开发,并借助其管理优势,提升运营管理效率。

(3)物流园区发展成熟阶段。投资逐步回收,政府应逐渐退出,仅保留具有中介性质的管理机构负责园区管理工作,以物业管理为主,以物流经营为辅,直至完全退出物流业务运作。入驻物流园区的物流企业完全自主经营,通过行业自律实现规范、有序、健康发展。

5 江南集中区现代物流业发展政策建议

5.1 现有政策

5.1.1 法规

2011年8月1日起,《安徽省促进皖江城市带承接产业转移示范区发展条例》正式施行。该条例是我国目前国家级示范区第一部地方立法,也是首次以地方立法的形式确定“免责条款”,支持示范区先行先试,并明确把加快示范区港口、航道、公路、铁路、机场、水利、能源、信息等基础设施建设,完善服务保障体系,以及合理布局物流园区,探索产业聚集区、交通枢纽点、港口岸线与保税区联动发展新模式,增强示范区发展外向型经济的服务支撑能力,作为转变示范区经济发展方式的主要内容。

5.1.2 规划管理

(1)国家层面:《皖江城市带承接产业转移示范区规划》。

(2)省政府:《皖江城市带承接产业转移示范区城镇体系规划(2010—2015年)》。

《安徽省江南产业集中区产业发展规划纲要(2011—2020年)以及起步区发展规划》;

《安徽省促进皖江城市带承接产业转移示范区发展条例》第九条明确:省直管集中区、设区的市的集中示范园区的城乡规划,按照下列规定制定。

①省直管集中区、集中示范园区的总体规划经省人民政府城乡规划主管部门审查后,报省人民政府审批;其中省直管集中区的总体规划由本集中区管理机构组织编制,集中示范园区的总体规划由设区的市人民政府组织编制。

②省直管集中区控制性详细规划及起步区规划，由本集中区管理机构组织编制，报省人民政府城乡规划主管部门审批；集中示范园区控制性详细规划报所属设区的市人民政府审批。

③省直管集中区内重要地块的修建性详细规划，由本集中区管理机构规划建设部门组织编制，报本集中区管理机构审定；需要建设单位编制修建性详细规划的，由建设单位编制，报省直管集中区管理机构审定。

省直管集中区、集中示范园区的城乡规划应当与相关规划相衔接。

5.1.3　土地

（1）省直管集中区用地计划指标单列。在规划、建设期间，省直管集中区管理机构应当加强本集中区的土地管理，省人民政府国土行政主管部门在省直管集中区设立的派出机构具体负责集中区的土地管理和监督工作。

（2）《安徽省人民政府关于进一步推进节约集约用地的若干意见》（皖政〔2011〕64号）。土地供应政策，属于主要保障用地范围。

新建项目供地条件：省江北、江南产业集中区和国家级开发区，土地投资强度一般不低于300万元/亩，预期亩均税收不少于30万元/年。省江北、江南产业集中区和国家级开发区单个工业项目投资额低于1亿元、市管开发园区单个工业项目投资额低于6000万元、县管开发园区单个工业项目投资额低于4000万元的项目，原则上不单独安排供地。

5.1.4　其他政策

（1）省委省政府《关于加快推进皖江城市带承接产业转移示范区建设的若干政策意见》中明确：

①投资资金，2010年起，连续6年，每年不少于10亿元用于集中区建设。

②合作园区，6年内，新增增值税、所得税市县留成部分，全额补贴。

③支持示范区建设物流园区和外向型现代物流产业带，对新建物流园区、道路运输站场和物流配送中心等现代物流项目，减半征收城市基础设施配套费、人防易地建设费和道路临时占用费，免收征地管理费。

（2）《安徽省人民政府办公厅关于促进物流业健康发展的实施意见》（皖政办〔2011〕76号）中明确：

①减轻税费负担。对经省政府投资主管部门批准的在建物流园区、道路运输站场和物流配送中心等现代物流项目，严格执行国家和省行政事业性收费政策，不得擅自扩大收费范围、提高收费标准。对从事物流服务的港口码头用地，免征土地使用税。

②强化用地保障。对各地符合规划的物流重点项目，确需占用农用地的，优先予以安排；符合点供条件的，优先安排点供计划指标，并在审批、土地登记等方面优先保障。物流项目用地出让年限可在法定最高年限范围内按需设定，出让金按设定的出让年限计收。对一次性缴纳土地出让金确有困难的物流企业，在首期缴纳50%后，其余在1年内分期缴付。允许实行土地年租制，物流企业可以通过租赁方式取得国有土地使用权。

③加大物流投入。各级政府要加大对物流业的投入力度，将现代物流业作为服务业重点领域予以支持，安排一定比例的服务业发展引导资金，用于物流业重点项目建设。对相关企业开发、研制、使用先进物流技术和设备的，可申请国家和省高新技术产业化资金。

(3)交通运输部与财政部拟出台投资补助物流园区项目管理办法，使用车购税资金对符合条件的物流园区项目给予的专项资金补助。

5.2 政策建议

(1)拓宽资金渠道。积极争取交通运输部站场建设资金投入；建议省级财政建立现代物流发展专项引导资金，为物流园区和入驻园区物流企业重点项目提供政府专项资金支持。引进国内外有实力的物流企业投资入股；积极引导银行金融机构加大对物流园区及入驻企业的信贷支持，拓宽融资渠道。

(2)税收优惠政策。在集中区发展初期，货运生产强度小，物流需求不足的条件下，通过税收优惠政策，吸引物流企业入驻，培育物流市场。一是对物流园区用地，第1、2、3年免征土地使用税，第4、5年减半征收土地使用税。二是对物流园区及入驻物流企业，从开始获利的年度起，第1、2、3年免征企业所得税，第4、5减半征收企业所得税。三是对物流园区及入驻物流企业新增的营业税，5年以内给予一定比例返还。四是对集中区内将大宗物流服务需求采用招标制的企业，按其物流外包新增地方税收给予一定比例奖励。

(3)制定人才引进政策。加快引进优秀人才，对物流园区引进的高层次人才，享受省引进服务业高层次人才优惠政策等。

(4)加强政府的配套服务。一是加速完善市政配套设施、信息以及周边交通通道网络系统；二是建立统一的物流协调机构，提供一站式服务，解决物流多头管理效率低问题；三是建立涵盖海关、检验检疫、税务等统一的服务平台。

参考文献

[1] 杨光玉. 试论我国政府主导型物流产业园区的建设[J]. 商场现代化，2007(4).

[2] 肖汉. 浅谈物流园区的建设运营模式[J]. 企业技术开发，2009(6).

[3] 麦宗琪. 我国物流园区投资运营需求与模式探讨[J]. 学理论，2011(6).

[4] 李晓燕. 物流园区准公共物品性质分析及其评价研究[J]. 商业时代，2011(3).

[5] 中国物流招标网. 国外物流园区规划及经营模式介绍[J]. 物流科技，2010(2).

[6] 王志霞，张桂娟. 物流园区经济效益评价方法分析[J]. 商场现代化，2010(33).

[7] 关善勇. 发展我国现代物流园区的几点思考[J]. 辽宁经济，2007(5).

[8] 张晶. 议物流园区的规划建设[J]. 四川建筑，2004，24(4).

[9] 赵晓君. 基于产业集群理论的物流园区规划设计研究[J]. 商品储运与养护，2008，30(1).

[10] 毛海军，李旭宏，何杰. 开发区专业物流园区规划[J]. 交通运输工程学报，2002(3).

[11] 王真，葛幼松. 区域物流园区规模与效率关系研究[J]. 城市问题，2003(6).

[12] 安徽省江南产业集中区管委会. 安徽省江南产业集中区产业发展规划纲要(2011—2020年).